"十二五"职业教育国家规划教材
经全国职业教育教材审定委员会审定
高等职业院校教学改革创新示范教材·计算机系列规划教材

网络信息检索实例分析与操作训练

（第2版）

主　编　宋诚英　时东晓

副主编　毕兰兰

编　委　王　斌　许　建　李　毅
　　　　吴秀英　陈立德

電子工業出版社
Publishing House of Electronics Industry
北京·BEIJING

内容简介

本书的编写遵循“项目驱动，任务导向”教学模式思路，以提高学生信息素养为目的，以信息检索技术和能力的训练为主线，学生通过实训操作上网开展学习活动，并在完成学习项目的过程中掌握知识。

全书内容涉及5个模块：网络信息检索基础知识、中文数据库信息检索、经济信息资源检索与利用、科技信息资源检索与利用及网络信息检索与利用综合实训，其中包括56个实训操作的案例分析和15类共220道训练题。

本书适合作为职业院校信息检索相关课程的教材，也可供各专业教师和学生阅读。

图书在版编目（CIP）数据

网络信息检索实例分析与操作训练 / 宋诚英，时东晓主编．—2版．—北京：电子工业出版社，2016.6

ISBN 978-7-121-29008-4

Ⅰ. ①网… Ⅱ. ①宋… ②时… Ⅲ. ①网络检索－高等职业教育－教学参考资料 Ⅳ. ①G354.4

中国版本图书馆CIP数据核字（2016）第127669号

策划编辑：程超群
责任编辑：郝黎明
印　　刷：三河市良远印务有限公司
装　　订：三河市良远印务有限公司
出版发行：电子工业出版社
　　　　　北京市海淀区万寿路173信箱　邮编　100036
开　　本：787×1 092　1/16　印张：13　字数：332.8千字
版　　次：2012年5月第1版
　　　　　2016年6月第2版
印　　次：2019年1月第7次印刷
定　　价：35.00元

凡所购买电子工业出版社图书有缺损问题，请向购买书店调换。若书店售缺，请与本社发行部联系，联系及邮购电话：（010）88254888，88258888。

质量投诉请发邮件至zlts@phei.com.cn，盗版侵权举报请发邮件至dbqq@phei.com.cn。

本书咨询联系方式：（010）88254577，ccq@phei.com.cn。

序

2012 年，广州城市职业学院宋诚英、时晓东等老师编写出版了《网络信息检索实例分析与操作训练》。4 年来，本书在高等职业教育领域获得了广泛的赞誉，并成功入选了“‘十二五’职业教育国家规划教材”。

本书以项目驱动的理念设计学习过程，颇有创见，值得推介，可供相关学校借鉴。除此之外，本书至少还有 3 个方面的特色。一是内容的全面性。本书囊括信息检索各个方面的内容，既有信息检索的基本操作，又有专利、标准、科技成果等科技信息以及市场、产品、价格、厂家等商务信息检索。二是案例的实操性。林林总总的实例，逻辑缜密，顺序得当，不做高深理论的探究，而注重实际操作的详解，切合高等职业教育的实际，具有较强的针对性和务实性。更值得一提的是整个教学让学生在实践中学习，不但便于操作，而且通过网络使学生轻松、便捷地获取知识，寓教于乐，进一步激发了学生的学习兴趣，培养了动手能力。三是读者对象的通用性。无论从知识层面，还是从操作角度来看，本书涵盖面均较为宽泛，且语言文字简明通俗，既适用于高等职业学校学生，也适用于普通网民。这是一本面向大众的网络信息技术工具书。

近年来，IT 技术飞速发展，云计算、大数据、互联网+等新技术、新概念层出不穷，编者对本书进行了调整和完善：更新了 90%以上的网页截图，增加了商标检索、检索分析案例和目前国际推崇的慕课等优质学习资源的获取方法，增添了不少与时俱进的内容。

在信息爆炸和知识快速更新的时代，相信本书会帮助读者更加方便快捷地获取各种信息资源，也一定会得到更多读者的关注和喜爱。

再作此序，表示祝贺。

华南理工大学计算机科学与工程学院 副院长 教授

编委会名单

前　言

随着 Internet 的迅速发展和广泛应用，世界范围的信息交流、资源共享成为现实。作为世界上最大的网络信息资源库，互联网所拥有的近乎无限的海量信息正发展为人们工作、学习、生活中不可或缺的重要资源。因此，网络信息检索技术成为当代大学生必备的一种技能，也是目前各高校面向各专业开设的通识课程。编者编写本书的目的，就是让学习者学会在浩瀚的信息海洋中及时有效地获取与自身需求相关而且适用的信息，为不断地吸收新知识、提高创新能力打下基础，并在现代社会的经济活动和科技活动中提高个人的竞争力。

本书在具备一般信息检索教材的科学性、逻辑性和系统性的基础上，还具有以下特点。

（1）利用网络环境强化信息技术与教学内容的整合，突出网络信息检索的特点，加强事实检索训练，使学习的全过程在网络环境下运行。

（2）以项目驱动教学的理念设计学习过程，选择源自社会的信息检索案例作为课堂的学习任务，学生通过上网操作解决身边发生的一个个真实的问题，并在完成学习任务的过程中掌握网络信息检索技术。

（3）满足各专业不同需求。本书不仅包含信息检索技术的基本操作，还包含商标、专利、标准和科技成果等科技信息检索，以及市场、产品、价格、厂家等商务信息检索，学习者可根据需要选择性学习。

全书编排时以案例分析和实训操作贯穿整个教学过程，学习内容不仅包含信息检索技术的基本操作，还包含经济信息检索及科技信息检索。全书共分为 5 个模块：网络信息检索基础知识，中文数据库信息检索，经济信息资源检索与利用；科技文献信息资源检索与利用，网络信息检索与利用综合实训。修订后的教材不仅更新了网页截图还增加了商标检索、检索分析案例和目前国际推崇的慕课等优质学习资源的获取方法。

在编写本书的过程中，编者参考了大量的文献资料，在此对参考文献的作者表示衷心的感谢。华南理工大学计算机学院许勇教授为本书作序；清远职业技术学院、广东工贸职业技术学院、广州航海高等专科学校、广东女子职业技术学院、江西环境工程职业技术学院、辽宁林业职业技术学院等兄弟院校的同行为本书的编写和使用提供了宝贵意见和建议，在此一并表示衷心的感谢！

现在的网络信息瞬息万变、网络检索数据库不断更新，编者仍在不断修订和完善教材。由于编者水平有限，加之时间仓促，书中难免存在不妥之处，恳请读者提出宝贵意见。

编　者

2016 年 3 月

目　　录

模块1 网络信息检索基础知识

本模块结构关系如图 1-0-1 所示。

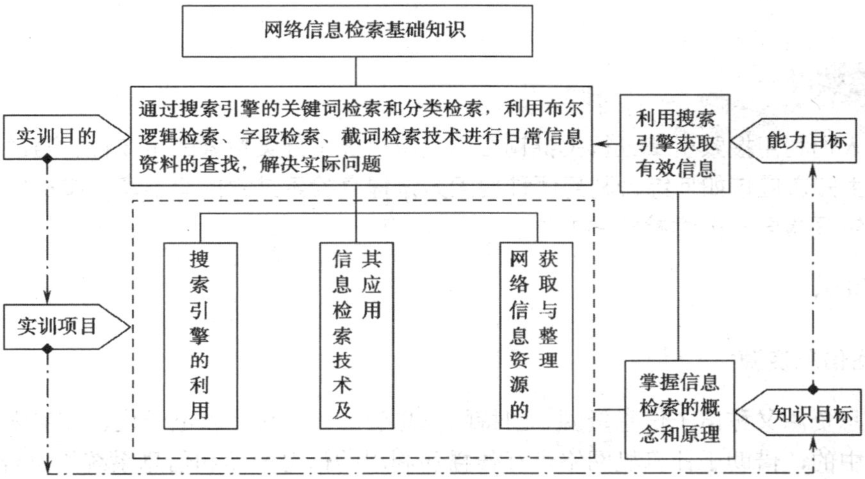

图 1-0-1　模块 1 结构关系图

随着计算机技术、网络技术、通信技术的迅速发展和广泛应用，网络信息和数据库的检索与利用日益成为各类高等学校学生信息检索的重要内容。搜索引擎作为信息检索的常用工具，已被人们熟知；网络检索技术也正被人们了解。网络资源浩如烟海，从网络上利用搜索引擎获取资源并不难，难的是从众多资源中整理出对学习、工作、生活有所帮助的信息资源。何谓数据？什么是信息？如何获得知识、收集文献资料、提高智慧？图 1-0-2 反映的是客观事物本身运动的信息结构。

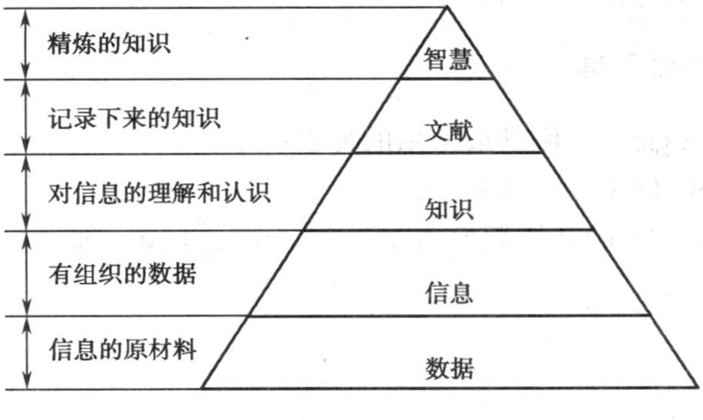

图 1-0-2　客观事物本身运动的信息结构图

从现在开始养成良好的信息检索习惯对目前搜索引擎资源检索和数据库资源检索、专业网站资源检索都可以起到事半功倍的效果。

项目1 搜索引擎的利用

学习重点

1．了解网络信息资源，认识网络信息检索工具。

2．掌握常用中文搜索引擎高级搜索功能及应用技巧。

学习要求

通常，人们利用搜索引擎进行关键词检索，而忽视了分类检索的重要性，通过本项目的学习，能使学生知道应该如何综合利用两种检索方法提高检索结果的查准率。按操作步骤练习搜索引擎的关键词检索和分类检索的方法。

一、相关知识

1．网络信息资源

网络信息资源又称电子信息资源、因特网信息资源等，它是以电子化、数字化的形式存储在网络结点中的，借助于计算机网络进行传播和利用的信息产品和信息系统的集合体。

网络信息资源的类型如下。

（1）全文型信息：电子期刊、网上报纸、印刷型期刊电子版、各类网络教材、政府出版物、标准全文等。

（2）事实型信息：天气预报、节目预告、火车车次、飞机航班、城市景点介绍、工程实况、IP 地址等。

（3）数值型信息：主要是指各种统计数据。

（4）数据库类信息：如 DIALOG、万方等都是传统数据库的网络化。

（5）微内容（Web 2.0 特征）：如博客、播客、BBS、聊天、邮件讨论组、网络新闻组等。

（6）其他类型：投资行情和分析、图形图像、影视广告等。

2．网络信息资源检索工具

（1）搜索引擎：Google、百度是最常用的搜索引擎。

（2）数据库：如 DIALOG、万方数据。

（3）其他检索工具：如 FTP 资源检索工具、Mailing List（邮件列表）检索工具、远程登录（Telnet）检索工具。

3．搜索引擎

搜索引擎是常用的网络信息检索工具，其工作原理是根据一定的策略、运用特定的计算机程序从互联网上搜集信息，对信息进行组织和处理后，为用户提供检索服务，将用户检索的相关信息展示给用户的系统。

搜索引擎的主要检索方法是关键词检索和分类检索。

二、搜索引擎

1．谷歌搜索引擎的使用

1）谷歌检索界面

谷歌（Google）搜索引擎（http://www.google.com.hk）界面如图 1-1-1 所示。

图 1-1-1　Google 搜索引擎界面

2）Google 搜索引擎

Google 开发出了世界上最大的搜索引擎，提供了便捷的网上信息查询方法。Google 支持多达 132 种语言；提供 40 多亿个搜索网页，涵盖内容齐全；搜索速度快；结果命中率高；搜索结果摘录查询网页的部分内容，而不仅是网站简介；智能化的“手气不错”功能，提供可能最符合要求的网页；“网页快照”功能能从 Google 服务器中直接取出缓存的网页。

3）认识界面

① 手气不错：直接进入与输入关键词最相关的网站。

② 语言（翻译）：支持 57 种语言的翻译。

③ 搜索设置：界面语言、搜索语言、结果数量。

④ Google 大全：检索导航。

4）检索方式

① 简单检索：直接在检索框内输入关键词。

例如，在 Google 搜索引擎界面检索框中输入关键词“网络信息”，单击“搜索”按钮，找到约 21 000 000 条结果，如图 1-1-2 所示。

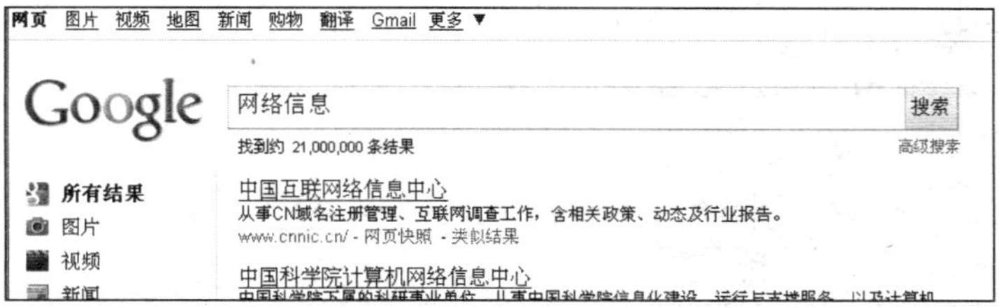

图 1-1-2　简单检索结果条目

② 高级检索：高级搜索界面提供了多项且更加详细的检索条件，在简单检索结果的基础上继续对关键词“网络信息”进行高级检索，能使简单检索结果趋向于检索目标。

单击图 1-1-2 中检索框右侧的“高级搜索”按钮，进入如图 1-1-3 所示的界面。

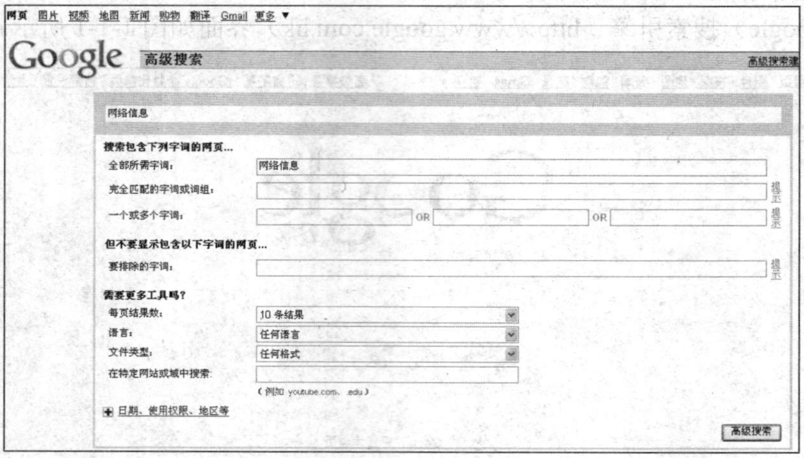

图 1-1-3　Google 高级搜索界面

5）了解更多的谷歌搜索引擎功能

谷歌搜索引擎分类检索：单击图 1-1-4 中左上一行中的“图片”、“视频”、“地图”、“新闻”、“购物”、“更多”超链接了解谷歌搜索引擎的其他功能。单击“语言工具”按钮，进入如图 1-1-5 所示的语言工具界面。

图 1-1-4　“更多”功能界面

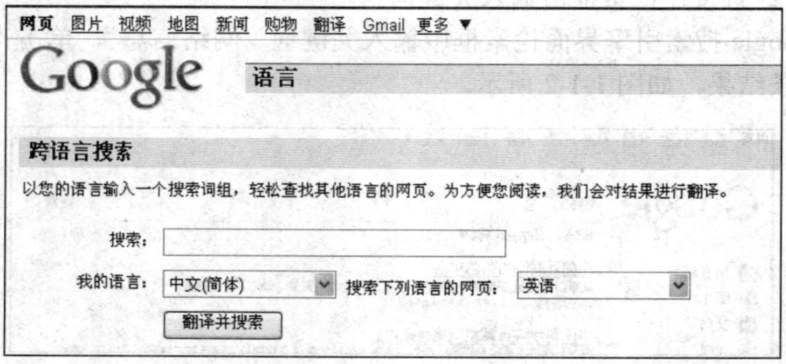

图 1-1-5　语言工具界面

2．百度搜索引擎的使用

1）百度检索界面

百度搜索引擎（http://www.baidu.com）界面如图 1-1-6 所示。

图 1-1-6　百度搜索引擎界面

2）百度搜索引擎简介

百度是全球最大的中文搜索引擎、最大的中文网站，2000 年 1 月创立于北京中关村。百度不断坚持技术创新，致力于为用户提供“简单、可依赖”的互联网搜索产品及服务，其中包括：以网络搜索为主的功能性搜索，以贴吧为主的社区搜索，针对各区域、行业所需的垂直搜索、MP3 搜索，以及门户频道、IM 等，全面覆盖了中文网络的所有搜索需求。根据第三方权威数据，百度在中国的搜索份额接近 80%。

与 Google 相似，百度有 3 种检索方式，即简单检索、高级检索和分类导航检索。

3）简单检索

简单检索步骤如下。

① 输入首页网址，进入百度检索界面。

② 在百度检索界面的检索框中直接输入关键词检索。

4）高级检索

利用高级检索界面是搜索引擎的主要检索技巧。在简单检索界面通过各自格式输入的文档检索、站内检索、位置检索及布尔检索命令，同样可以在高级检索界面输入，系统自动在其检索界面的输入框中用一定的高级输入格式表现出来，从而简化了通过简单检索界面输入格式命令的操作，为学习高级检索语法提供了帮助，并具有限制时间、显示个数、选择网页语言的功能。

输入地址 http://www.baidu.com/gaoji/advanced.html，可以进入百度高级检索。百度的高级检索界面如图 1-1-7 所示。

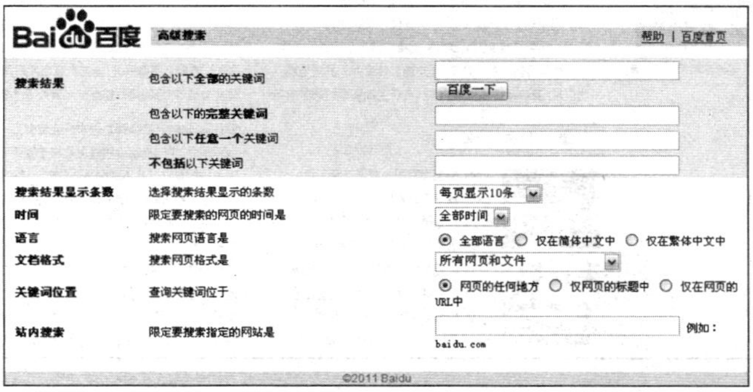

图 1-1-7　百度高级检索界面

5）分类导航检索

单击图 1-1-6 中的“更多产品”超链接，进入百度分类导航检索界面，如图 1-1-8 所示，可进行分类检索。

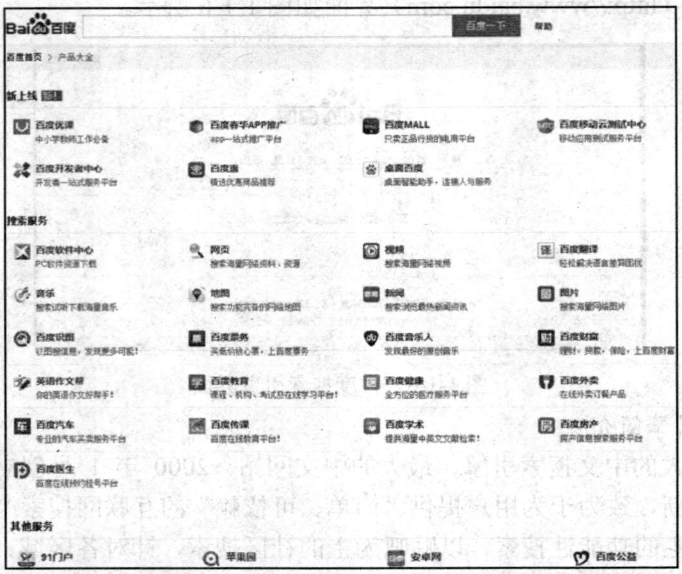

图 1-1-8 百度分类导航检索界面

3. 新浪搜索引擎的使用

1）新浪搜索引擎界面

新浪搜索引擎（http://www.sina.com.cn）界面如图 1-1-9 所示。

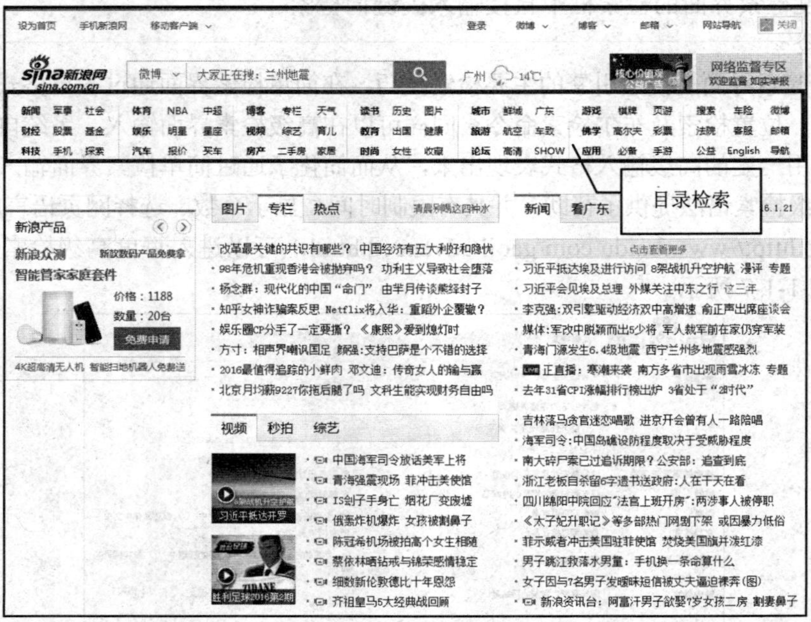

图 1-1-9 新浪搜索引擎界面

2）新浪搜索引擎简介

新浪搜索引擎是中国第一家可对多个数据库进行查询的综合搜索引擎。在关键词的查询反馈结果中，在同一页面上包含目录、网站、新闻标题、新闻全文、频道内容、网页、商品信息、消费场所、中文网址、沪深行情、软件、游戏等各类信息的综合搜索结果，除了资源查询外，新浪搜索引擎推出了更多的内容和服务，包括新浪酷站、本周新站、引擎世界、少儿搜索、WAP 搜索、搜索论坛等。

网页的上部是按照目录进行分类的：新闻、财经、科技、体育、娱乐、汽车等。用户可按目录逐级向下浏览，直到找到所需网站或内容，就好像用户到图书馆找书一样，按照类别大小，层层查找，最终找到需要的书籍。

3）使用方法

① 进入新浪检索界面。

② 关键词查询。关键词查询是用人工对收集的网站做主题摘要，用户可在搜索框中输入查询的关键词，在图 1-1-9 目录中选择“教育”分类，进入如图 1-1-10 所示的界面，在关键词输入框中输入“2015 高考录取”就能搜索到符合该主题的新闻、图片和视频。新浪除了具备基本的关键词查询外，还设计了“重新查询”、“在结果中再查”和“在结果中去除”3 种选择。此外，新浪搜索在关键词查询中支持逻辑操作符的使用。关键词查询的结果根据与查询要求相匹配的程度排列，质量越高，排列位置越靠前。新闻检索的结果则按日期排序，越新的新闻排列位置越靠前。

图 1-1-10　关键词查询

③ 综合搜索。这项服务在搜索结果界面分层次显示搜索结果，其中包含网站、新浪新闻、频道内容及新浪商城的商品信息。

④ 网页搜索。目前，新浪搜索采用的是百度的网页搜索技术。从新浪搜索引擎的服务可以看出，新浪搜索同搜狐的搜索一样都是以外包结合自有技术来设计和建立整个搜索引擎服务的。

三、课堂互动

（1）有哪些网络资源是你熟知的？网络资源检索就是利用百度吗？

（2）搜索引擎是唯一的查询网络资源的工具吗？

（3）与大家分享你在日常生活和工作中常用的搜索引擎。

（4）说说信息对于现今社会发展及个人成长的作用与意义。

项目 2　信息检索技术及其应用

学习重点

1. 了解常用的网络检索技术和检索方法。

2. 掌握高级检索中的布尔逻辑检索技术和检索方法。

学习要求

通常利用搜索引擎进行简单检索，忽略了高级检索的功能，本项目要求学习者学会高级检索，以提高查准率。

自主操作检索实例，理解高级搜索的表达方式，回答教师的随堂提问；在理解的基础上完成检索任务，教师随时抽查，并且对任务执行过程、表达式的构建以及结果的显示加以说明。基本格式如下。

检索题目：　　　　　表达式为：　　　　　检索结果：　　　　　检索结论：

一、相关知识

1. 布尔逻辑检索技术

布尔逻辑检索是指采用布尔逻辑表达式来表达用户的检索要求，并通过一定的算法和实现手段进行检索的过程。

利用布尔逻辑运算符进行检索词或代码的逻辑组配，是现代信息检索系统中最常用的一种方法。常用的布尔逻辑运算符有 3 种，分别是逻辑或（OR）、逻辑与（AND）、逻辑非（NOT）。用这些逻辑运算符将检索词组配起来构成检索提问式，计算机将根据提问式与系统中的记录进行匹配，当两者相符时则命中，并自动输出该文献记录。

1）逻辑与（AND）运算符（*）

逻辑与用于组配不同概念的检索词，是一种概念相交和限定关系的组配。

检索提问式：A AND B。

含义：检出的信息中必须同时含有“A”和“B”两个检索词，如图 1-2-1 中阴影部分所示。其基本作用是对检索范围加以限定，逐步缩小检索范围，提高检索结果的查准率。

例如，检索式：网络 AND 信息检索。

检索结果：文献内容中既含有“网络”又含有“信息检索”词的文献为检索记录。

2）逻辑或（OR）运算符（+）

逻辑或用于组配具有同义或同族概念的检索词。

检索提问式：A OR B。

含义：数据库记录中任何一条记录，只要含有“A”或“B”中任何一个检索词即为命中的文献，如图 1-2-2 中阴影部分所示。其基本作用是扩大检索范围，增加命中文献量，提高文献的查全率。

例如，检索式：网络 OR 信息检索。

检索结果：文献内容中含有“网络”或含有“信息检索”，以及两词都包含的文献为命中记录。

3）逻辑非（NOT）运算符（-）

逻辑非用于排除含有某些词的记录。

检索提问式：A NOT B。

含义：检出的记录中只能含有“NOT”运算符前的检索词“A”，但不能同时含有“NOT”运算符后的检索词“B”，如图 1-2-3 中阴影部分所示。其基本作用是缩小检索范围，但并不一定能提高文献命中的准确性，一般只起到减少文献输出量的作用。

例如，检索式：网络 NOT 信息检索。

检索结果：文献内容中含有“网络”而不含有“信息检索”的文献为命中记录。

注意：“NOT”运算符有排除相关文献的可能，因此，在实际检索中应慎重使用。

检索中逻辑运算符使用是最频繁的，对逻辑运算符使用的技巧决定了检索结果的满意程度。对布尔逻辑检索要求，除了要掌握检索课题的相关因素外，还应在布尔逻辑运算符对检索结果的影响方面引起注意。另外，对同一个布尔逻辑提问式来说，不同的运算次序会有不同的检索结果。

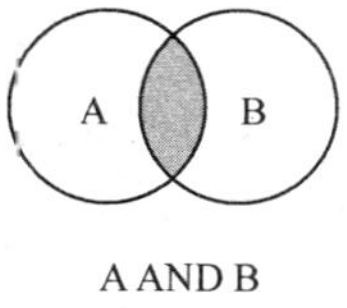

图 1-2-1　逻辑“与”运算符

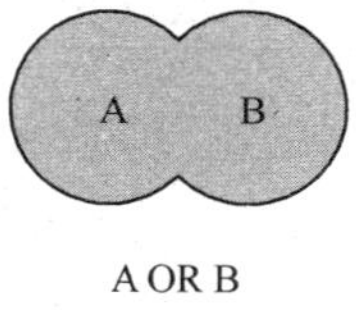

图 1-2-2　逻辑“或”运算符

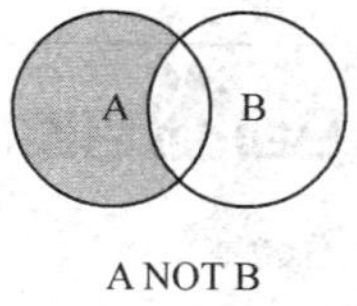

图 1-2-3　逻辑“非”运算符

2. 二次检索技术

二次检索技术是在当前检索结果范围内，再次提出检索条件进行查询，缩小检索范围。二次检索可以多次进行，使检索结果逐渐接近精确检索的目标。

3. 字段限定检索技术

字段限定检索是指以检索词或检索式在数据库中限定查找的范围，用于缩小检索范围，提高检索速度和命中率。

常用的限定检索字段有：题名、主题词、关键词、文摘、作者、时间、刊名等。

字段限定检索还可以用字段限定命令限定检索范围，例如，限定站内搜索、限定文档格式、限定关键词位置等。

4. 截词检索技术

截词检索就是用词的一个局部进行的检索，并认为凡满足这个词局部中的所有字符（串）的文献，都为命中的文献。这种技术用于扩大检索范围，按截断的位置来分，截词有后截断、前截断和中截断 3 种类型。

（1）后截断检索（前方一致）：例如，股票？？，检索结果为股票市场、股票数等。

（2）中截断检索：例如，中国？？教育，检索结果为中国高等教育、中国职业教育等。

（3）前截断检索（后方一致）：例如，？？文学，检索结果为现代文学、古典文学等。

5. 短语检索

（1）机构名：例如，“Sun Yat-sen University”、“The World Intellectual Property Organization”。

（2）人名：例如，“George W. Washington”。

（3）地名：例如，“Washington D. C.”。

（4）专有名词：例如：“Information retrieval”、“Human rights”。

6. 区分大小写检索

例如：china——China——CHINA、
Apple——apple、
Windows——windows、
Windows AND design——windows AND design。

二、检索实例

例 1-2-1 百度高级搜索界面的布尔检索。

（1）包含以下全部的关键词：逻辑与。

操作输入 1：百度检索技巧，如图 1-2-4 所示。

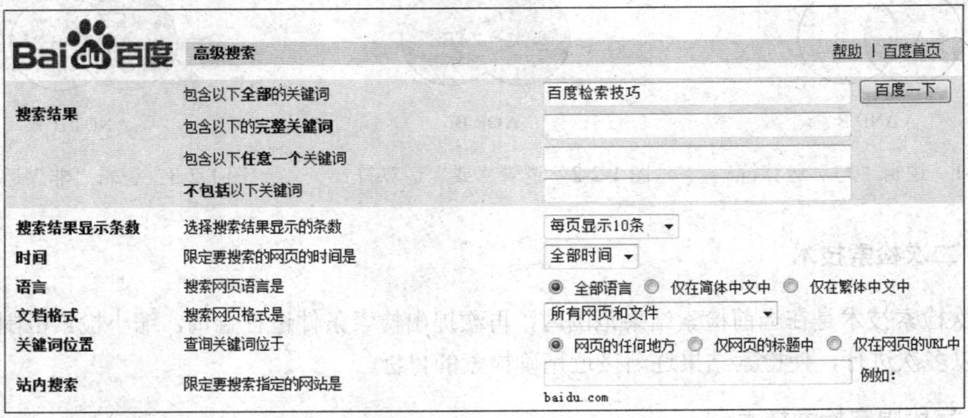

图 1-2-4 操作输入 1

观察：这几个词在结果中的特征如图 1-2-5 所示，找到相关结果约 15 800 000 个。

操作输入 2：百度 检索 技巧，如图 1-2-6 所示，找到相关结果约 3930 000 个，如图 1-2-7 所示。

结论：使用搜索引擎输入关键词的时候，把关键词用空格隔开，其功能相当于逻辑与。

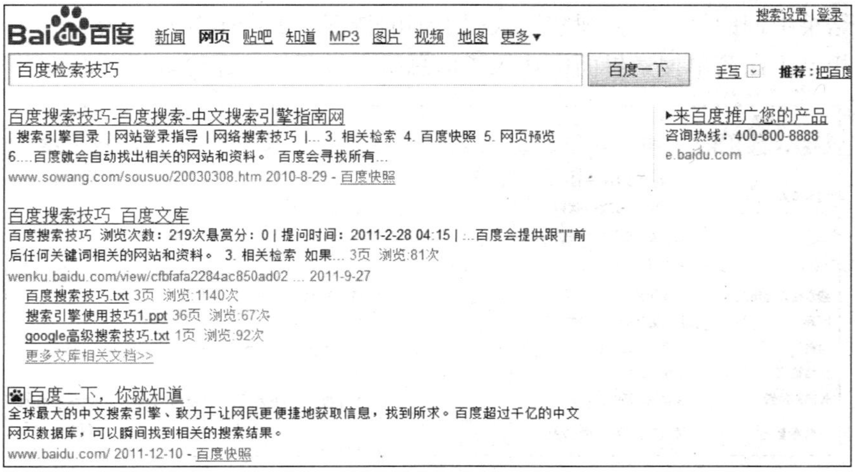

图 1-2-5　操作输入 1 结果条目

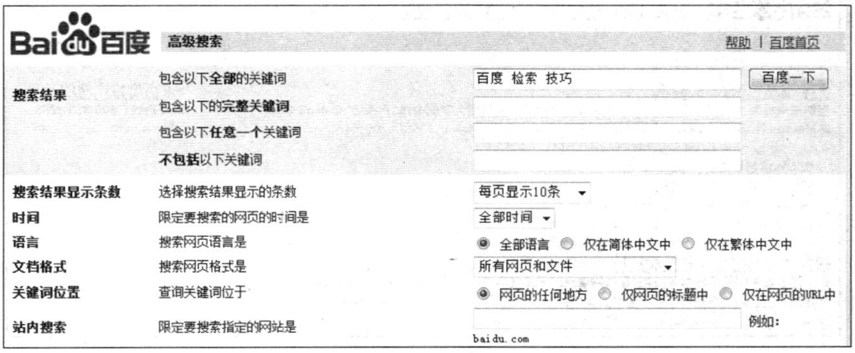

图 1-2-6　操作输入 2

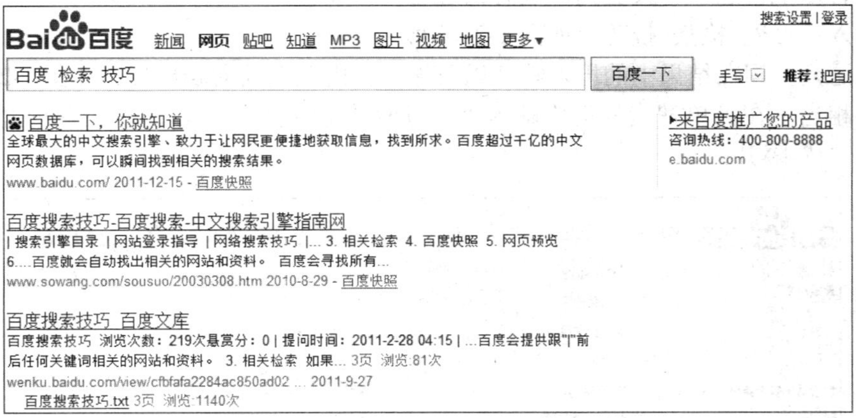

图 1-2-7　操作输入 2 结果条目

（2）包含以下完整的关键词：全部词，并且不能拆分，不能颠倒次序，这种位置检索与布尔检索的结合也称为词组检索。

操作输入：信息检索技巧，如图 1-2-8 所示。

观察：结果中词的特征，并观察输入框中词的特征，如图 1-2-9 所示。

结论：相当于在简单搜索界面中输入“信息检索技巧”，即检索词上加双引号。

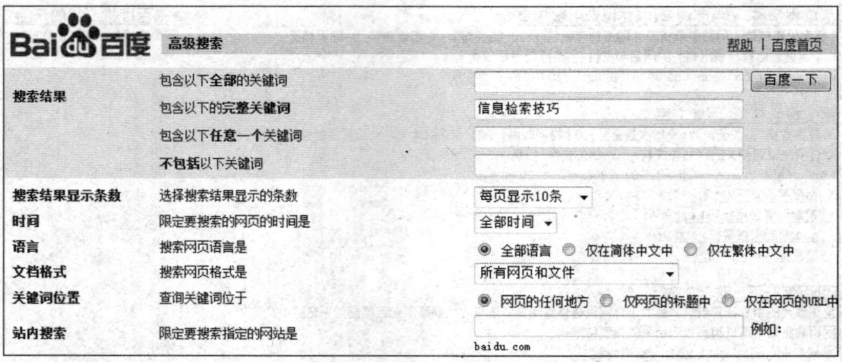

图 1-2-8　操作输入

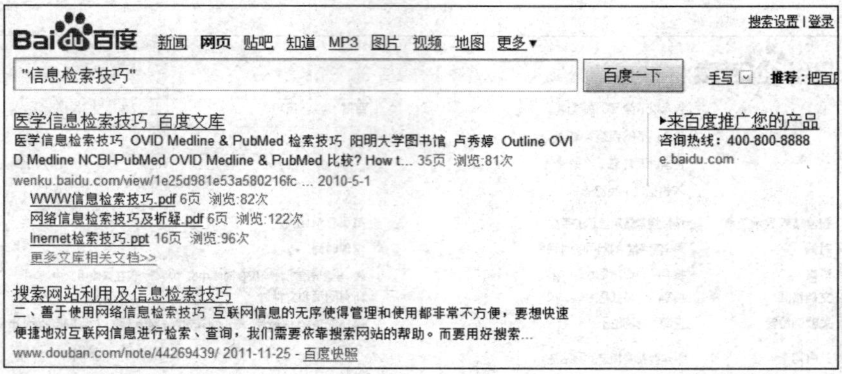

图 1-2-9　操作输入结果条目

（3）包含以下任意一个关键词：或者的意思，只要包含任意一个关键词即可，逻辑或。

操作输入：百度　检索　技巧，如图 1-2-10 所示。

观察：这几个词在结果中的出现特征以及输入框内关键词的表现形式如图 1-2-11 所示。

结论：相当于在简单搜索界面中输入“（百度|检索|技巧）”，即如果各词之间是或者的关系，则用“|”隔开。

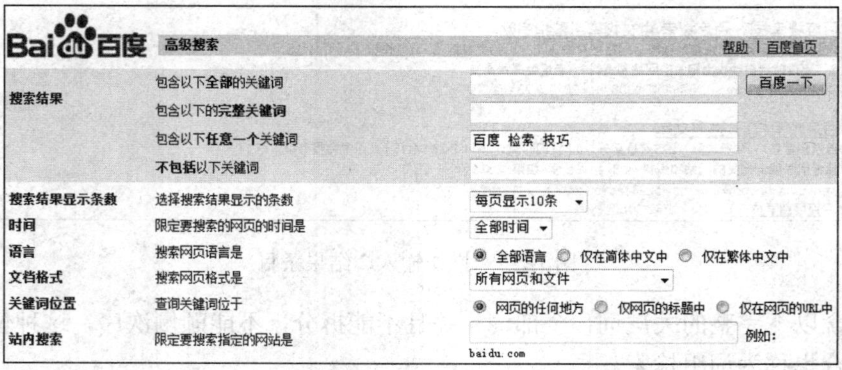

图 1-2-10　操作输入

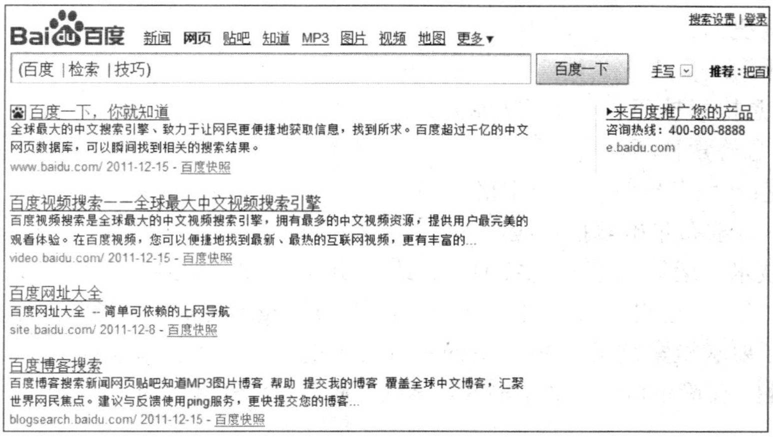

图 1-2-11　显示结果条目

（4）不包括以下关键词：非的意思，即在结果中不出现以下关键词，逻辑非。

操作输入 1：在“包含以下全部的关键词”文本框中输入“百度检索技巧”；在“不包括以下关键词”文本框中输入“百度文库”，如图 1-2-12 所示。

结论：相当于输入“百度检索技巧-（百度文库）”，即用减号“-”表示非，排除的意思，结果如图 1-2-13 所示。

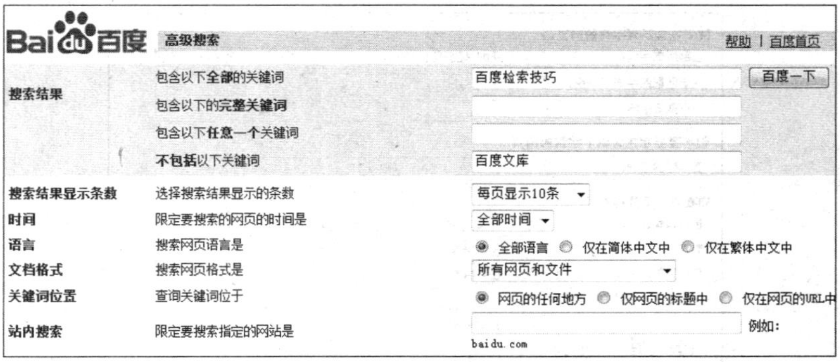

图 1-2-12　操作输入 1

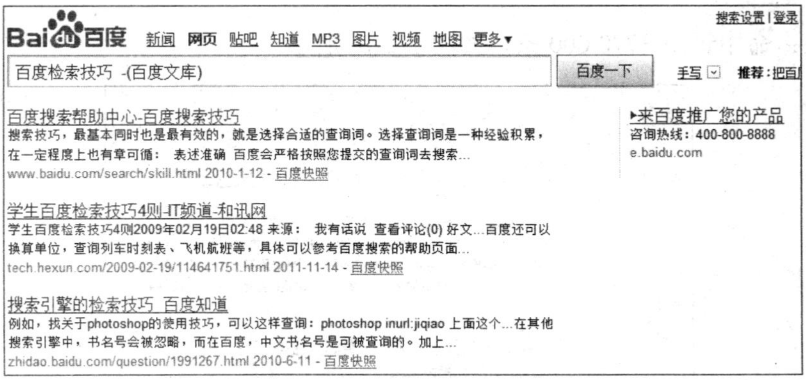

图 1-2-13　显示结果条目

操作输入 2：在简单检索界面中分别输入以下两组词，并比较结果（比较搜索到的网页数、时间、结果的情况）。

两组词如下：

① 百度信息检索技巧 -（百度文库）。

② 百度信息检索技巧。

“-”号位置：“-”号前留一个空格。

例 1-2-2 谷歌布尔检索技术应用。

布尔检索技术：运算符［与（AND）、或（OR）、非（NOT）］。

（1）逻辑“与”：逻辑“与”用“AND”表示，Google 搜索引擎通常用空格表示。使用逻辑“与”是为了要求检索结果的 Web 页面中同时出现所有输入的检索词，提高查准率。

操作输入 1：在简单检索界面中输入检索式“亚洲 经济危机（中间加空格）”，如图 1-2-14 所示。

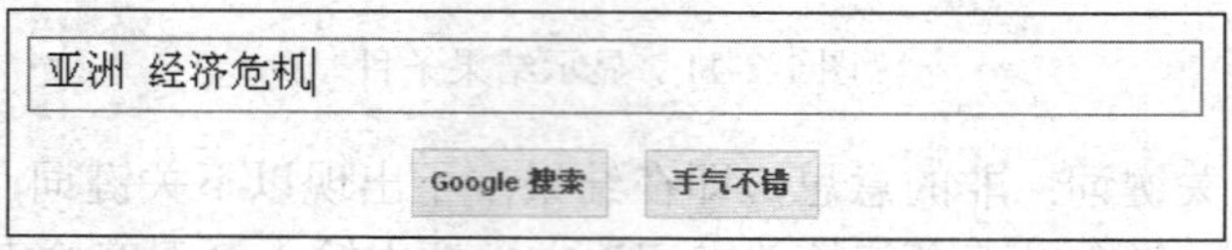

图 1-2-14 “逻辑与”简单检索界面

操作输入 2：在高级检索界面的“全部所需字词”文本框中输入“亚洲 经济危机”，如图 1-2-15 所示。

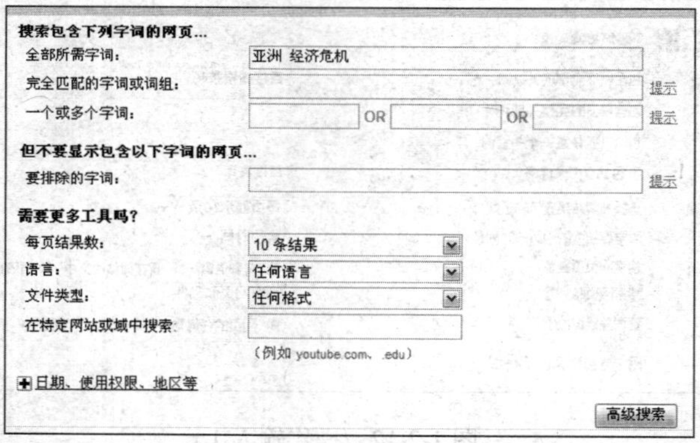

图 1-2-15 “逻辑与”高级检索界面

检索结果：命中记录 3770 000 条，如图 1-2-16 所示。

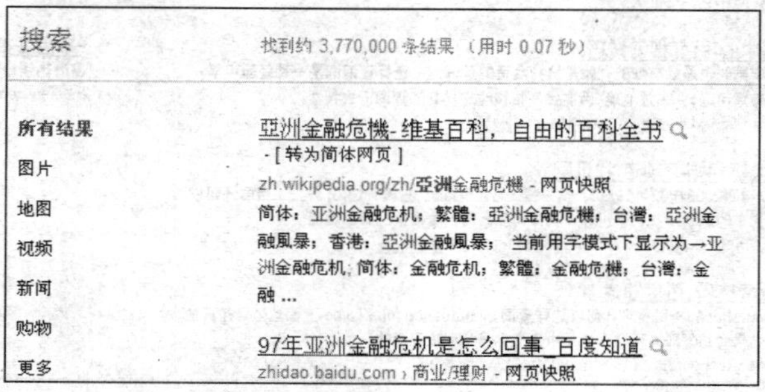

图 1-2-16 “逻辑与”检索结果条目

结论：两种操作方法的检索结果相同。后者相当于在简单检索界面中输入检索式“亚洲 经济危机（中间加空格）”。

（2）逻辑“或”：逻辑“或”用“OR”表示，使用逻辑“或”是为了允许检索结果的 Web 页面中出现输入检索词的任何一个，提高查全率。

操作输入：在高级检索界面的“一个或多个字词”文本框中输入“亚洲”OR“经济危机”，如图 1-2-17 所示。

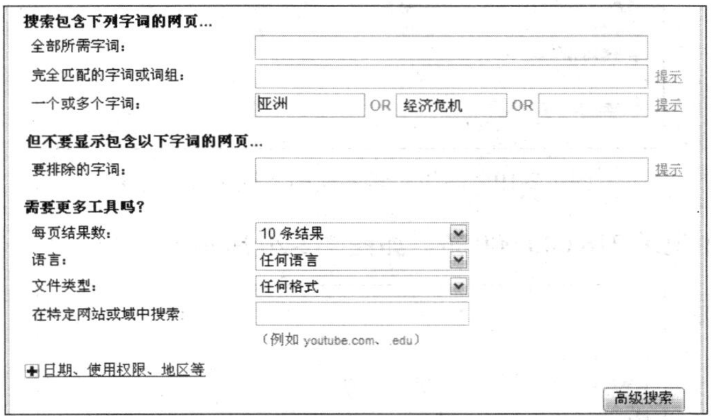

图 1-2-17　高级检索界面的“逻辑或”检索

检索结果：命中记录 316 000 000 条，如图 1-2-18 所示。

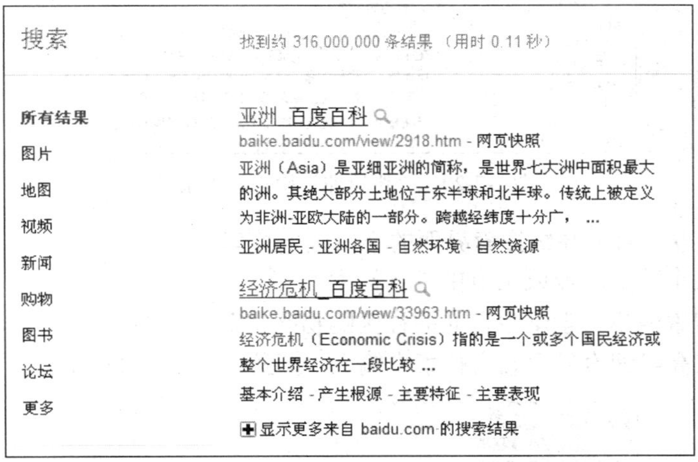

图 1-2-18　“逻辑或”检索结果条目

（3）逻辑“非”：逻辑“非”用“NOT”表示，Google 搜索引擎常用“–”表示，如果用减号，则同时要求在减号前保留一个空格。使用逻辑“非”是为了要求检索结果的 Web 页面中出现 NOT 运算符前的检索词，但排除含有 NOT 运算符后的检索词的页面信息，以缩小检索范围。

操作输入：在高级检索界面的“完全匹配的字词或词组”文本框中输入“亚洲”；在“要排除的字词”文本框中输入“经济危机”，如图 1-2-19 所示。

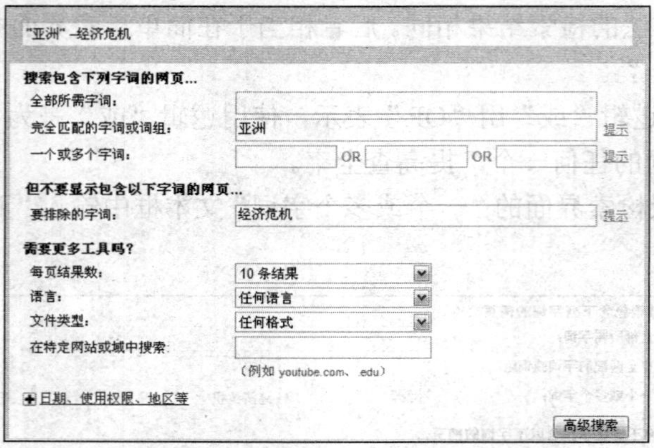

图 1-2-19　高级检索界面的“逻辑非”检索

检索结果：命中记录 218 000 000 条，如图 1-2-20 所示。

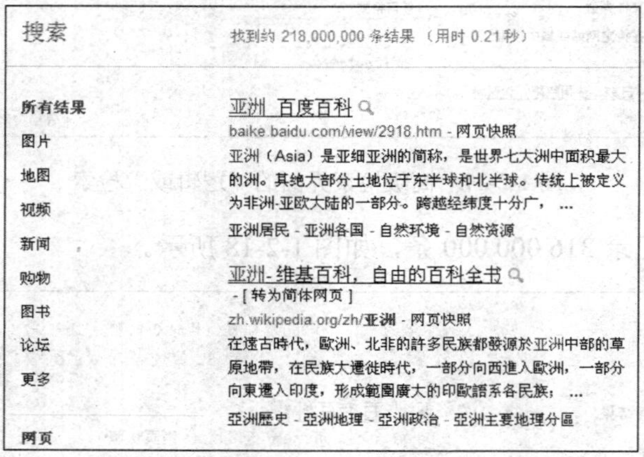

图 1-2-20　“逻辑非”检索结果条目

例 1-2-3　谷歌、百度高级搜索界面的字段限定检索。

（1）限定在某个特定的域或站点中进行检索。

检索题目：搜索清华大学学生建立的社区购物网站蔚蓝网的信息。

操作输入：在高级搜索界面站内搜索中输入“蔚蓝网 site：wl.cn/c1/”，如图 1-2-21 所示。

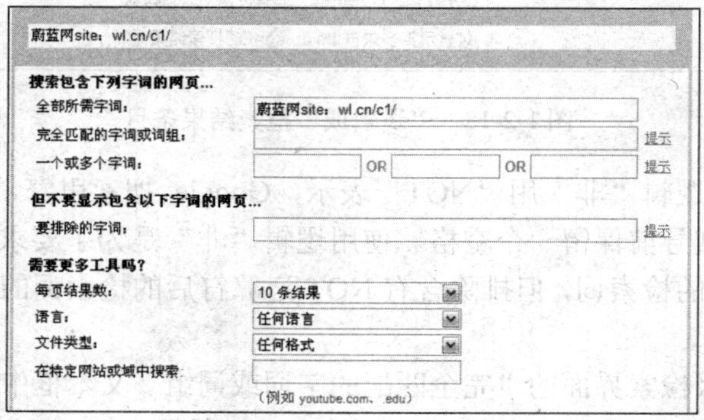

图 1-2-21　限定站内检索

相当于命令格式：检索词 site:域名。

检索式：蔚蓝网 site:wl.cn/c1/。

检索结果：http://www. wl.cn/c1/蔚蓝网的信息如图 1-2-22 所示。

图 1-2-22　显示结果条目

结论：特定输入的关键词在输入的站点内搜索时，相当于站内搜索。

（2）关键词位置的限定：百度高级检索界面限定了 3 个供选择的关键词位置，即网页的任何地方、仅网页的标题中、仅在网页的 URL 中。

① 网页的任何地方：意思是输入的关键词可以出现在结果的标题中、摘要中或者地址中。

② 仅网页的标题中：意思是只有在结果的标题中出现输入的关键词。

操作输入：在“包含以下全部的关键词”文本框中输入“电子商务环境”。在“查询关键词位于”中限制选中“仅网页的标题中”单选按钮，如图 1-2-23 所示。

相当于格式：title:（电子商务环境），如图 1-2-24 所示。

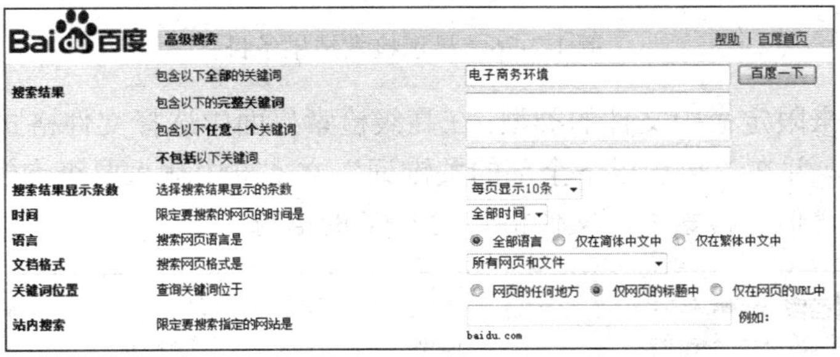

图 1-2-23　限定在标题中检索

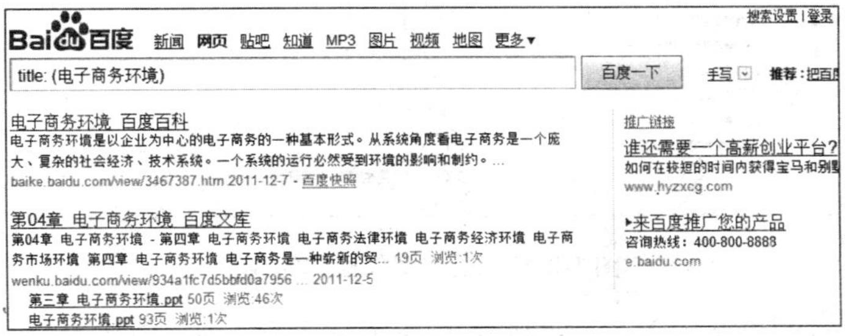

图 1-2-24　显示检索条目

③ 仅在网页的 URL 中：意思是输入的关键词只出现在结果的地址中。

操作输入：在“包含以下全部的关键词”文本框中输入“电子商务环境”。在“查询关键词位于”中选中“仅在网页的 URL 中”单选按钮，如图 1-2-25 所示。

相当于格式：inurl:（电子商务环境），搜索电子商务环境的专题资料的结果如图 1-2-26 所示。

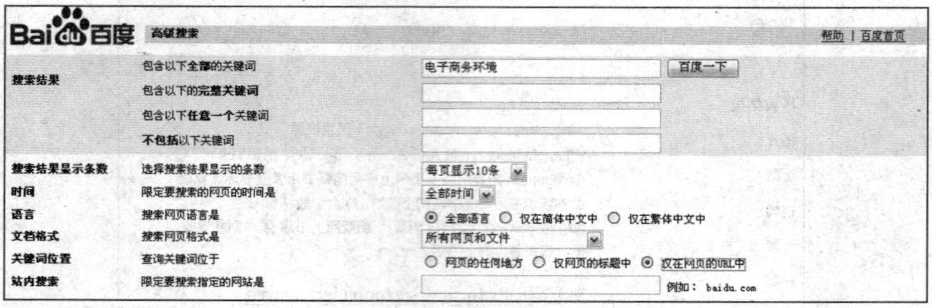

图 1-2-25　限定在 URL 中检索

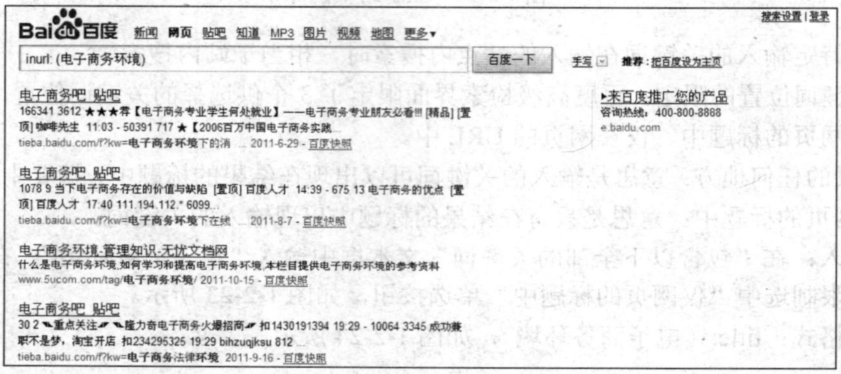

图 1-2-26　显示检索结果条目

（3）filetype 用来限定命中文件的类型：在高级检索界面中选择文件格式（DOC、PPT、PDF、RTF、所有格式），并在“包含以下全部的关键词”文本框中输入要查询的关键词。图 1-2-27 所示为检索主题是“信息检索”，文件格式为 PPT 的信息。

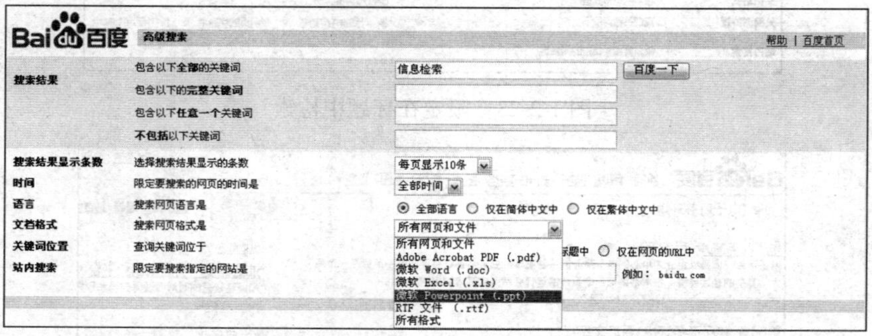

图 1-2-27　限定文件格式的检索

检索结果：主题为信息检索、文件格式为 PPT 的文献，如图 1-2-28 所示。

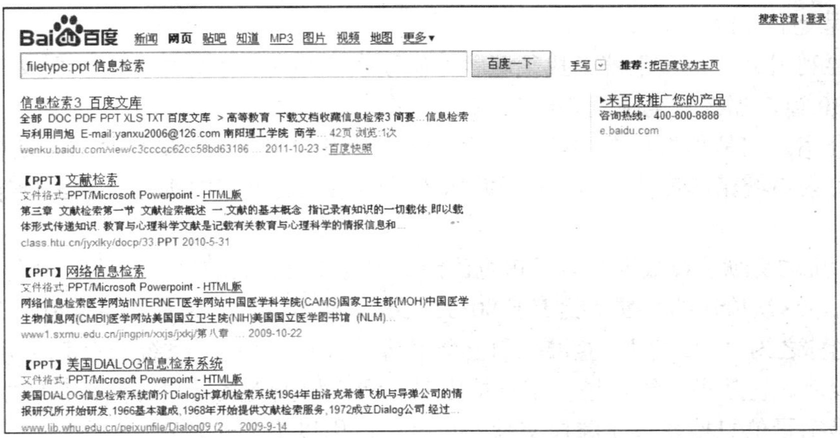

图 1-2-28 显示检索结果条目

三、课堂互动

（1）请查询出有关数字签名的知识，但不要电子签名的表达式。

（2）由于日本福岛核事故的发生，日本食品受到严重污染，请关注此事件并搜索，要求在搜索结果的标题中出现“日本”、“福岛核事故”关键词。

（3）有很多网站介绍了大量的相关软件的学习方法，若想学习知名的 SPSS 软件的使用，应如何构筑表达式才能找到相关网站？

项目 3 网络信息资源的获取与整理

学习重点

网络检索工具的再认识；能够熟练选取搜索引擎等检索工具进行主题检索。

学习要求

了解主题检索的主要内容；提取主题内容中的主要概念；阅读检索结果条目，扩展词汇；多种途径反复检索；把每次的相关结果综合到一起，得到与主题相关的较为全面的信息。通过对获取信息的分析，能够对检索主题中的问题提出自己的建议。

网络信息检索需要耐心要不断地尝试新的检索词和逻辑关系组配，需要钻研精神。如果浅尝辄止就得不到满意的相关信息，进而影响对整个主题的理解和实训思路的设计。

一、相关知识

1. 查全率与查准率

（1）查全率。它是指系统在进行某一检索时，检出的相关文献量与检索系统中相关文献总量的比例，是衡量信息检索系统检出相关文献能力的尺度，反映该系统文献库中实有的相关文献量在多大程度上被检索出来。

例如，要利用某个检索系统查找某课题。假设在该系统文献库中共有相关文献 40 篇，而只检索出来 30 篇，那么查全率就等于 75%。

（2）查准率。它是指系统在进行某一检索时，检出的相关文献量与检出文献总量的比例，是衡量信息检索系统精确度的尺度，它反映每次从该系统文献库中实际检出的全部文献中有多少是相关的。

例如，检出的文献总篇数为 50，经审查确定其中与项目相关的只有 40 篇，另外 10 篇与该课题无关。那么，这次检索的查准率就等于 80%。显然，查准率是用来描述系统拒绝不相关文献的能力，有人也称之为“相关率”。查准率和查全率结合起来，描述了系统的检索成功率。

（3）漏检率。它是指系统在进行某一检索时，漏检相关文献量与在检索系统中相关文献总量的比例，是衡量信息检索系统漏检文献的尺度，可用以下公式表示。

漏检率=(漏检相关文献量/系统内相关文献总量)×100%

（4）误检率。它是指系统在进行某一检索时，误检（检出不相关）文献总量的比例，是衡量信息检索系统误检文献和程度的尺度，可用以下公式表示。

误检率=(误检文献量/检出文献总量)×100%

评价信息检索系统的检索效果主要指标是查全率和查准率，即检索系统中的全部相关文献都被检出，检出的文献全部是相关文献。然而，由于许多因素的影响，在实际检索中，查全率和查准率是不可能达到 100%的，而是存在着一种互逆关系，即在同一检索系统中提高查全率，查准率则会降低；反之，查准率提高，查全率就会下降。

评价信息检索系统的检索误差主要指标是漏检率和误检率。误差越大，效率越低，检索系统的性能就越低；误差越小，效率越高，检索系统的性能就越高。由此可见，产生漏检和误检的原因是影响信息检索系统效果的主要因素。

2．影响检索效果的因素

查全率与查准率是评价检索效果的两项重要指标，查全率和查准率与文献的存储与信息检索两方面是直接相关的，也就是说，与系统的收录范围、索引语言、标引工作和检索工作等有着非常密切的关系。

1）影响查全率的因素

影响查全率的因素从文献存储来看，主要有：文献库收录文献不全，索引词汇缺乏控制和专指性，词表结构不完整，词间关系模糊或不正确，标引不详，标引前后不一致，标引人员遗漏了原文的重要概念或用词不当等。此外，从情报检索来看，主要有：检索策略过于简单；选词和进行逻辑组配不当；检索途径和方法太少；检索人员业务不熟练和缺乏耐心；检索系统不具备截词功能和反馈功能，检索时不能全面地描述检索要求等。

2）影响查准率的因素

影响查准率的因素主要有：索引词不能准确描述文献主题和检索要求；组配规则不严密；选词及词间关系不正确；标引过于详尽；组配错误；检索时所用检索词（或检索式）专指度不够，检索面宽于检索要求；检索系统不具备逻辑“非”功能和反馈功能；检索式中允许容纳的词数量有限；截词部位不当，检索式中使用逻辑“或”不当等。

实际上，影响检索效果的因素是非常复杂的。根据国外有关专家所做的实验表明，查全率与查准率是呈互逆关系的。要想做到查全率，势必会要对检索范围和限制逐步放宽，结果就是会把很多不相关的文献也带进来，影响了查准率。企图使查全率和查准率同时提高是不容易的。强调一方面，而忽视另一方面，也是不妥当的。应当根据具体课题的要求，合理调节查全率和查准率，保证检索效果。

二、检索实例

例 1-3-1　请查找有关介绍网络检索技巧的文章和网站。

（1）进入谷歌的高级检索界面。

（2）在“全部所需字词”检索框中输入“网络信息检索”，“文件类型”选择“Microsoft Powerpoint（.ppt)”，单击“高级搜索”按钮，如图 1-3-1 所示。

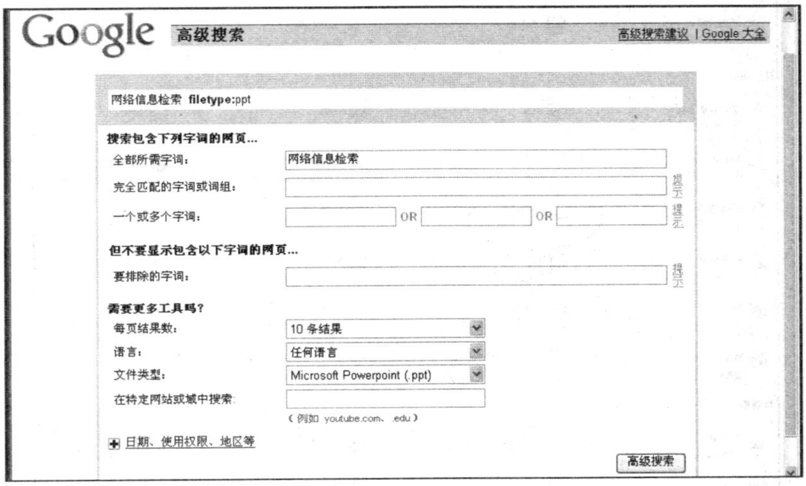

图 1-3-1　谷歌高级检索界面

（3）在图 1-3-2 所示的检索结果条目中单击“网络信息检索与利用（专题讲座)”超链接。

（4）在弹出的下载对话框中，单击“保存”按钮，存入本地硬盘，还可在检索结果中选择更多的超链接并将其保存为自学材料。

（5）在本地硬盘中查看保存好的学习材料。

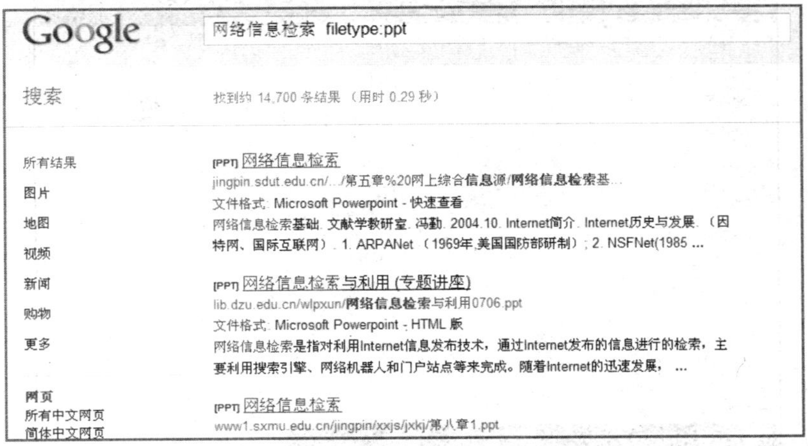

图 1-3-2　显示检索结果条目

此题还可通过在浏览器的地址栏中直接输入其他搜索引擎网址来进行。

例 1-3-2 一位旅游者打算单独到云南丽江去旅游，准备先预订一个住处。该旅游者希望住宿地点距丽江古城较近，最好住宿在古城里面，价格为每天 100～200 元人民币。请帮他找到符合其要求的住处。

（1）进入搜索引擎百度的分类导航界面，如图 1-3-3 所示。

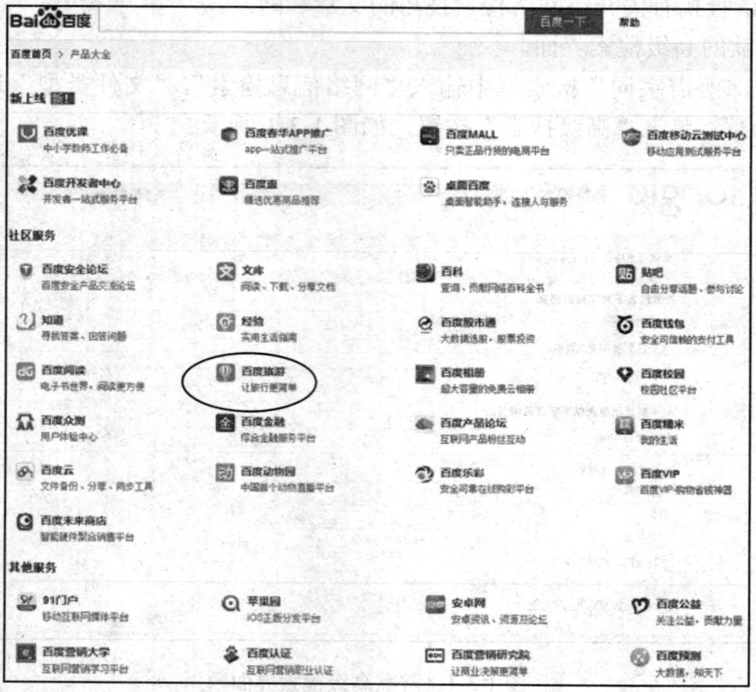

图 1-3-3　百度的分类导航界面

（2）单击“百度旅游”超链接，进入百度旅游检索界面，如图 1-3-4 所示。输入“云南丽江”，单击“百度一下”按钮。

图 1-3-4　百度旅游检索界面

（3）查看众多检索结果，如图 1-3-5 所示。

图 1-3-5　检索结果界面

（4）给出建议：多数游客前往丽江时，会选择住在客栈。在丽江，有许多纳西族、白族的传统客栈，普通床位 20～60 元/人；在客栈里悠闲地晒晒太阳，或者和店主攀谈一天，或者待在店主的房间里，昏天黑地看一天碟片。如果想住得好一些，可以选择设施完备的宾馆或酒店，如原乡丽江客栈、丽江桃花岛驿站、丽江四方客栈、丽江悦榕庄等，都是很好的选择。

也可以选用其他搜索引擎，或者选用携程网预订客房。

例 1-3-3 试帮助一位高血压患者检索有关高血压的最新治疗方法、提供这些治疗方法的医院，以及有关专家建议等信息。

（1）进入新浪搜索引擎界面，如图 1-1-9 所示。

（2）选择首页目录中的“健康”栏目，进入新浪健康界面，如图 1-3-6 所示。

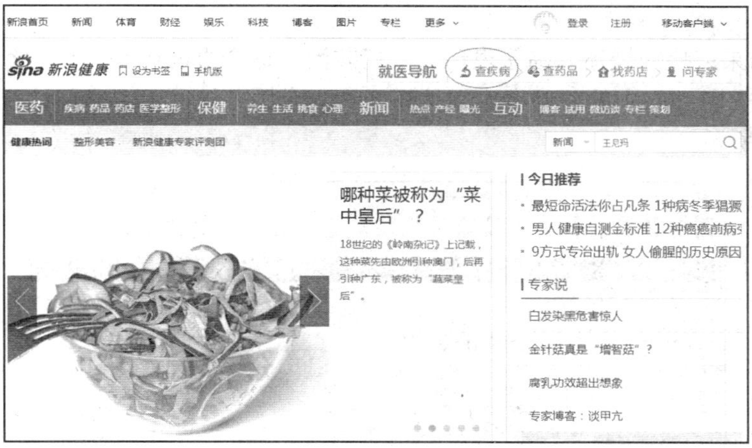

图 1-3-6　新浪健康界面

在“查疾病”页面中单击“高血压”超链接，如图 1-3-7 所示。进入新浪高血压治疗页面，如图 1-3-8 所示。

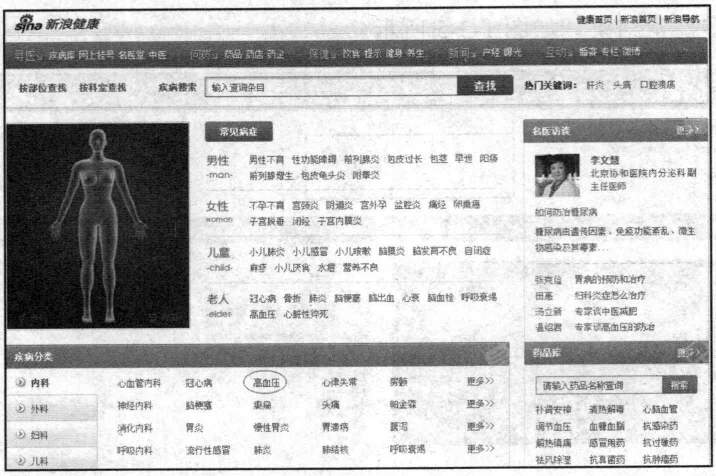

图 1-3-7 “查疾病”页面

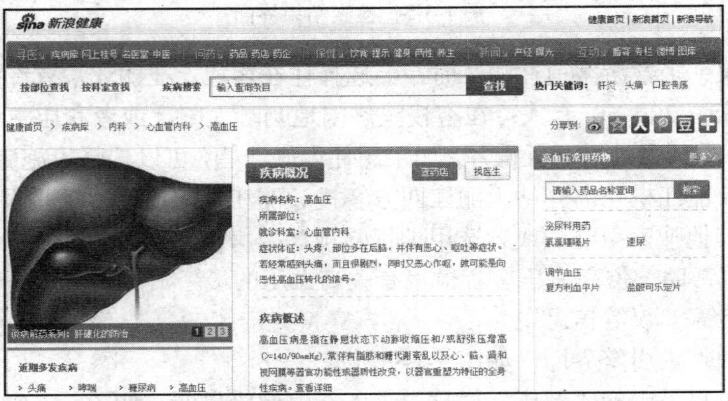

图 1-3-8 新浪高血压治疗页面

（3）检索结果：疾病概述、临床表现、疾病防治在这个页面中都可以看到，如果要找药品和医生，可单击图 1-3-6 中的“问专家”按钮，进入全国各地区“专家门诊查询”页面，检索结果如图 1-3-9 所示。

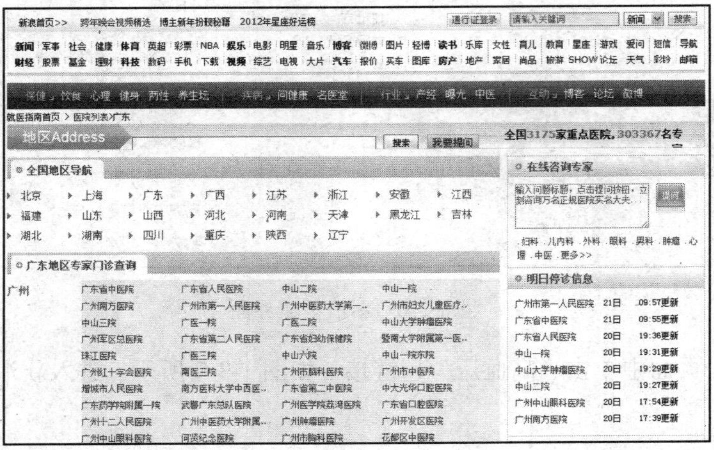

图 1-3-9 检索结果

（4）给出建议：全面浏览检索到的信息，综合考虑不同患者的病情轻重、年龄大小、家庭住址等因素选择医院和医生。如果是需要常年保健和治疗的高血压患者，建议根据患者的家庭住址选择就近的医院和大夫开展咨询和治疗；如果是病情严重的患者，则首选治疗高血压的权威医院和大夫，其次考虑路途远近和费用等其他因素。

三、课堂互动

（1）在搜索引擎中怎样删除无关资料？

（2）举例说明如何利用信息检索技术提高检索结果的查全率/查准率？

（3）利用搜索引擎检索出来的资料往往数量太多，采用哪些方法可以使检索出来的结果集中一些？

（4）归纳主题检索的方法和步骤。

模块小结

通过对“网络信息检索基础知识”模块中 3 个项目实例的学习，学习者应该达到如下核心技能：选择合适的搜索引擎、应用检索技术、正确地检索出相关主题的网络信息资源。

1．信息检索的本质

简单地讲，检索的本质就是信息用户的需求和信息集合的比较与选择，即匹配的过程。它将检索提问标识与存储在数据库中的标引标识进行比较，两者一致或者信息标引的标识包含着检索提问标识，则具有该标识的信息从数据库中输出，输出的信息就是检索命中的信息。

2．信息检索的基本原理

信息检索的基本原理如图 1-4-1 所示。

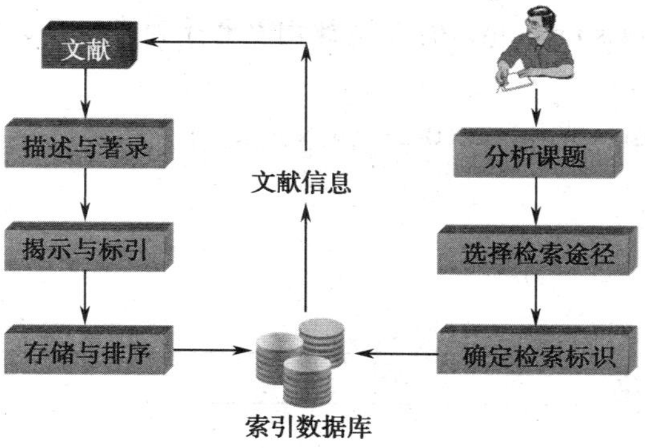

图 1-4-1　信息检索的基本原理示意图

3．网络信息检索方式与途径

常用的网络信息检索包括：简单检索和高级检索、菜单检索和检索式检索（命令检索）。途径：关键词检索和分类检索。

4．网络信息检索运算符

运算符即组配符，将其与检索词连接就构成了检索表达式。在检索表达式中用来连接各词的运算符，按其功能不同可分为逻辑运算符、位置运算符、截词运算符和限制运算符等。

操作训练

实训操作 1-1　搜索引擎的使用

1．学时：1。

2．实训目标：了解各类型搜索引擎，掌握搜索引擎的使用方法，能够借助搜索引擎查找所需信息。

3．实训内容：熟悉常用搜索引擎的检索方法和检索功能，比较利用不同搜索引擎搜索相关信息的结果。

4．实训类别：基础。

5．实训类型：单一。

6．实训要求：选做。

7．主要设备：每位学生操作一台可以上网的计算机。

8．实训主题。

（1）请分别用“网页”、“新闻”、“贴吧”、“知道”、“MP3”和“图片”搜索信息，并列举出百度还有哪些信息搜索方式。

（2）比较利用不同搜索引擎搜索相关信息的结果。

① 登录百度搜索 www.baidu.com，输入关键词“电子商务+法律”搜索；输入关键词“电子商务+安全”搜索。

② 登录谷歌搜索 www.google.com，输入关键词“电子商务+法律”搜索；输入关键词“电子商务+安全”搜索。

③ 登录新浪搜索 www.sina.com，输入关键词“电子商务+法律”搜索；输入关键词“电子商务+安全”搜索。

④ 登录雅虎搜索 http://cn.yahoo.com，输入关键词“电子商务+法律”搜索；输入关键词“电子商务+安全”搜索。

⑤ 相关信息汇总。

（3）Google 功能查询。

① 查天气：广州　天气 ________________________________。

② 查邮编：拉萨　邮编 ________________________________。

③ 查区号：0891 qh ________________________________。

④ 英译中：fy polytechnic ________________________________。

⑤ 利用 Google 计算数学式：ln2*2^2 ________________________。

⑥ 利用 Google 翻译单词“abstract” ________________________。

⑦ 利用百度搜索引擎搜索 MP3 格式的歌曲“你的眼神”，再搜索其彩铃。

⑧ 查询：1 英寸= ______厘米、1 盎司（液体）=______毫升、1 磅=______千克。

（4）查找多家供应宠物食品的公司的网站，写出网址。

（5）查找杜少陵是唐朝的哪位诗人的字号。

（6）请为某同学推荐 3 个有关考研英语或英语四、六级学习方面的主要网站，并对其一网站做出简明介绍（写出所用检索工具、检索操作过程与步骤和结果）。

（7）谷歌和百度的比较（课堂完成）。

通过高级搜索界面完成表 1-5-1。

表 1-5-1　谷歌和百度的比较

比较项目		谷歌	百度
更多包含的内容			
创建的时间			
支持的语言			
时间限制			
布尔检索（写出支持的格式）	全部关键词		
	任意关键词		
	不包括以下关键词		
词组搜索（写出支持的格式）	完整关键词		
	检索实例及其结果		
文档搜索	支持格式类型及其搜索格式		
	检索实例及其结果		
关键词位置	支持的位置及其搜索格式		
	检索实例及其结果		
网域搜索	搜索格式		
	检索实例及其结果		
其他（高级搜索中的不同地方）	权限		
	链接		
	类似网页		
	其他		

实训操作 1-2　检索技术的应用

1．学时：1。

2．实训目标：熟悉布尔逻辑检索技术、字段检索技术、截词检索技术和二次检索技术的意义和使用方法，能够借助检索技术查找所需信息。

3．实训内容：熟悉常用搜索引擎的检索方法和检索功能，比较利用不同搜索引擎搜索相关信息的结果。

4．实训类别：基础。

5．实训类型：单一。

6．实训要求：选做。

7．主要设备：每位学生操作一台可以上网的计算机。

8．实训主题。

（1）逻辑运算符。在搜索内容框内分别输入以下检索式，记录并比较检索结果。

① 唐诗 元曲　　命中记录：________

② 唐诗 OR 元曲　　命中记录：________

③ 唐诗 － 元曲　　命中记录：________

（2）空格、逗号、引号的作用。比较以下检索结果。

① 空格的作用。

检索式：图像　　命中记录：________

检索式：图　像　　命中记录：________

② 逗号的作用。

检索式：软件，工程师　　命中记录：________

检索式：软件工程师　　命中记录：________

③ 引号的作用。

检索式："广州机场"　　命中记录：________

检索式：广州机场　　命中记录：________

（3）连接符加号（+）和减号（−）。

① 检索式：+联想+天琴　　命中记录：________

② 检索式：+联想−天琴　　命中记录：________

③ 检索式：−联想+天琴　　命中记录：________

（4）利用 Google 搜索引擎的常用命令检索：在检索框中输入检索式，记录一项检索结果。

① 检索式1：香山红叶 filetype: pdf。

题名：________

出处：________

② 检索式2：filetype: ppt 数据库使用。

题名：________

出处：________

③ 检索式3：site: google.cn 新闻。

题名：________

出处：________

（5）比较不同搜索引擎的检索效果（前10条信息去重数）完成表1-5-2。

构造检索式：生活饮用水国家标准。

表 1-5-2　检索结果

	Google	百度	搜狐	雅虎
命中记录数量				
查准率/（%）				

实训操作 1-3　网络信息的获取与整理

1．学时：1。

2．实训目标：通过网络信息检索，使学生认识并掌握如何运用网络信息检索技术，通过搜索引擎检索工具提高获取、整理和利用网络信息的能力。

3．实训内容：正确地理解检索主题的主要内容，选择检索工具；写出检索步骤；得出检索结果，通过对结果的整理，提出解决与主题相关问题的建议。

4．实训类别：基础。

5．实训类型：单一。

6．实训要求：选做。

7．主要设备：每位学生操作一台可以上网的计算机。

8．实训主题。

（1）用百度搜索引擎搜索“什么是拓扑结构”，如果不能打开当前搜索到的第一个网站，则将此网页关闭，只查看该网站发布的包含关键字的信息。

（2）从当前状态利用 Google 搜索引擎查找包含“网上信息资源库”的网页，在查找此短语时要精确匹配。

（3）什么是可再生能源？其类型有哪些？写出所用检索系统或工具、操作过程、检索步骤和答案。

（4）“2005 诺贝尔奖获得者北京论坛”的主题是什么？有哪几位获奖者做了精彩的演讲？写出所用检索系统或工具、操作过程、检索步骤和答案。

（5）查出“天行健，君子以自强不息”的含义和出处。写出所用检索系统或工具、操作过程、检索步骤和答案。

（6）请用某种搜索引擎检索“2011 年我国汽车工业概况”，并写出检索步骤。

（7）用 Google 检索国内幼儿园的地址、电话等。可用黄页或直接搜索两种方式查找。

要求：保证查准率，幼儿园要在网页题名中才算命中网页。

（8）利用搜索引擎查找与自己所学专业相关的专业性网络检索工具或网站（5 个以上），写出检索过程。

（9）在网络上搜索与自己专业相关的信息，为学校招生简章写一篇本专业介绍，包括：专业最新研究领域与发展方向、主要专业研究与生产机构、专业学术带头人、专业特色及主要课程介绍（与一所学校做比较，说明本学校课程设置的优点）、就业的主要去向与前景。

模块2 中文数据库信息检索

本模块结构关系如图 2-0-1 所示。

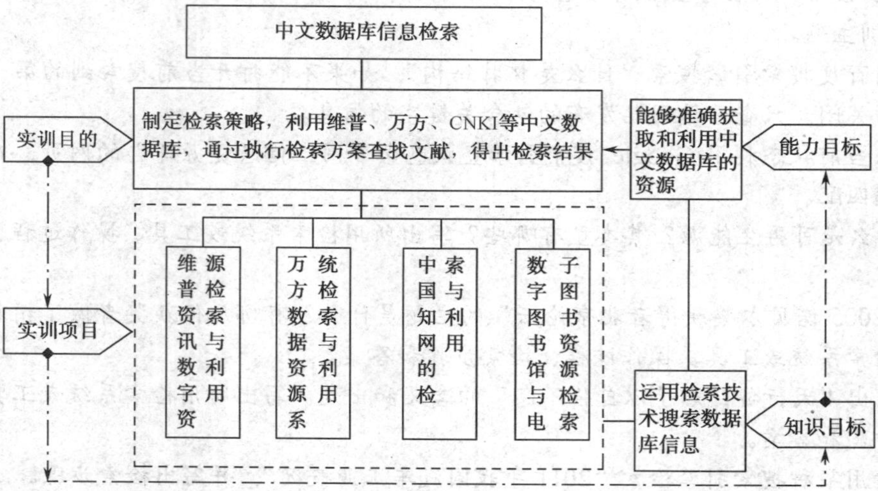

图 2-0-1　模块 2 结构关系图

通俗地说，数据库就是在计算机存储设备上按一定方式存储的相互关联的数据集合。它是计算机技术与信息建设技术相结合的产物，是重要的信息资源，也是信息检索的重要资料来源。全文数据库是一种存储文献全文或其中的主要部分的源数据库。按出版方式，全文数据库可分为两类：一类是与印刷型文献平行出版的电子版全文库；另一类是纯电子出版物，无相应的印刷型文本。

Internet 中的各种文献数据库汇集了各个学科的重要信息资源，成为文献检索的重要平台。所谓文献检索，就是利用各种检索系统（工具）查找所需文献信息的过程。在信息爆炸的时代，Internet 带来了文献检索的变革，它提供了多种新颖的文献检索工具和方法，而万维网在提供超文本检索方式的同时还囊括了一些检索工具的功能，并且出现了许多基于万维网的 Internet 搜索引擎和全文检索数据库，万维网上更有无穷无尽的信息可以方便地查询所需的文献。由于 Internet 所带来的变革，文献检索开始进入网络检索的时代，文献的载体形式和检索工具发生了根本的改变，文献大都以 Portable Document Format 及 HTML 格式呈现。在各个大学的图书馆中，电子资源（包括电子期刊、电子书籍等）已经成为重要的组成部分，也是人们查阅文献的主要手段。国内大学图书馆电子资源主要是由多个数据库组成的，读者需要登录不同的数据库进行检索。国外一些知名大学图书馆的电子资源则是把多个数据库整合为一个搜索引擎，既可以分库检索，又可以交叉检索。本模块将介绍几种收录文献数量庞大、应用广泛的中文文献检索数据库。

项目 1　维普资讯数字资源检索与利用

学习重点

1. 了解维普资讯数据库的特点。
2. 熟练运用维普数据库获取和利用期刊文献信息。

学习要求

学会利用校园网进入维普资讯数据库查找文献，通过完成实训项目提高获取和利用文献信息的能力，为不断地吸收新知识、增强创新能力打下基础。

一、相关知识

1. 维普资讯网

维普资讯网（http://www.cqvip.com）建立于 2000 年，已经成为全球著名的中文信息服务网站，是中国最大的综合性文献服务网，是 Google Scholar 最大的中文内容合作网站。其所依赖的中文科技期刊数据库，是我国网络数字图书馆建设的核心资源之一，被我国高等院校、公共图书馆、科研机构所采用，是高校图书馆文献保障系统的重要组成部分。维普资讯网的首页如图 2-1-1 所示。

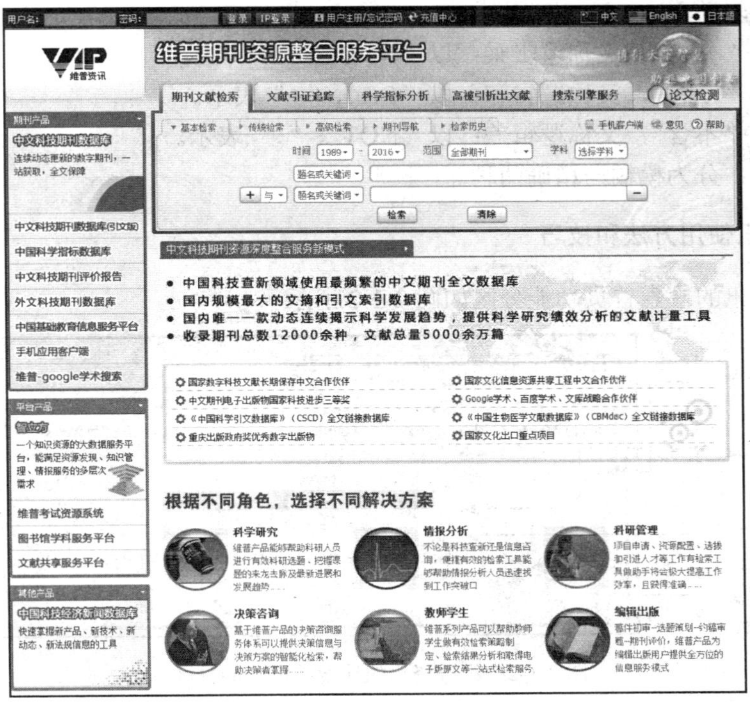

图 2-1-1　维普资讯网首页

2. 维普资源——中文科技期刊数据库资源产品概述①

期刊总数：12000 余种。

核心期刊：1957 种。

文献总量：4000 余万篇。

收录年限：1989 年至今（部分期刊追溯到创刊年）。

更新周期：中心网站日更新。

回溯年限：1989 年，部分期刊回溯至 1955 年。

全文质量：采用国际通用的高清晰 PDF 全文数据格式。

学科范围：社会科学、自然科学、工程技术、农业科学、医药卫生、经济管理、教育科学和图书情报。

著录标准：《中国图书馆分类法》、《检索期刊条目著录规则》（GB 3793—1983）、《文献主题标引规则》（GB/T 3860—2009）等，人工质检确保了著录真实性与准确性。

3. 检索常用术语

（1）检索数据库：数据库是存储文献信息的仓库，是存储设备上合理有效信息的集合。

（2）记录和字段：构成数据库的信息单元，每条记录都描述了一个信息体的外表和内容特征，描述和构成记录的各个数据项称为字段，如题名字段、著者字段等。

（3）检索项（字段）：维普资讯数据库中检索项有题名、关键词、文摘、作者、机构、刊名、分类号、参考文献、作者简介、基金资助、栏目信息、任意字段等。

（4）检索词：检索词即是从用户的检索要求中抽取出来的，能够代表检索内容的词，检索词与标引词一致，才能保证检索匹配的准确。

（5）检索逻辑关系。

逻辑“与”、“并含”，又称逻辑乘：以“AND”、“*”表示。

逻辑“或”、“或含”，又称逻辑和：以“OR”、“+”表示。

逻辑“非”、“不含”，又称逻辑差：以“NOT”、“-”表示。

（6）匹配度：分为模糊与精确两种。

4. 维普资讯使用方法和技巧

（1）维普资讯的检索首页功能分区如图 2-1-2 所示。

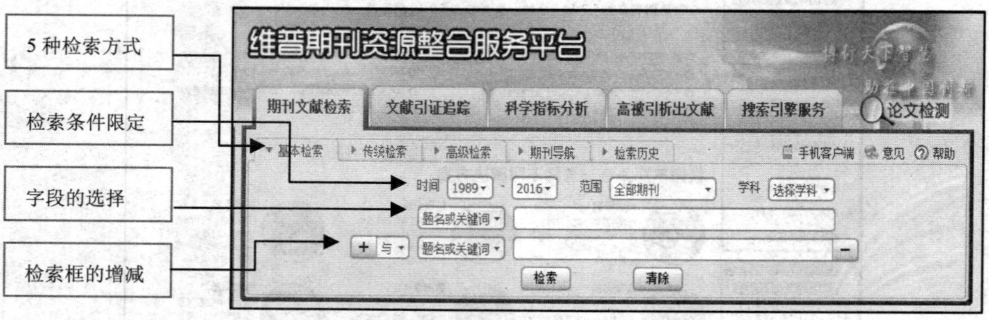

图 2-1-2　维普资讯的检索首页功能分区

① 统计数据来源于 2016 年 1 月维普资讯官网 http://oldweb.cqvip.com/productor/pro_zk.shtml。

（2）基本检索：简单快捷的中文期刊文献检索方式，可以增加多个检索框输入检索条件并做由上至下的组配检索。

（3）传统检索：传统检索使用专用的检索界面，检索功能丰富，可实现同义词索引功能，防止漏检、同名作者功能缩小检索范围等特殊检索，如图 2-1-3 所示。

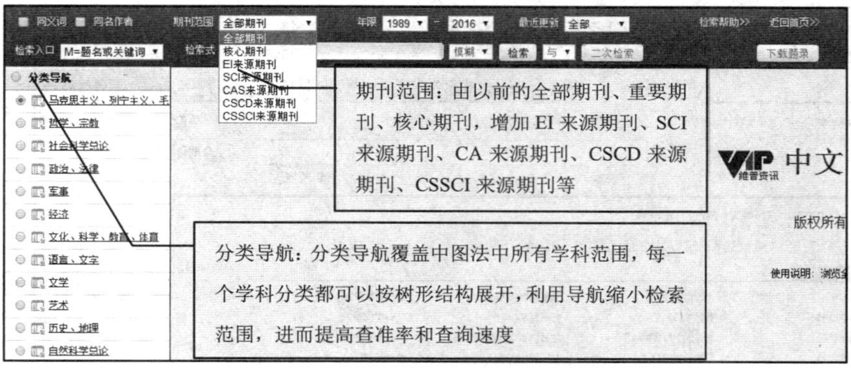

图 2-1-3　传统检索界面

（4）高级检索：多检索条件逻辑组配检索，支持一次输入复杂检索式并查看命中结果。高级检索界面提供向导式和直接输入式检索，如图 2-1-4 所示。

向导式检索步骤如下。

① 进入向导式检索界面。

② 确定各项检索条件。

③ 输入检索词。

④ 单击“检索”按钮，得出检索结果。

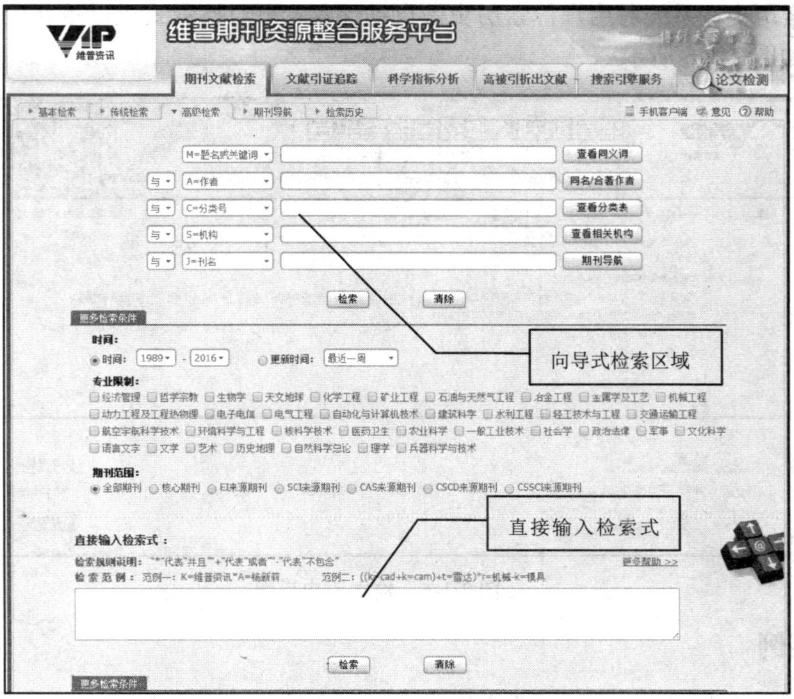

图 2-1-4　高级检索界面

（5）期刊导航：多渠道快速定位期刊，可以做年卷期的内容浏览及相关期刊或文献的漫游。期刊导航检索界面具备期刊搜索、按字顺序搜索、按学科分类搜索 3 种检索方式，如图 2-1-5 所示。如果知道准确的刊名或 ISSN，在输入框中输入刊名或 ISSN，单击“查询”按钮，即可进入期刊名列表界面。单击刊名，即可进入期刊内容界面。

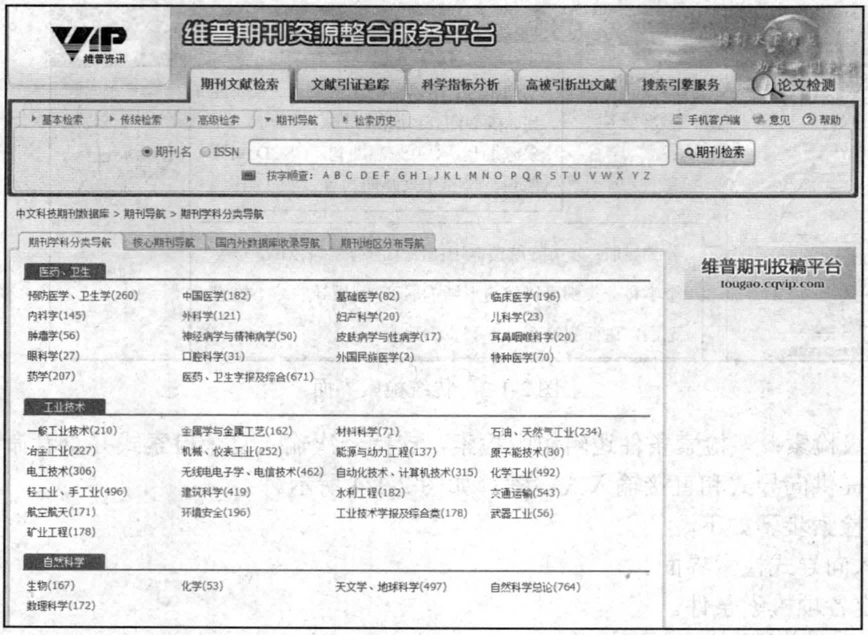

图 2-1-5　期刊导航检索界面

（6）检索历史：系统对用户检索历史做自动保存，可对检索式进行重新检索或逻辑组配检索。其界面如图 2-1-6 所示。

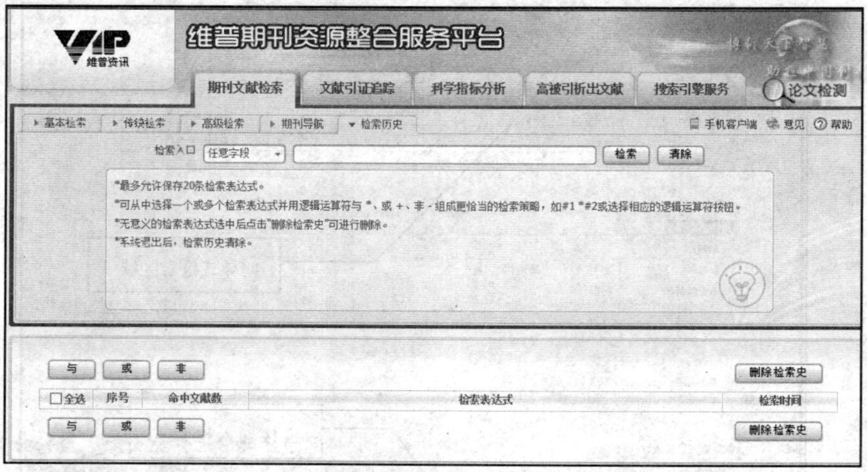

图 2-1-6　检索历史界面

二、检索实例

例 2-1-1　查找作者“曹宝香”发表的关于“软件工程课程设计”方面的文章，应该如何操作呢？

（1）进入检索界面。在维普检索首页（图 2-1-1）中选择“传统检索”选项卡，进入传统检索界面。在“检索入口”列表框中选择“M=题名或关键词”选项；在“检索式”文本框中输入“软件工程　课程设计”，得到的检索结果如图 2-1-7 所示，含有很多不是该作者名字的文章。

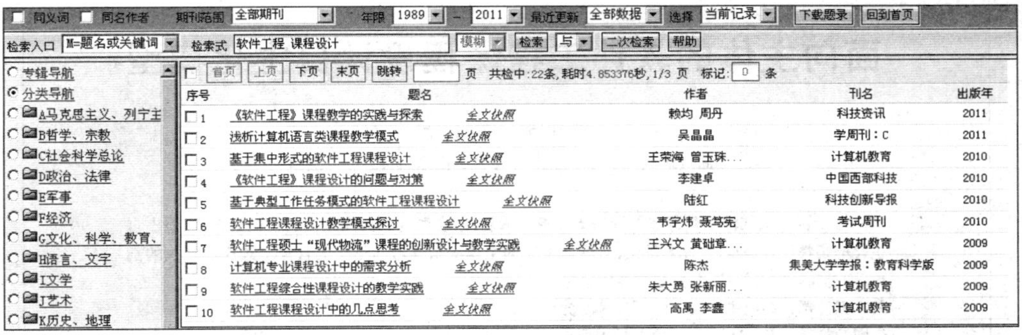

图 2-1-7　显示检索结果

（2）二次检索。在“检索入口”列表框中选择“A=作者”选项，在“检索式”文本框中输入“曹宝香”，进行二次检索，得到的检索结果如图 2-1-8 所示，符合检索要求。

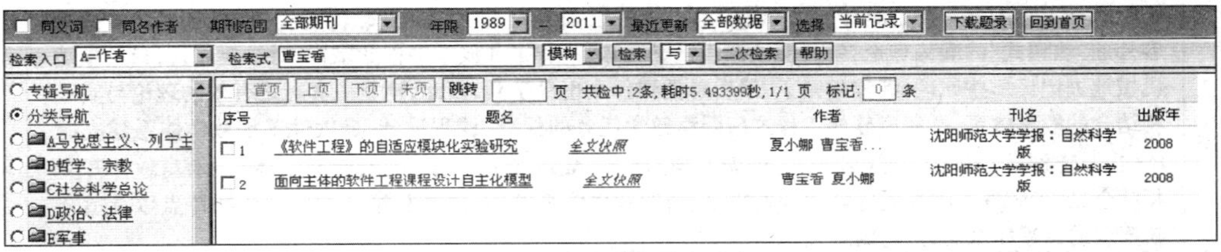

图 2-1-8　显示二次检索结果

（3）获取原文件。选择结果中的一篇并单击页面右上角的“PDF 全文下载”超链接，进入如图 2-1-9 所示的界面，单击“保存”或“打开”按钮，即可查看该文献全文，如图 2-1-10 所示。

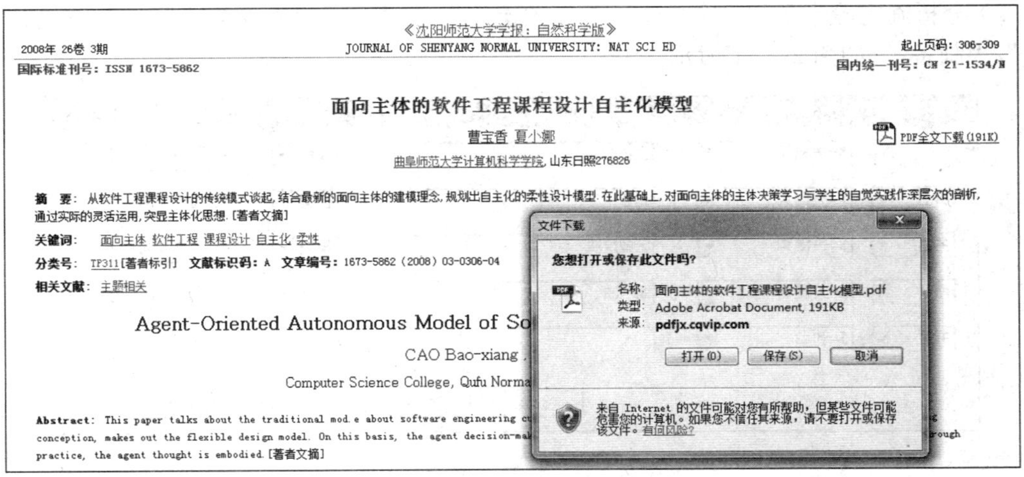

图 2-1-9　文件下载界面

第 26 卷 第 3 期　　沈阳师范大学学报(自然科学版)　　Vol.26, No.3
2008 年 7 月　　*Journal of Shenyang Normal University (Natural Science)*　　Jul. 2008

文章编号：1673－5862(2008)03－0306－04

面向主体的软件工程课程设计自主化模型

曹宝香，夏小娜
(曲阜师范大学 计算机科学学院，山东 日照 276826)

摘　要：从软件工程课程设计的传统模式谈起，结合最新的面向主体的建模理念，规划出自主化的柔性设计模型．在此基础上，对面向主体的主体决策学习与学生的自觉实践作深层次的剖析，通过实际的灵活运用，突显主体化思想．

关 键 词：面向主体；软件工程；课程设计；自主化；柔性

中图分类号：TP 311　　**文献标识码**：A

0　引　　言

软件工程是高校计算机专业的核心课程，更是学生综合运用方法论、现代软件开发理念培养其解决实际问题能力的工具，也是提高学生综合运用能力、培养团队精神的平台．

软件工程的教与学都有较大的难度．对教师而言，如果没有实际开发软件的经历，只是按课本的内容片面“填鸭式”的灌输理论，就会使该课程枯燥乏味，违背了开设本课程的宗旨．对学生而言，只是被动机械地去记忆那些原理，课程学完了，最后感觉到什么也没学到．因此，建立一套行之有效的理论与实践相结合的教学体系，是完成软件工程这门课程教学任务的保障．课程设计，是软件工程教学体系建立的枢纽[1]．特别是 OO(Object-Oriented，面向对象)技术、AO (Agent-Oriented，面向主体)技术与软件开发相结合之后，软件工程在适应新的开发理论、新的软件体系结构，建立起符合学生的认知特点以及适合新要求的课程体系，具有前瞻意义．

图 2-1-10　查看全文

例 2-1-2　查找近 5 年关于“利用废餐饮油或潲水油制备生物柴油”的文章。

（1）进入检索界面。在检索首页的检索区选择“高级搜索”选项卡，进入高级检索界面，如图 2-1-4 所示。

（2）分析确定检索条件。检索项为“K=关键词”；检索词为“生物柴油”、“废餐饮油”、“潲水油”、“制备”，如图 2-1-11 所示。

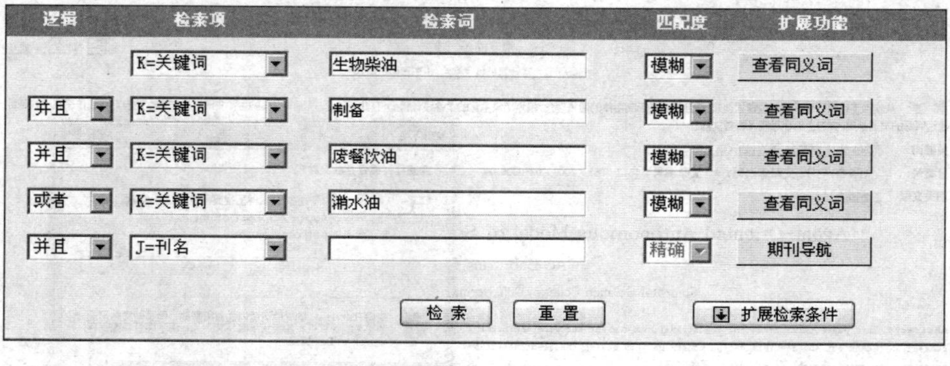

图 2-1-11　填写各项检索条件

（3）进行检索，得到检索结果共 65 条，如图 2-1-12 所示。

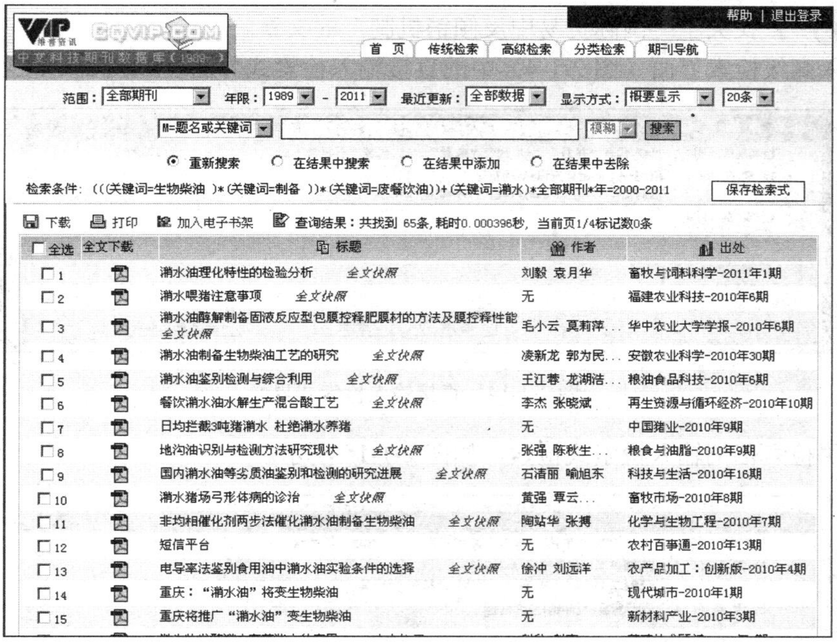

图 2-1-12　显示检索结果

也可以在高级检索界面下部直接输入检索式。逻辑检索表达式：K=生物柴油*制备*（废餐饮油+潲水）。得到的检索结果与图 2-1-12 所示的检索结果相同。

（4）获取全文，选择其中一篇打开或保存，如图 2-1-13 所示。

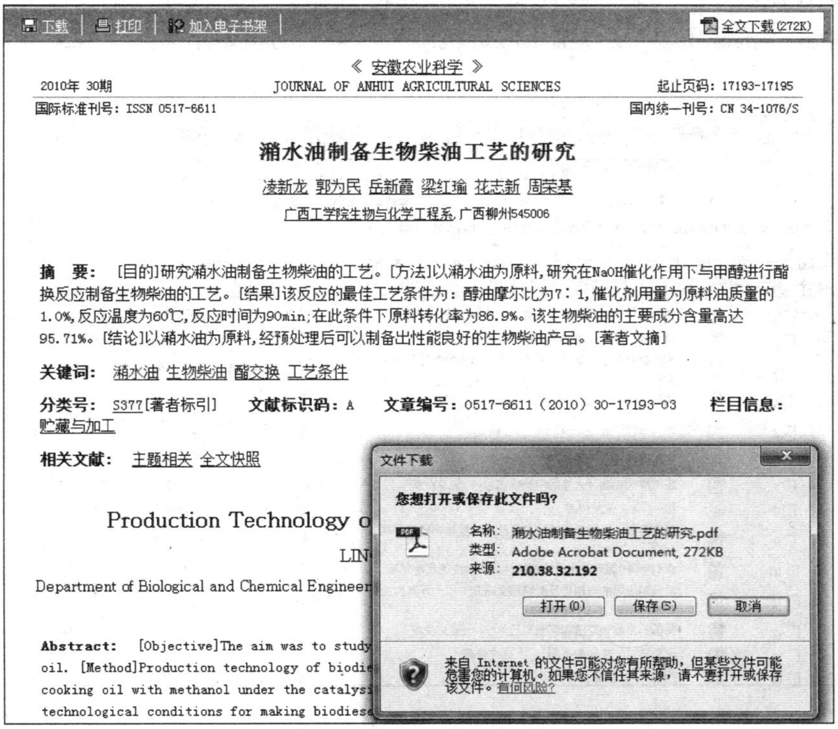

图 2-1-13　文件下载界面

例 2-1-3 查找关于“国际贸易中反倾销机制”的文章。

（1）进入高级检索界面（图 2-1-4）中的直接输入检索式界面，如图 2-1-14 所示。

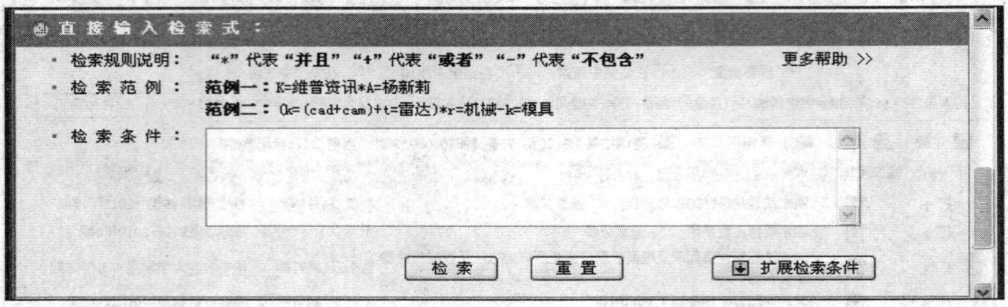

图 2-1-14　直接输入检索式界面

（2）按照检索范例输入检索式检索，如图 2-1-15 所示。

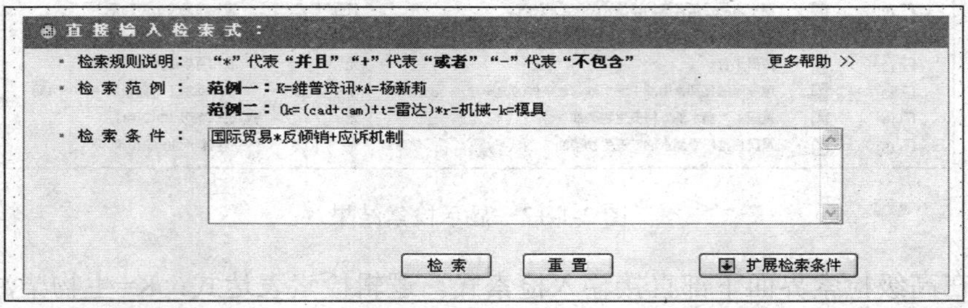

图 2-1-15　输入检索式

检索规则说明：“*”代表“并且”，“＋”代表“或”，“–”代表“不包含”。

输入检索式“国际贸易*反倾销＋应诉机制”，得到的检索结果共 1325 条，如图 2-1-16 所示。

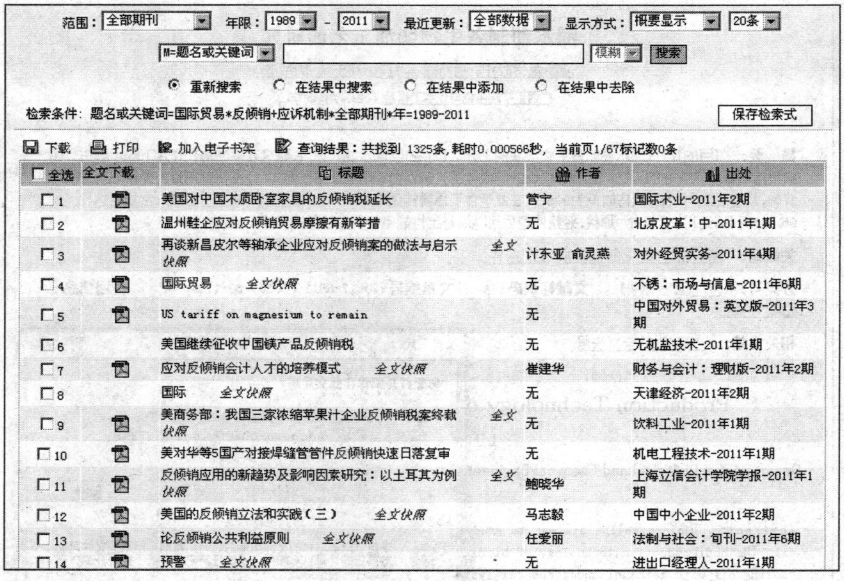

全选	全文下载	标题	作者	出处
1		美国对中国木质卧室家具的反倾销税延长	管宁	国际木业-2011年2期
2		温州鞋企应对反倾销贸易摩擦有新举措	无	北京皮革：中-2011年1期
3		再谈新昌皮尔等轴承企业应对反倾销案的做法与启示 全文快照	计东亚 俞灵燕	对外经贸实务-2011年4期
4		国际贸易 全文快照	无	不锈：市场与信息-2011年6期
5		US tariff on magnesium to remain	无	中国对外贸易：英文版-2011年3期
6		美国继续征收中国镁产品反倾销税	无	无机盐技术-2011年1期
7		应对反倾销会计人才的培养模式 全文快照	崔建华	财务与会计：理财版-2011年2期
8		国际 全文快照	无	天津经济-2011年2期
9		美商务部：我国三家浓缩苹果汁企业反倾销税案终裁 全文快照	无	饮料工业-2011年1期
10		美对华等5国产对接焊缝管管件反倾销快速日落复审	无	机电工程技术-2011年1期
11		反倾销应用的新趋势及影响因素研究：以土耳其为例 全文快照	鲍晓华	上海立信会计学院学报-2011年1期
12		美国的反倾销立法和实践（三） 全文快照	马志毅	中国中小企业-2011年2期
13		论反倾销公共利益原则 全文快照	任爱丽	法制与社会：旬刊-2011年6期
14		预警 全文快照	无	进出口经理人-2011年1期

图 2-1-16　显示检索结果

（3）进行二次检索。改变检索范围为“核心期刊”，年限为“2006”—“2011”，再选中“在结果中搜索”单选按钮，然后进行检索，得到的检索结果共 52 条，如图 2-1-17 所示。

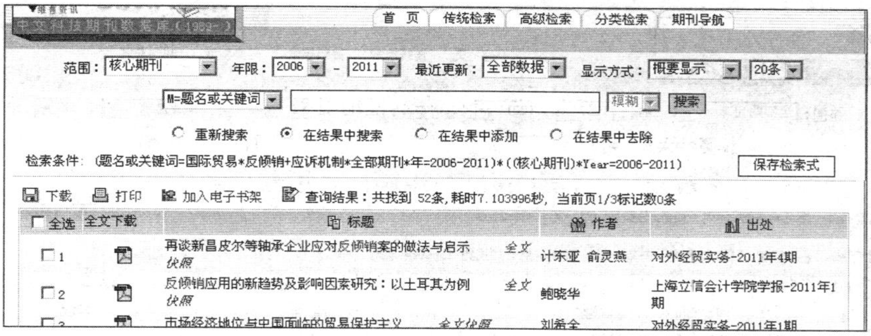

图 2-1-17　显示二次检索结果

（4）获取全文（略）。

例 2-1-4　查找 2010 年核心期刊中关于“经济贸易中的电子商务”方面的文献。

（1）选择分类。在分类检索界面（图 2-1-5）左边分类中选中类目（在该类目前的选择框中点选，使其显示“√”），单击“＞＞”按钮，使所选类目显示在右边的“所选分类”列表框中，如图 2-1-18 所示。

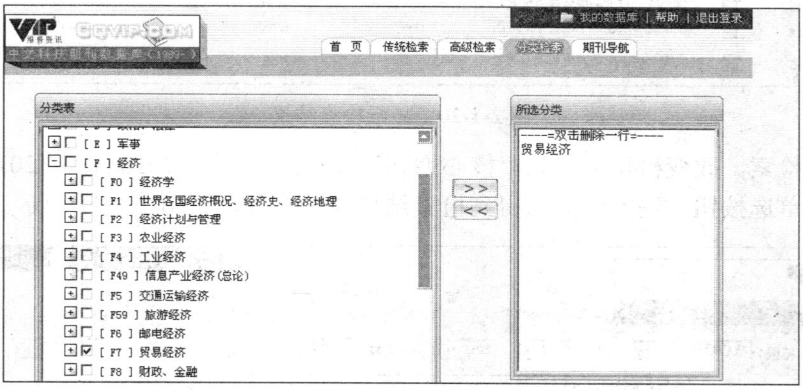

图 2-1-18　选择分类

（2）输入检索词“电子商务”，如图 2-1-19 所示。

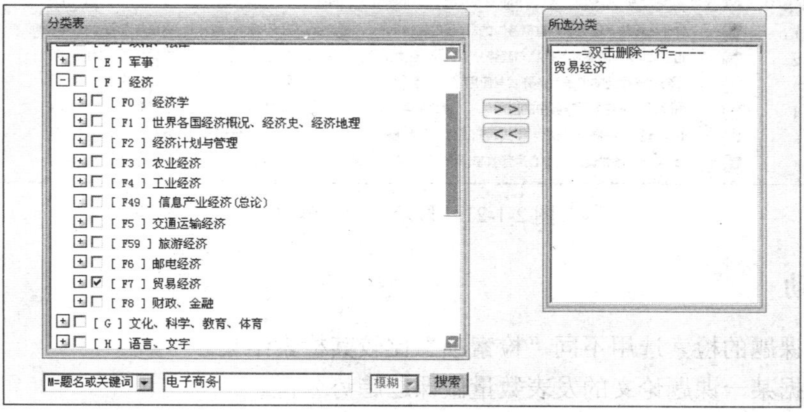

图 2-1-19　输入检索词

进行检索，得到检索结果共 25 959 条，如图 2-1-20 所示。

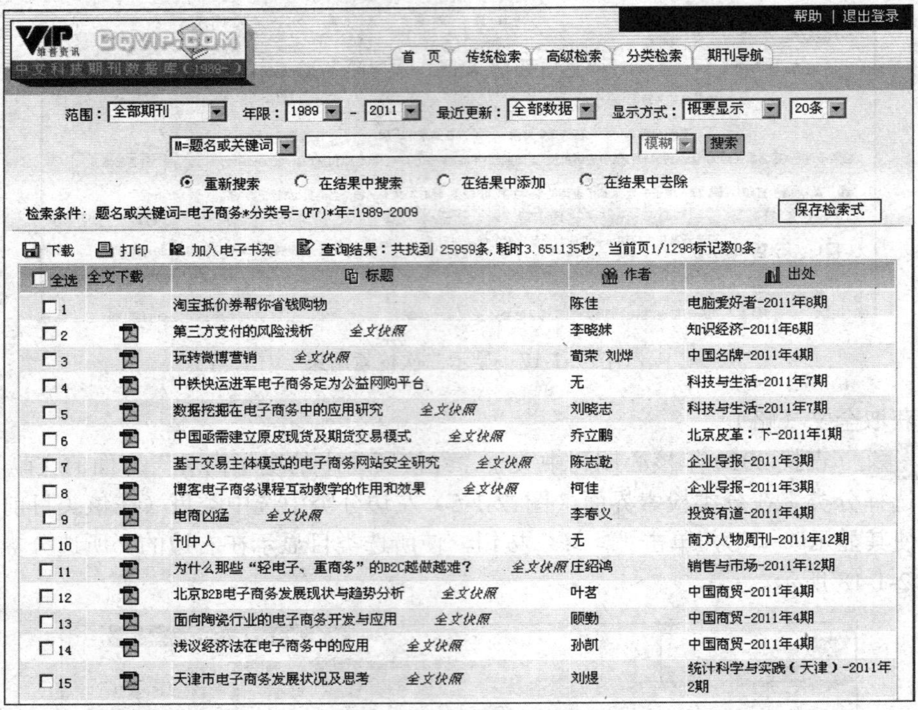

图 2-1-20　显示检索结果

（3）二次检索。改变检索范围为“核心期刊”；改变时间为“2010”—“2011”；选中“在结果中搜索”单选按钮。进行检索，得到检索结果共 176 条，如图 2-1-21 所示。

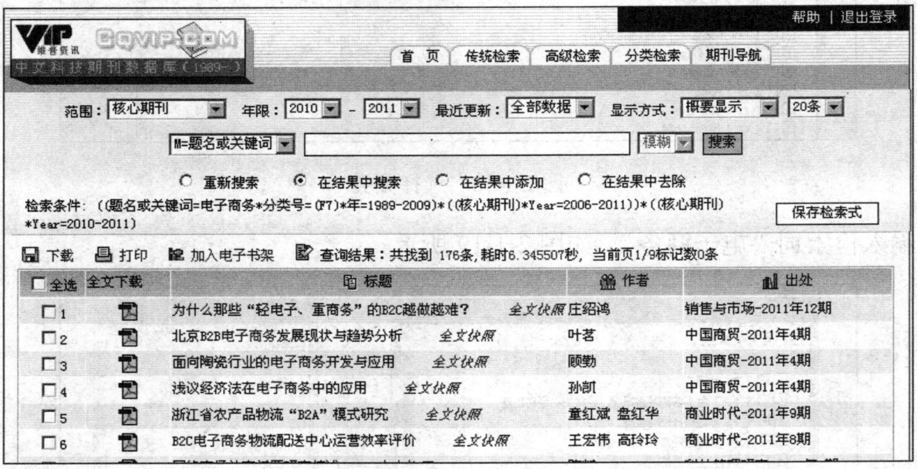

图 2-1-21　显示二次检索结果

三、课堂互动

（1）同一课题的检索选用不同“检索项”比较其检索结果。

（2）试根据某一课题论文的发表数量做课题趋势分析。

项目 2　万方数据资源系统检索与利用

学习重点

1. 了解万方数据资源系统的特点。
2. 熟练运用万方数据获取和利用期刊、会议、学位论文、标准、专利和名录等文献信息。

学习要求

学会利用万方数据查找文献信息，通过完成实训项目提高获取和利用文献信息的能力，并能够正确写出文献外部特征和检索步骤。

一、相关知识

1. 万方数据

“万方数据”（http://www.wanfangdata.com.cn）是以中国科技信息所（万方数据集团公司）全部信息服务资源为依托建立起来的，是一个以科技信息为主，集经济、金融、社会、人文信息为一体，以 Internet 为网络平台的大型科技、商务信息服务系统。目前，万方数据资源系统提供论文相似性检测、知识脉络分析、万方学术圈、国家经济统计数据库等五大板块，并通过统一平台对 14 种类型的数据库资源实现了跨库检索服务。万方数据网站首页如图 2-2-1 所示。

图 2-2-1　万方数据网站首页

2. 万方数据资源[①]

（1）期刊：中国学术期刊数据库（China Science Periodical Database，CSPD）收录始于1998年，包含7600余种期刊，核心刊3000种，年增300万篇，每周更新2次，涵盖理、工、农、医、经济、教育、文艺、社科、哲学政法等学科，全部拥有国内统一连续出版物号，免费注册DOI。

（2）学位：中国学位论文全文数据库（China Dissertation Database，CDDB），收录始于1980年，年增30万篇，并逐年回溯，与国内900余所高校、科研院所合作，占研究生学位授予单位85%以上，涵盖理、工、农、医、人文社科、交通运输、航空航天、环境科学等学科。

（3）会议：中国学术会议文献数据库（China Conference Paper Database，CCPD），收录始于1983年，包含4000个重要的学术会议，年增20万篇全文，每月更新，以国家级学会、协会、部委、高校召开的全国性学术会议为主，是国内目前收录会议数量较多、质量较高、学科覆盖较广的数据库。

（4）科技报告：中文科技报告，收录始于1966年，源于中华人民共和国科学技术部，包含20 000余份报告；外文科技报告，收录始于1958年，收录了美国政府四大科技报告（AD、DE、NASA、PB），包含1100 000余份。

（5）外文文献：外文文献包括外文期刊论文和外文会议论文。外文期刊论文是全文资源，收录了1995年以来世界各国出版的20 900种重要学术期刊，部分文献有少量回溯；每年增加论文约百万余篇，每月更新。外文会议论文是全文资源，收录了1985年以来世界各主要协会、出版机构出版的学术会议论文，部分文献有少量回溯，每年增加论文20余万篇，每月更新。

（6）专利：专利数据库，收录始于1985年，包含4500余万项专利，年增25万条，包含11个国家和两个组织，即中国、美国、澳大利亚、加拿大、瑞士、德国、法国、英国、日本、韩国、俄罗斯，世界专利组织、欧洲专利局。

（7）标准：中外标准数据库，收录37万余条标准，全文数据来源于国家指定标准出版单位，专有出版；文摘数据来自中国标准化研究院国家标准馆，数据权威。

（8）成果：中国科技成果数据库（China Scientific & Technological Achievements Database，CSTAD），收录始于1978年，来源于各省、市、部委鉴定后上报国家、科技部的科技成果及星火科技成果，涵盖新技术、新产品、新工艺、新材料、新设计等众多学科领域。

（9）专家：中国科技专家库（China Experts & Scholar Database，CESD），收录两院院士、高校博导、高产作者及其他科技专家信息12000余条，包含国内理、工、农、医、人文社科等领域的专家名人信息。

（10）学者：信息来自万方学术圈，可获取学者的新情况、新研究领域、分享学术成果。

（11）法规：中国法律法规数据库（China Laws & Regulations Database，CLRD），收录始于1949年，数据源自国家信息中心，权威、专业，涵盖国家法律法规、行政法规、地方法规、国际条约及惯例、司法解释、合同范本等。

（12）图书：中国特种图书数据库（China Special Books Database，CSBD），图书内容针对性强，来源权威，保持原书原貌，享受原汁原味的阅读乐趣。

（13）机构：中国机构数据库（China Institution Database，CIDB），中国企业、公司及产品

① 数据资源来源于2016年1月的万方数据官网。

数据库，中国科研机构数据库，中国科技信息机构数据库，中国科技信息、高校图情单位信息，中国中高等教育机构数据库。

（14）地方志：中国地方志数据库（China Local Gazetteers Database，CLGD），新方志收录始于 1949 年，有 40 000 余册；旧方志收录年代为 0000～1949 年，预计近 50 000 册。

3. 万方数据使用方法

1）简单检索

登录万方数据首页，在输入框中输入检索词，单击“检索”按钮进行简单检索，如图 2-2-2 所示。

图 2-2-2　简单检索界面

2）跨库检索

单击首页下部右侧的“跨库检索”超链接（图 2-2-2），进入跨库检索界面，如图 2-2-3 所示。

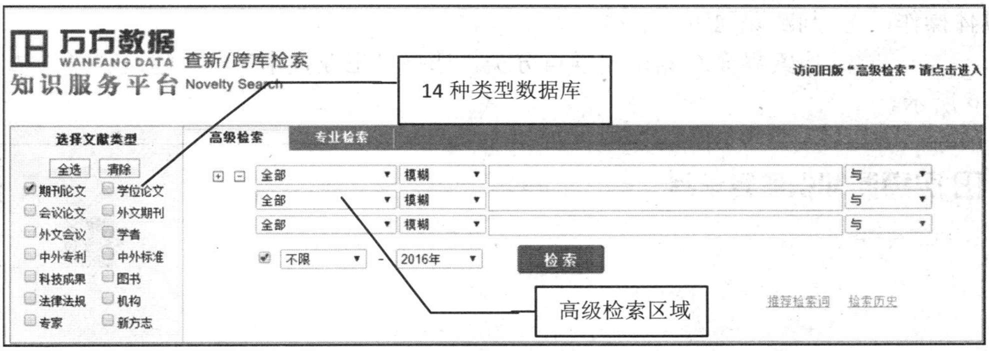

图 2-2-3　跨库检索界面

3）高级检索

进入高级检索界面，如图 2-2-4 所示。在该界面中还可以选择其他选项卡。例如，选择“专业检索”选项卡，进入专业检索界面，如图 2-2-5 所示。

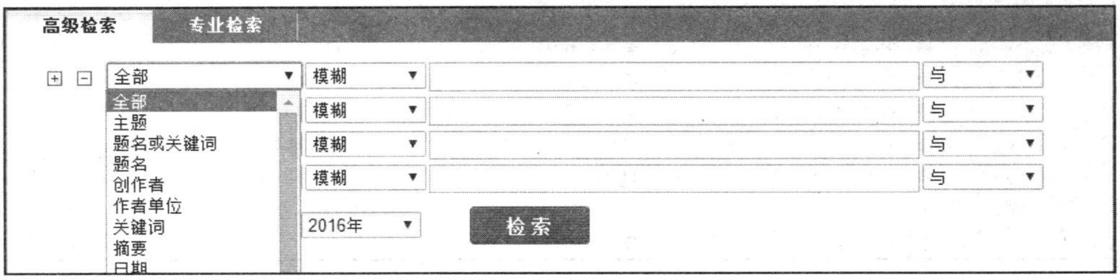

图 2-2-4　高级检索界面

图 2-2-5　专业检索界面

4）PDF 使用方法

万方数据采用 PDF 阅读器进行文献的阅读，该阅读器基本使用方法如下。

① 直接保存。

② 进行文本选择和图像选择。

③ 放大、合适宽度、查找和翻页。

二、检索实例

例 2-2-1　检索建筑类学术论文。

分析：检索目标是非常宽泛的学术性主题。

检索方式：① 选择“期刊”分类浏览检索，依照学科分类体系，步步深入。

② 简单检索。

具体操作：① 判断课题所属学科分类；

② 检索界面左侧出现学科分类，选择“工业技术”→“建筑科学”选项，如图 2-2-6 所示。

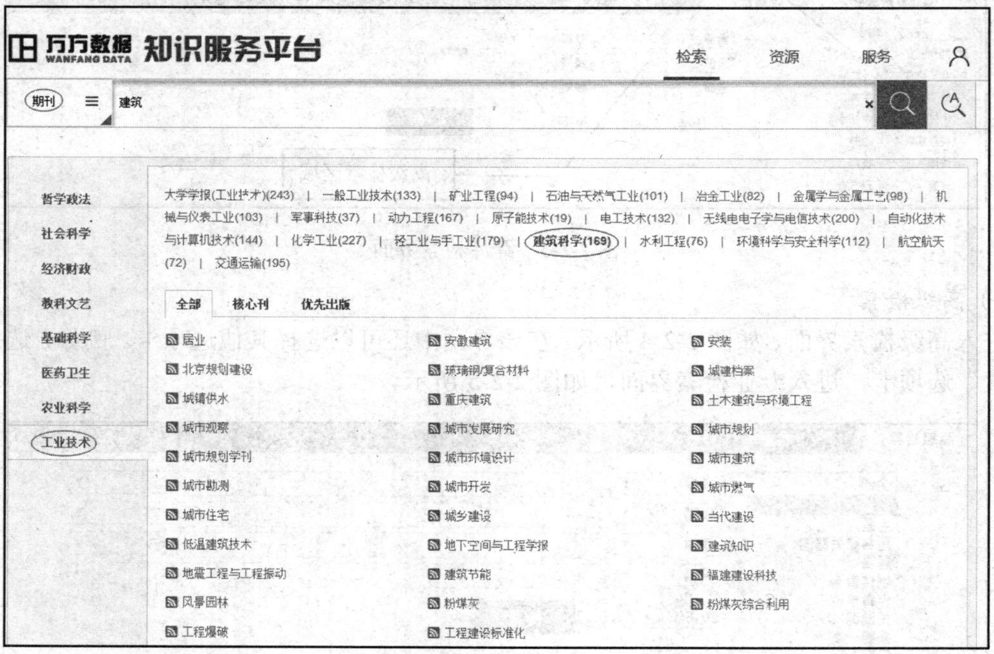

图 2-2-6　“分类浏览”检索

③ 在“建筑科学”类的论文中，在检索框中输入“建筑”，单击“检索”按钮，得到的检索结果如图 2-2-7 所示。

图 2-2-7　“期刊论文”检索结果

例 2-2-2　检索关于“信息技术与课程整合”的学位和会议论文。

检索策略：中国学位论文全文数据库、会议论文全文数据库。

检索方式：跨库检索，如图 2-2-8 所示。

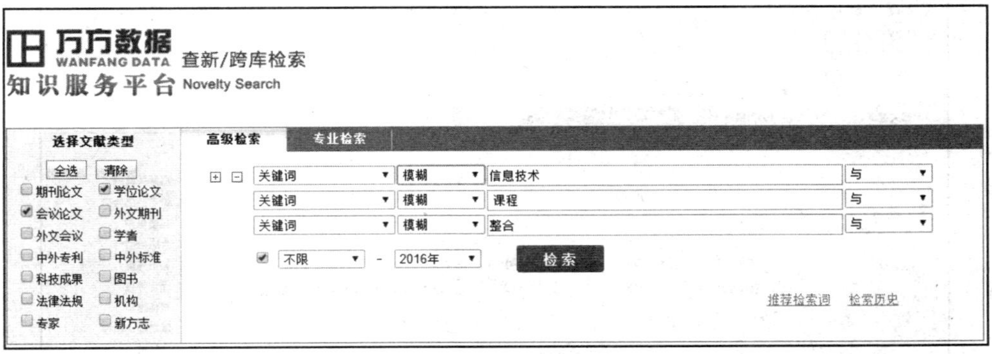

图 2-2-8　跨库检索界面

具体操作：① 检索字段为“关键词”。

② 确定检索词：信息技术　课程　整合。

③ 逻辑关系：逻辑“与”。

得到的检索结果如图 2-2-9 示。

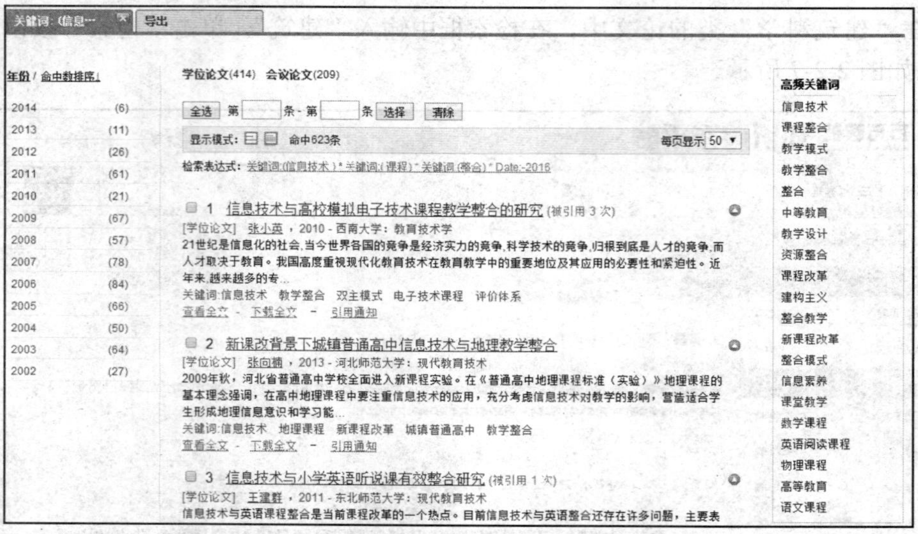

图 2-2-9　跨库检索结果

例 2-2-3　关于城市绿化建设研究的文献检索。

检索策略：科技成果全文数据库。

检索方式：单库检索。

具体操作：① 简单检索，“科技成果”单库简单检索结果如图 2-2-10 所示；“学位论文”单库简单检索结果如图 2-2-11 所示；“会议论文”单库简单检索结果如图 2-2-12 所示。

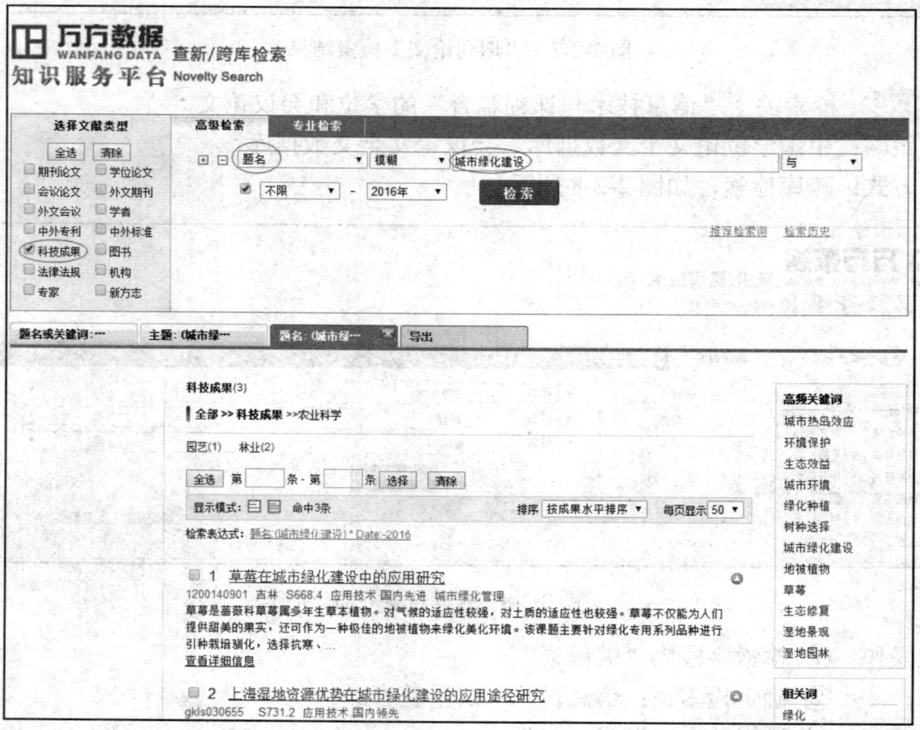

图 2-2-10　“科技成果”单库简单检索结果

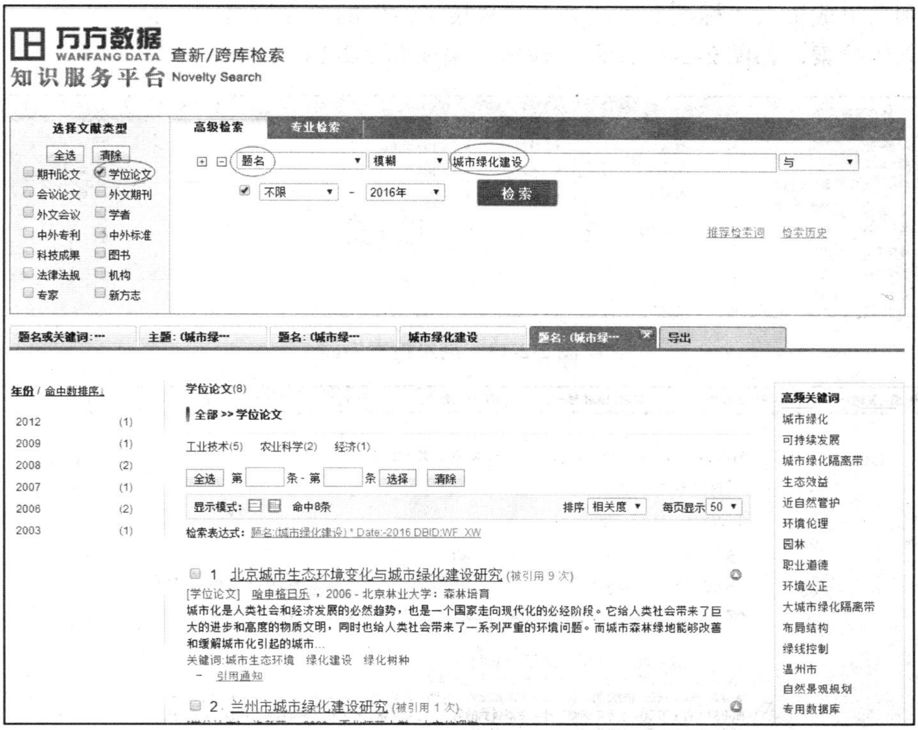

图 2-2-11　“学位论文”单库简单检索结果

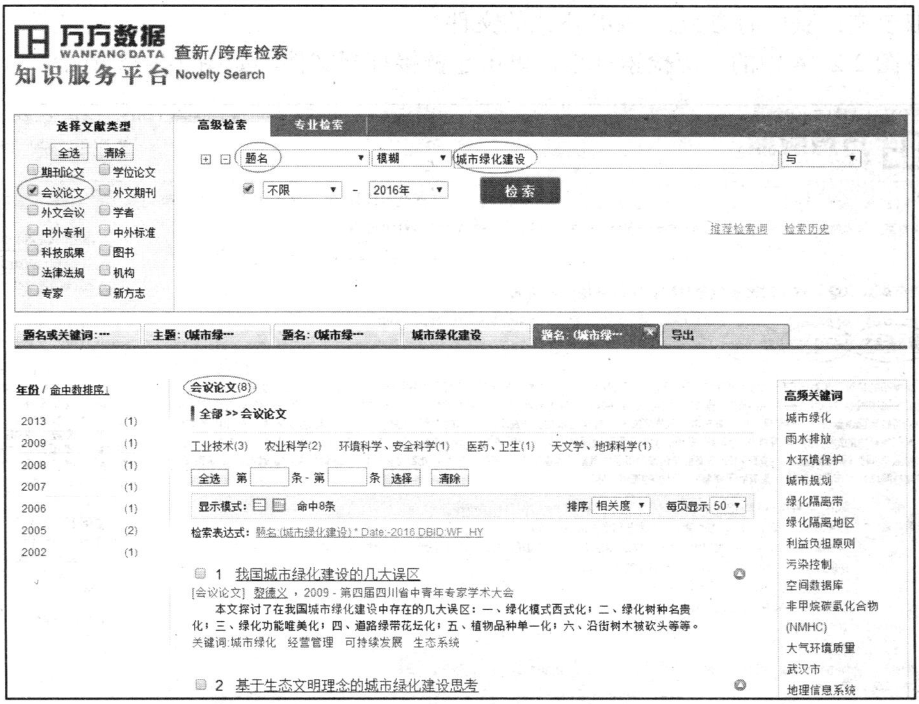

图 2-2-12　“会议论文”单库简单检索结果

“专利”、“成果”、“标准”、“法规”、“科技文献”的单库检索同上。

② 高级检索，如图 2-2-13 所示，检索结果如图 2-2-14 所示。

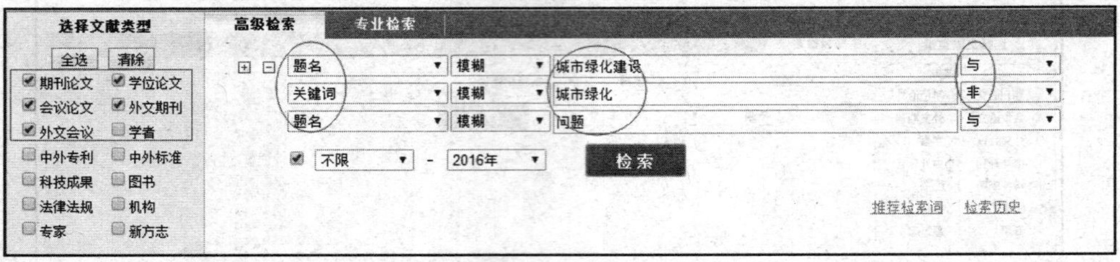

图 2-2-13 高级检索界面

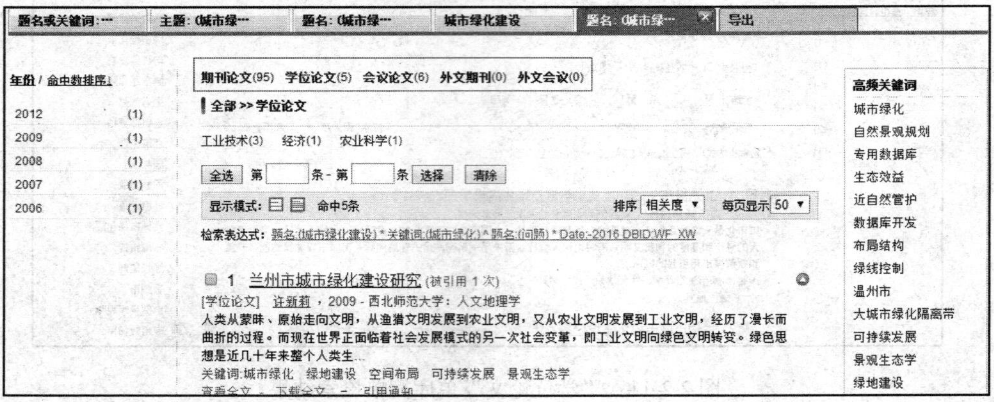

图 2-2-14 高级检索结果

获取全文：获取万方数据 PDF 格式的文件。

选取图 2-2-14 中的一篇检索结果，单击超链接打开文件，如图 2-2-15 所示。

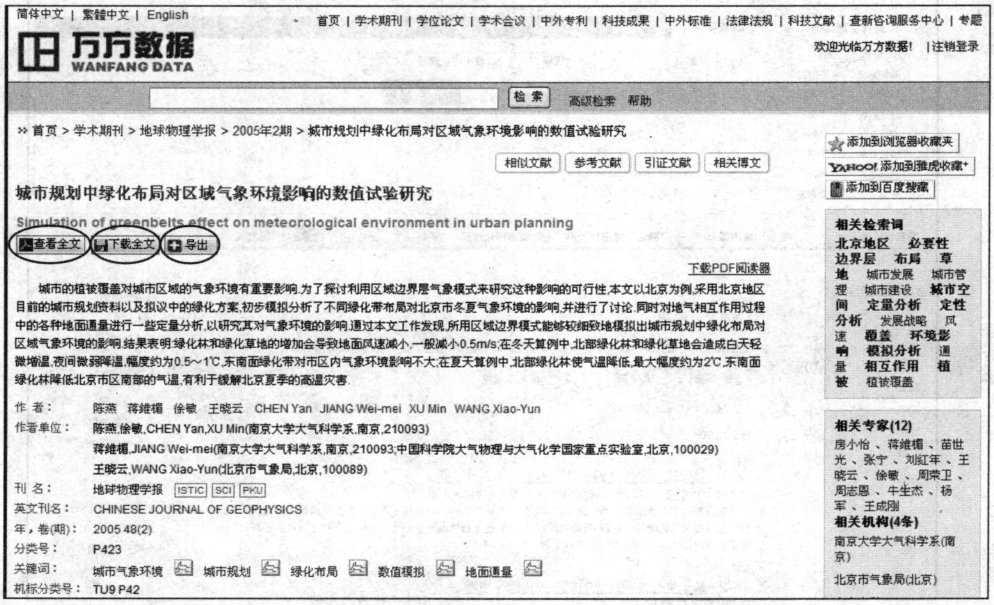

图 2-2-15 显示其中一篇检索结果

单击图 2-2-15 中的“查看全文”按钮，浏览全文，如图 2-2-16 所示。

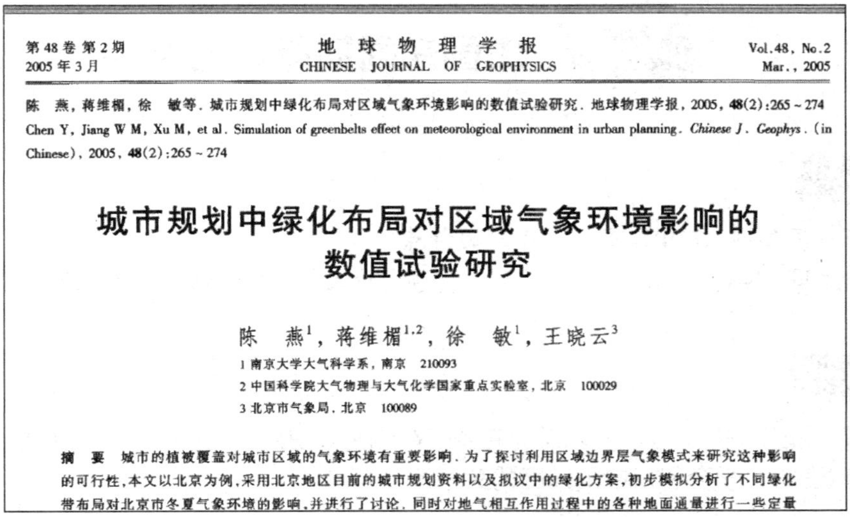

第 48 卷 第 2 期　　地 球 物 理 学 报　　Vol.48, No.2
2005 年 3 月　　CHINESE JOURNAL OF GEOPHYSICS　　Mar., 2005

陈 燕，蒋维楣，徐 敏等. 城市规划中绿化布局对区域气象环境影响的数值试验研究. 地球物理学报，2005，48(2):265～274
Chen Y, Jiang W M, Xu M, et al. Simulation of greenbelts effect on meteorological environment in urban planning. *Chinese J. Geophys*. (in Chinese), 2005, 48(2):265～274

城市规划中绿化布局对区域气象环境影响的数值试验研究

陈 燕[1]，蒋维楣[1,2]，徐 敏[1]，王晓云[3]
1 南京大学大气科学系，南京 210093
2 中国科学院大气物理与大气化学国家重点实验室，北京 100029
3 北京市气象局，北京 100089

摘 要 城市的植被覆盖对城市区域的气象环境有重要影响. 为了探讨利用区域边界层气象模式来研究这种影响的可行性，本文以北京为例，采用北京地区目前的城市规划资料以及拟议中的绿化方案，初步模拟分析了不同绿化带布局对北京市冬夏气象环境的影响，并进行了讨论. 同时对地气相互作用过程中的各种地面通量进行一些定量

图 2-2-16　浏览全文

单击图 2-2-15 中的“下载全文”按钮，弹出“文件下载”对话框，可对文件进行保存，如图 2-2-17 所示。

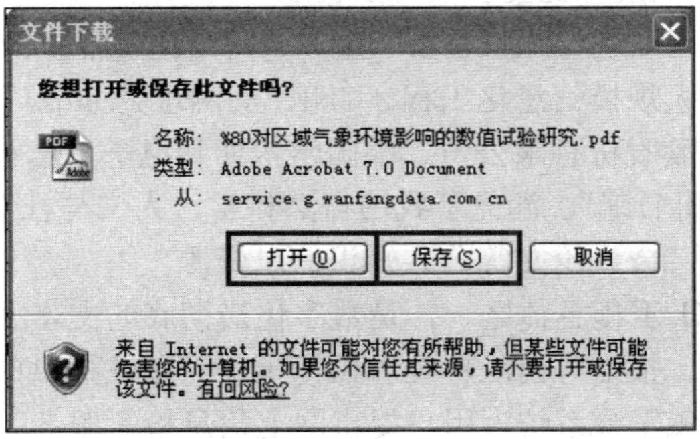

图 2-2-17　文件下载界面

单击图 2-2-15 中的“导出”按钮，可对文件进行导出列表的操作，如图 2-2-18 所示。

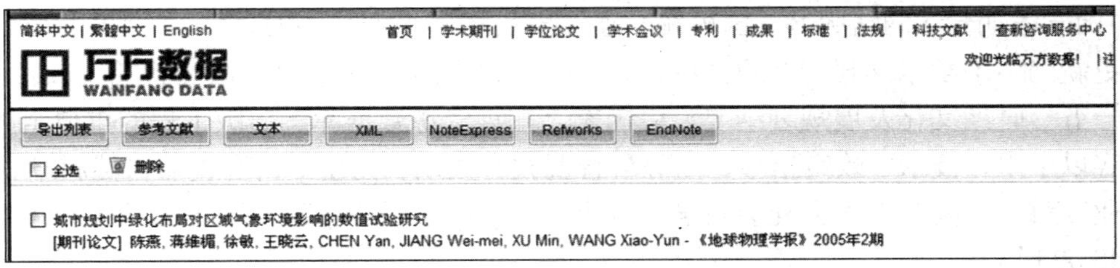

图 2-2-18　导出检索文件界面

三、课堂互动

比较万方数据和维普资讯数据的检索方式和检索途径的异同。

项目3　中国知网的检索与利用

学习重点

1. 了解中国知网（CNKI资源总库）的特点。
2. 熟练运用CNKI资源总库获取期刊、博硕士论文、报纸、图书、会议论文等文献信息。

学习要求

学会利用校园网进入CNKI资源总库查找文献信息，使用不同的检索方式查找文献的全文，学会下载文献资料，学会利用中国知网的免费资料。

一、相关知识

1. 关于CNKI

CNKI（China National Knowledge Infrastructure，中国知识基础设施工程）是采用现代信息技术，建设适用于我国的可以进行知识整合、生产、网络化传播扩散和互动式交流合作的社会化知识基础设施的国家级大规模信息化工程。CNKI的网址为http://www.cnki.net。

该工程由清华同方光盘股份有限公司、中国学术期刊电子杂志社等联合承担。CNKI工程已经建成了“CNKI数字图书馆”，涵盖了我国自然科学、人文与社会科学、工程技术、期刊、博硕士论文、报纸、图书、会议论文等公共知识信息资源。

CNKI数据库是CNKI工程主体之一，是数字化最彻底的文本型全文数据库，90%以上的文献均采用由期刊、图书、报纸等出版单位和硕博士培养单位提供的纯文本数据。CNKI数据库依托CNKI知识网络服务平台系统为用户提供网上信息检索服务。

2. CNKI数据库资源①

1）中国学术期刊网络版

《中国学术期刊（网络版）》（国内统一连续出版物号CN11—6037/Z）是世界上最大的、连续动态更新的中国学术期刊全文数据库，是“十一五”国家重大网络出版工程的子项目，是《国家“十一五”时期文化发展规划纲要》中国家“知识资源数据库”出版工程的重要组成部分。出版内容以学术、技术、政策指导、高等科普及教育类期刊为主，内容覆盖自然科学、工程技术、农业、哲学、医学、人文社会科学等各个领域。收录国内学术期刊8121种，全文文献总量45 348 095篇。

2）中国博硕士学位论文全文数据库

它是目前国内相关资源最完备、高质量、连续动态更新的中国优秀博硕士学位论文全文数据库。目前，累积博硕士学位论文全文文献有2 829 524篇。出版内容覆盖基础科学、工程技

① 数据资源来源于2016年1月中国知网官方网站。

术、农业、医学、哲学、人文、社会科学等各个领域。其文献来源于全国 432 家培养单位的博士学位论文和 693 家硕士培养单位的优秀硕士学位论文，收录的是从 1984 年至今的博硕士学位论文。

3）重要会议论文全文数据库

国内外重要会议论文全文数据库的文献是由国内外会议主办单位或论文汇编单位书面授权并推荐出版的重要会议论文，是由中国学术期刊（光盘版）电子杂志社编辑出版的国家级连续电子出版物专辑。其中重点收录 1999 年以来，中国科协系统及国家二级以上的学会、协会，高校、科研院所，政府机关举办的重要会议以及在国内召开的国际会议上发表的文献。其中，国际会议文献占全部文献的 20%以上，全国性会议文献超过总量的 70%，部分重点会议文献回溯至 1953 年。其已收录出版国内外学术会议论文集 28 394 本，累积文献总量 2589 292 篇。

4）重要报纸全文数据库

它是收录了 2000 年以来中国国内重要报纸刊载的学术性、资料性文献的连续动态更新的数据库。至 2012 年 10 月，其累积报纸全文文献有 1000 多万篇。其文献来源于国内公开发行的 500 多种重要报纸，收录时间是 2000 年至今。

3. CNKI 检索方法和技巧

1）登录 CNKI 并选择数据库

有以下两种登录途径。

途径 1：个人注册用户从中国知网首页登录，如图 2-3-1 所示。

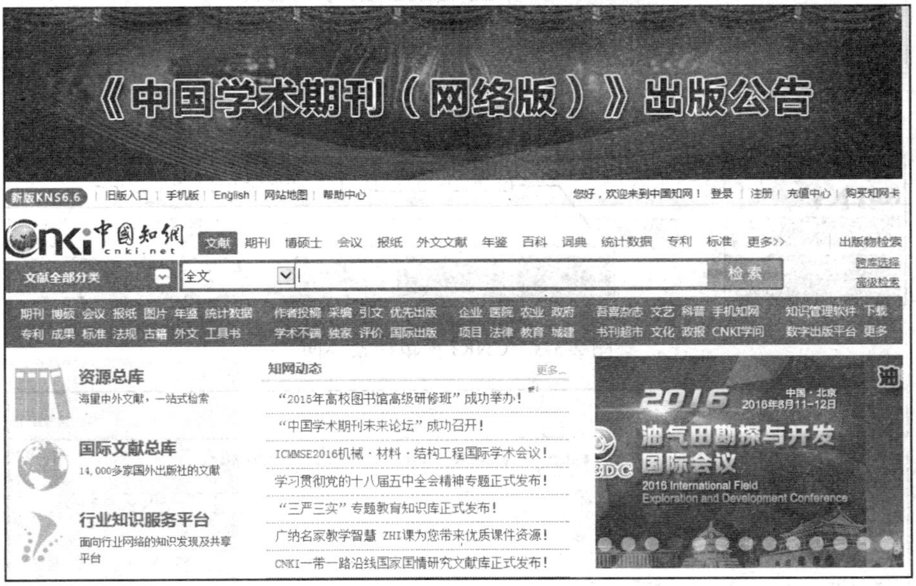

图 2-3-1　从中国知网首页登录

途径 2：集团用户从已购买 CNKI 数据库的单位首页登录，以广州城市职业学院为例，必须是校园网用户，如图 2-3-2 所示。

2）检索方式

方法 1：在首页检索框中输入与字段匹配的检索词，单击“检索”按钮，进行简单检索。如图 2-3-3 所示。

方法 2：在首页单击检索框右侧的“高级检索”超链接，进入主要检索功能主界面，如图 2-3-4 所示。其主要检索功能如图 2-3-5 所示。

图 2-3-2　从校园网图书馆首页登录

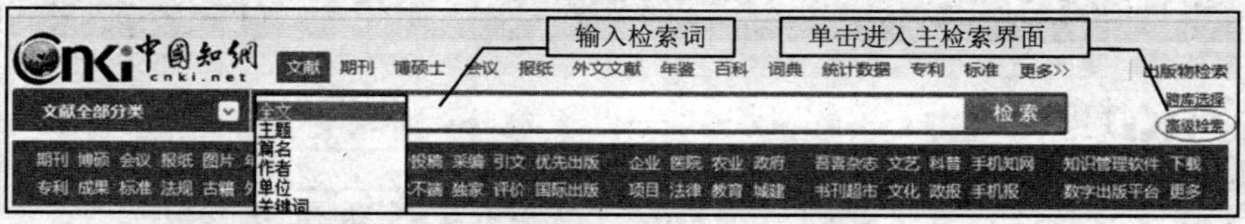

图 2-3-3　CNKI 简单检索界面

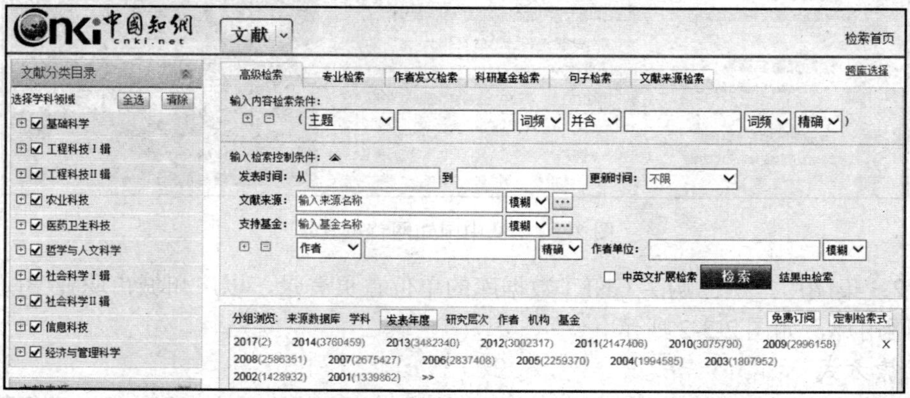

图 2-3-4　高级检索功能主界面

图 2-3-5　CNKI 主要检索功能

① 高级检索：先输入范围的控制条件，如发表时间等；再输入文献内容特征信息，如题名关键词等；最后对检索到的结果进行分组排序，如根据文献所属学科等进行分组，再根据发表时间等进行排序，筛选得到所需要的文献，如图 2-3-6 所示。

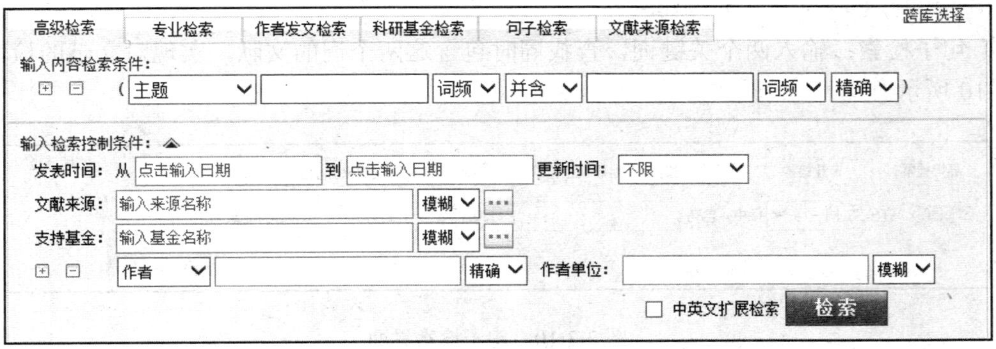

图 2-3-6　高级检索界面

② 专业检索：使用逻辑运算符和关键词构造检索式进行检索，用于图书情报专业人员查询、信息分析等工作，如图 2-3-7 所示。

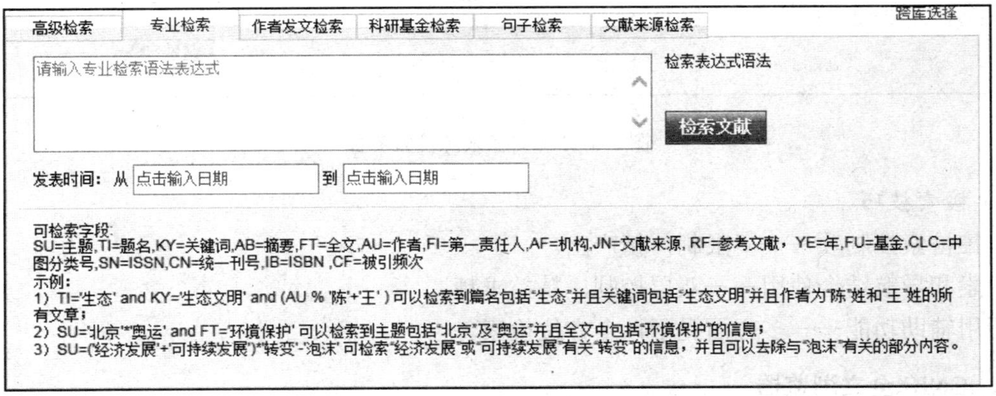

图 2-3-7　专业检索界面

③ 作者发文检索：通过作者姓名、单位等信息，查找作者发表的全部文献及被引用下载情况，如图 2-3-8 所示。

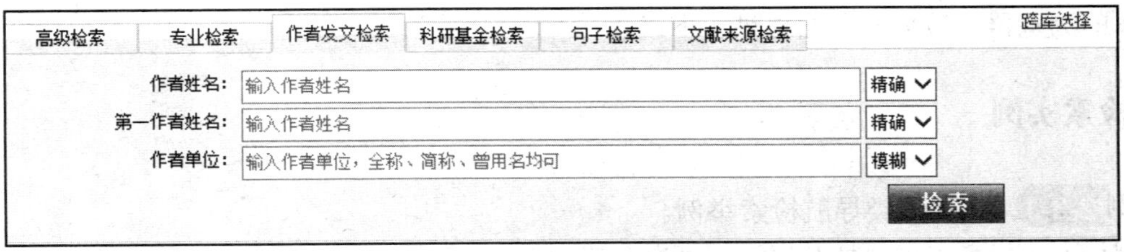

图 2-3-8　作者发文检索界面

④ 科研基金检索：输入科研基金名称，查找科研基金资助的文献，如图 2-3-9 所示。

图 2-3-9 科研基金检索界面

⑤ 句子检索：输入两个关键词，查找同时包含这两个词的文献，实现对文献的检索，如图 2-3-10 所示。

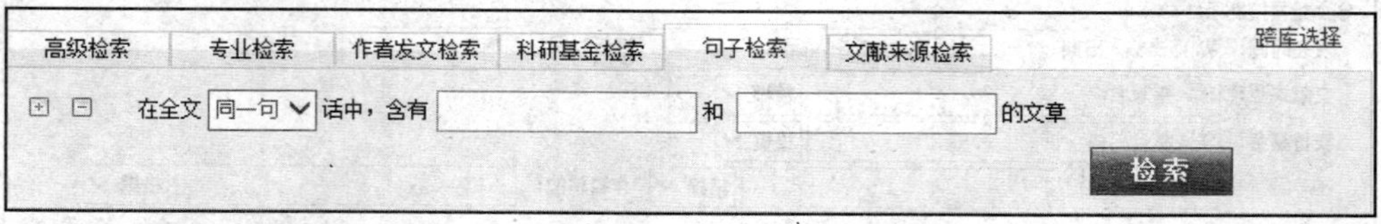

图 2-3-10 句子检索界面

⑥ 文献来源检索：按来源检索文献，如图 2-3-11 所示。

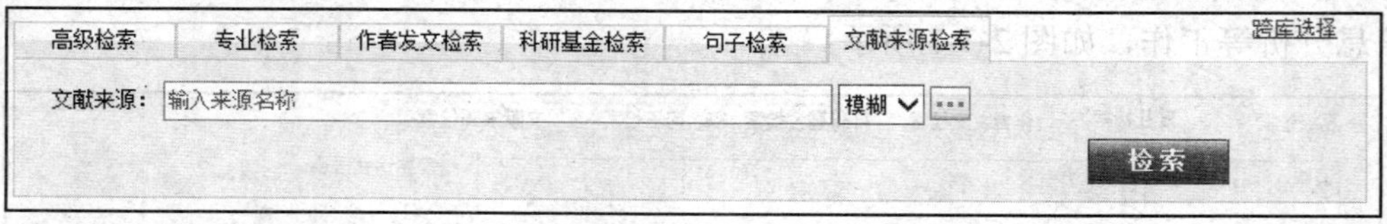

图 2-3-11 文献来源检索界面

3）检索技巧

严控检索控制项——多限制，精产出。

检索和导航结合使用——双层控制，精益求精。

巧用辅助功能——多方面提示，全方位检索。

4. CNKI 全文浏览器

在使用 CNKI 前先下载、安装 CAJ 全文浏览器或 Acrobat 浏览器，安装其中任何一个浏览器即可。

因为 CNKI 全文资源为 CAJ 格式和 PDF 格式，因此可以选择其中一种格式。建议下载最新版本的浏览器，数据库页面提供了下载。

二、检索实例

例 2-3-1 文献分类导航检索举例。

例如，选择“工程科技Ⅱ辑”→“汽车工业”→“汽车工业经济”选项，右侧会列出所有关于“汽车工业经济”的文献，共 252 806 条，如图 2-3-12 所示。

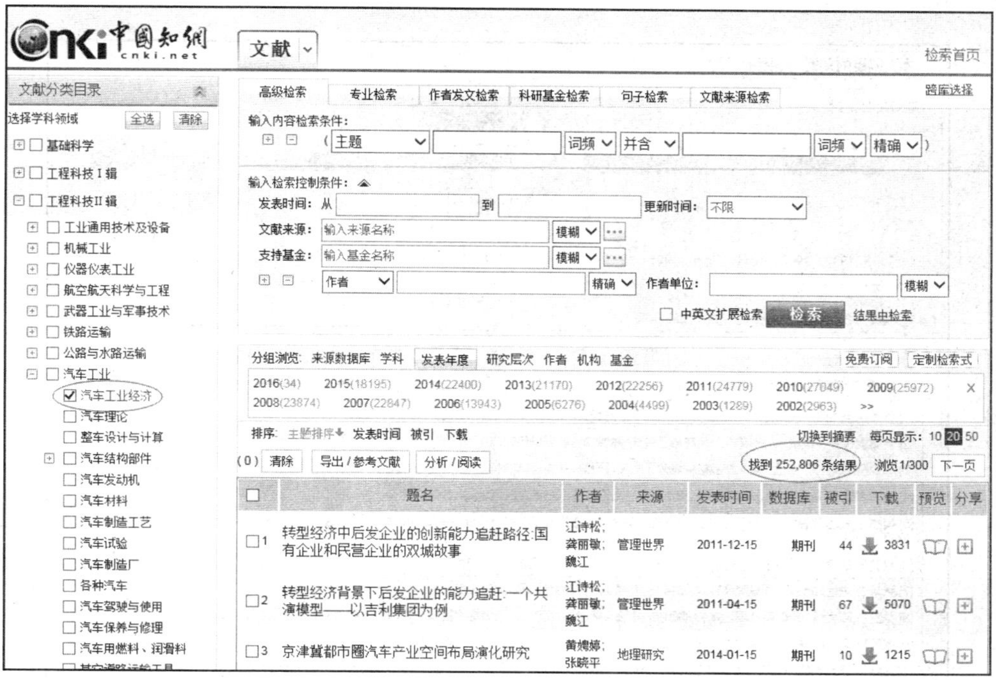

图 2-3-12　文献分类导航检索界面

单击其中一篇检索结果，弹出文件下载对话框，如图 2-3-13 所示；查看其详细信息，如图 2-3-14 所示；单击“直接打开”按钮，获得文献原文，如图 2-3-15 所示。

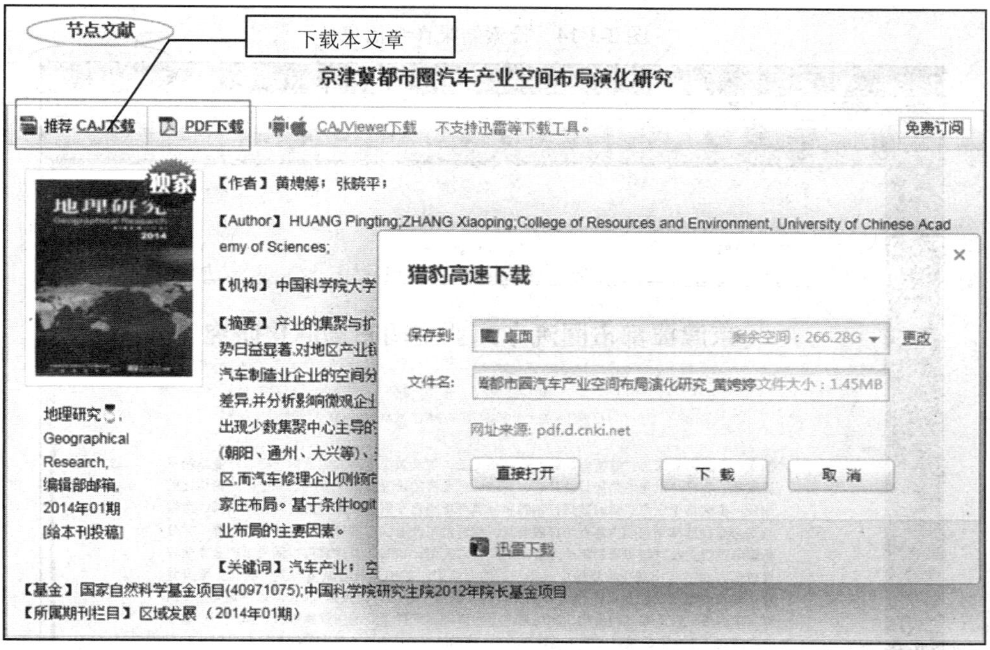

图 2-3-13　查看检索结果

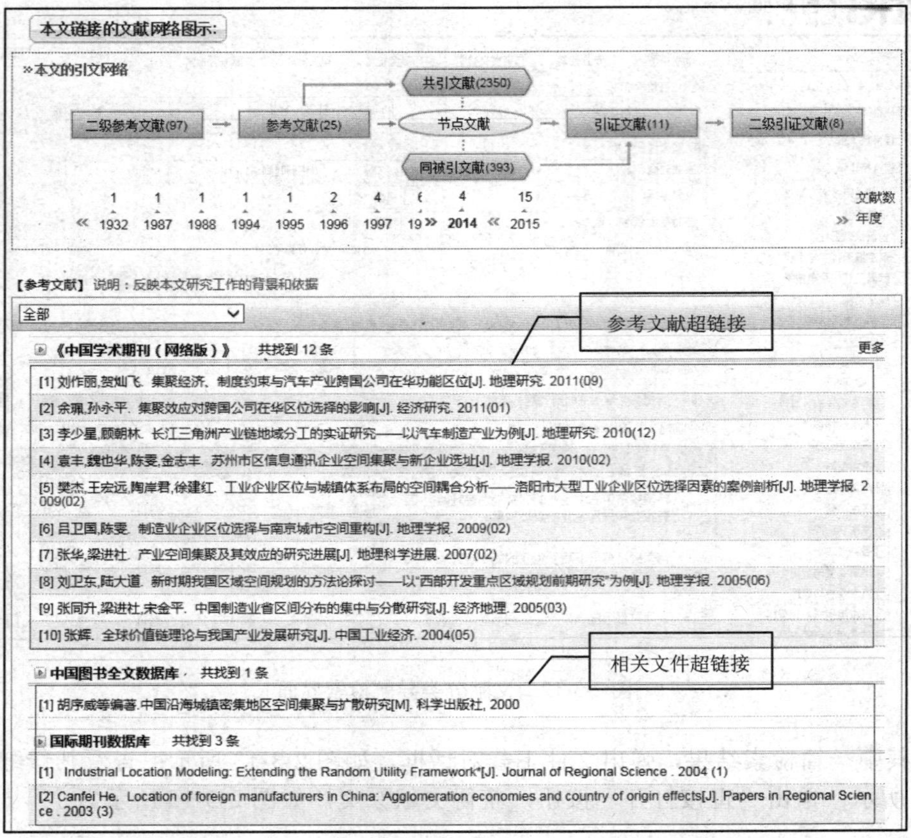

图 2-3-14　检索结果详细信息

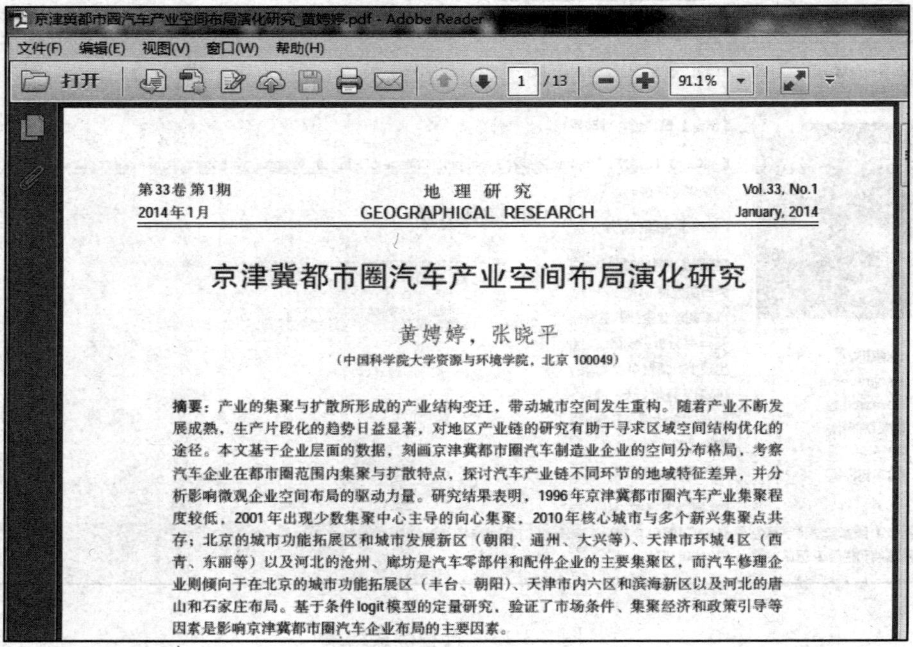

图 2-3-15　获取检索原文

例 2-3-2 提高检索效率的一般方法，研究性论文查找举例：棉花黄萎病的遗传多样性研究。

1）登录并选择数据库

在 CNKI 首页上选择“期刊”数据库，进入期刊检索界面，如图 2-3-16 所示。

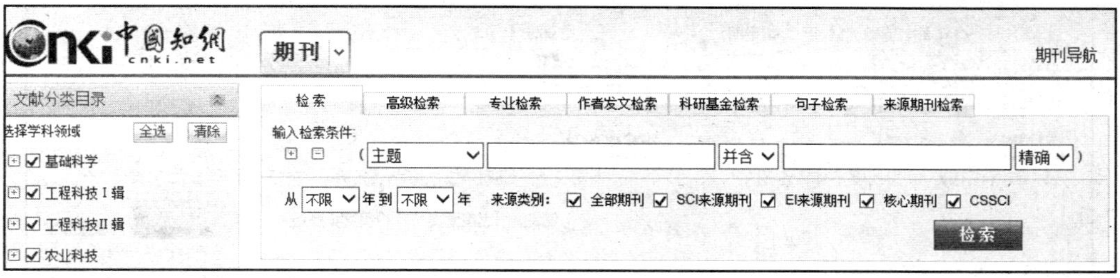

图 2-3-16　期刊检索界面

2）选择检索方式

选择“高级检索”选项卡，输入检索条件。检索项字段选择“主题”，逻辑组配关系选择“并且”，单击“检索”按钮，得到检索结果共 2025 条，如图 2-3-17 所示。

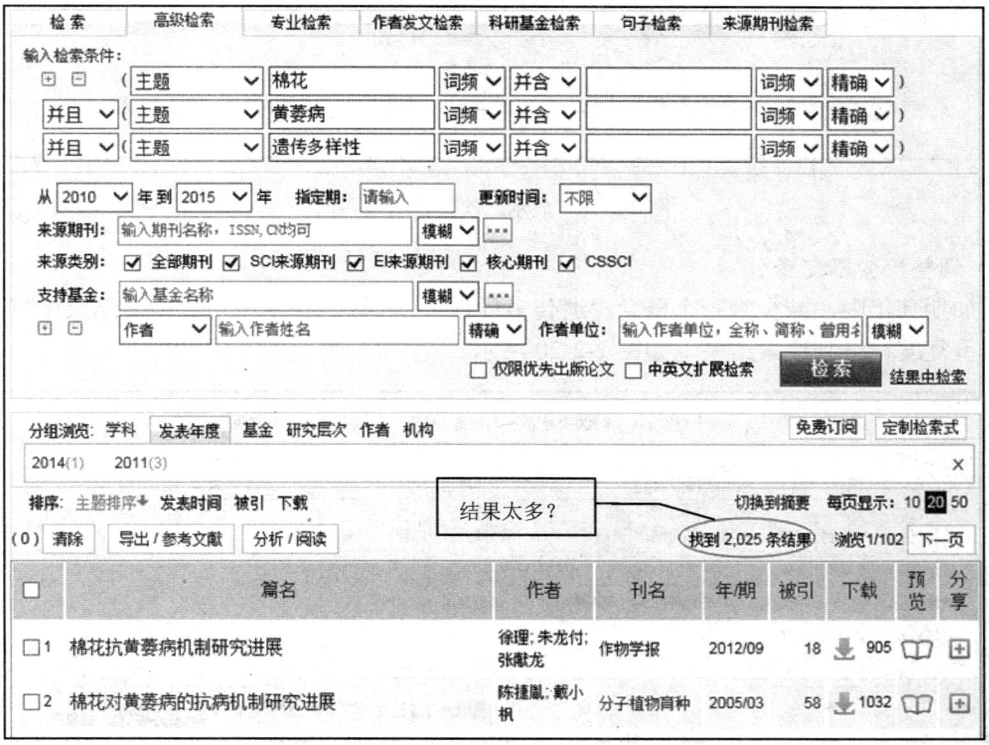

图 2-3-17　显示检索结果

3）二次检索

检索结果太多，需再增加一个限定字段和逻辑组配关系，单击“结果中检索”超链接，进行二次检索，如图 2-2-18 所示。

提示：检索控制条件，期刊年限时间延长；内容检索条件，将检索字段“主题”改为“关键词”或其他逻辑关系，如将“并且”改为“或者”。

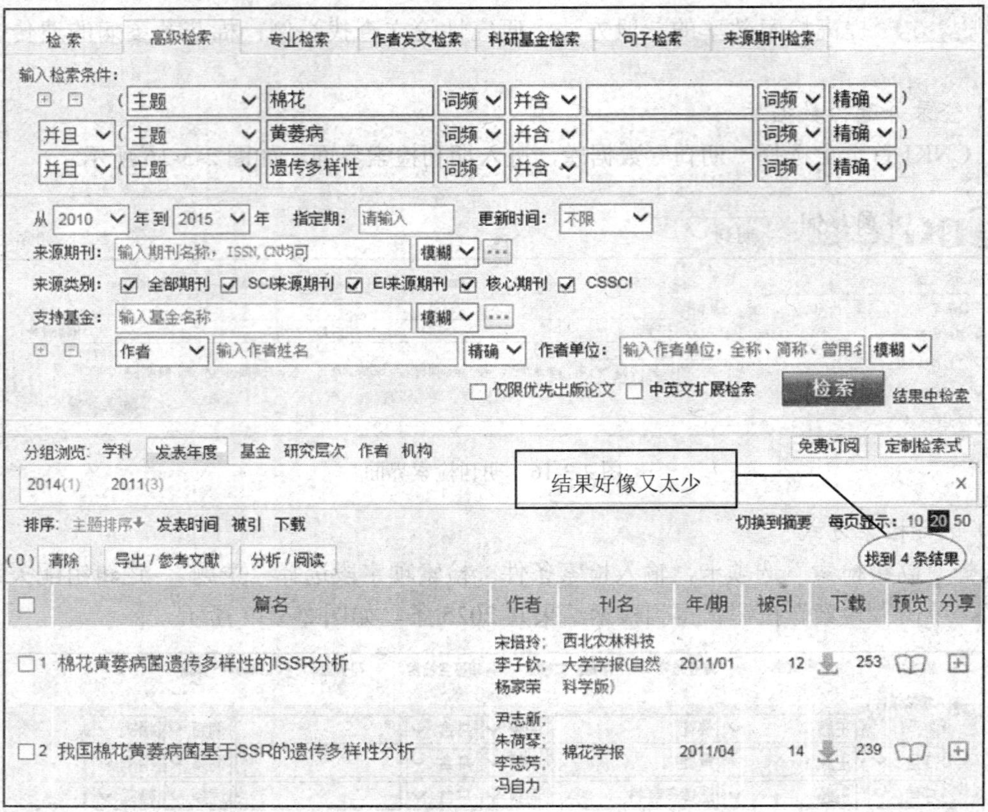

图 2-3-18　显示二次检索结果界面

4）调整检索限定条件

增加期刊年限，减少为一个概念“遗传多样性”，如图 2-2-19 所示，检索结果中可见相关内容的重复度，得到检索结果，如图 2-2-20 所示。

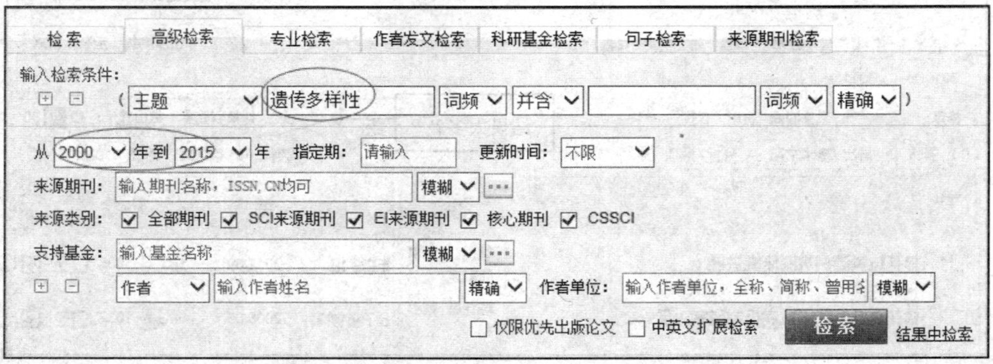

图 2-3-19　改变检索条件

5）构造专业检索表达式

利用上述检索结果中出现频率较高的词作为构造专业检索表达式的检索词，如图 2-3-21 所示。检索结果如图 2-3-22 所示，研究棉花的文章与研究黄萎病菌的文章混在一起，检索结果不太相关。

	篇名	作者	刊名	年/期	被引	下载	预览	分享
□1	河南省近年审定小麦品种基于系谱和SNP标记的遗传多样性分析 优先出版	曹廷杰;谢菁忠;吴秋红;陈永兴;王振忠;赵虹;王西成;詹克慧;徐如强;王际睿;罗明成;刘志勇	作物学报	2015/02	1	240		
□2	中国狼不同地理种群遗传多样性及系统进化分析 优先出版	张洪海;窦海龙;陈磊;沙未来;赵俊杰	生态学报	2015/06		227		
□3	大麦SSR标记遗传多样性及其与农艺性状关联分析	赖勇;王鹏喜;范贵强;司二静;王晋;杨轲;孟亚雄;李葆春;马小乐;尚勋武;王化俊	中国农业科学	2013/02	43	2029		
□4	玫瑰SRAP遗传多样性分析与品种指纹图谱构建	徐宗大;赵兰勇;张玲;杨志莹	中国农业科学	2011/08	40	692		
□5	淮山药种质资源主要农艺性状遗传多样性分析 优先出版	覃维治;韦本辉;甘秀芹;韦民政;唐秀桦	南方农业学报	2014/10	5	238		
□6	中国红、绿茶适制品种(系)遗传多样性与亲缘关系的SSR分析	段云裳;姜燕华;王丽鸳;成浩;王玉花;黎星辉	中国农业科学	2011/01	22	590		
□7	水稻SSR标记的遗传多样性研究进展 优先出版	束爱萍;刘增兵;余丽琴;黎毛毛;陈大洲	植物遗传资源学报	2013/05	1	488		

图 2-3-20　改变检索条件后的检索结果

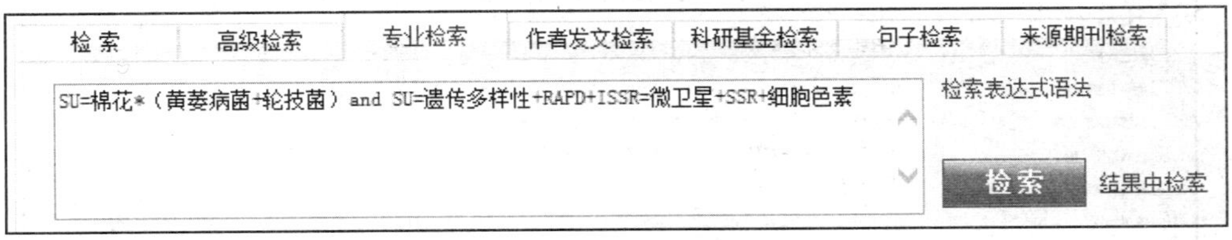

图 2-3-21　构造专业检索表达式

6）调整检索式

调整检索式，提高检索效率，再次检索，直到得出满意结果。

棉花黄萎病的遗传多样性研究完整的检索式：SU=棉花*（黄萎病菌+轮枝菌）*（遗传多样性+RAPD+ISSR+微卫星+SSR+营养亲和群+营养亲和性+菌系*鉴定+分子*指纹+……）。

共有记录27条　首页　上页　下页　末页　1　/2　转页　全选　清除　存盘　定制

序号	篇名	作者	刊名	年/期	被引频次	下载频次
1	湖北省棉花黄萎病菌致病力分化和遗传多样性分析	冉鸿昌; 肖炎农; 姜道宏; 李国庆	华中农业大学学报	2005/05	10	153
2	黄萎病菌诱导下陆地棉抗病品种SSH文库的构建	王省芬; 田海燕; 马峙英; 张桂寅; 玄兆伶; 王文生; 孙艳香	棉花学报	2008/01	8	300
3	棉花黄萎病菌的遗传多样性	肖松华; 刘剑光; 吴巧娟; 陈旭升; 许乃银; 狄佳春; 马晓杰	江西农业学报	2009/09	4	72
4	澳大利亚棉花黄萎病菌DNA多态性及其地理分布相关性研究(英文)	朱有勇; 王云月; DilbagSMultani; BruceRLyon	菌物系统	1999/04	3	46
5	棉花黄萎病菌遗传多样性的ISSR分析	宋培玲; 李子钦; 杨家荣	西北农林科技大学学报(自然科学版)	2011/01		55
6	我国棉花黄萎病菌群体的遗传变异分析	周兆华; 郭旺珍; 潘家驹; 张天真	中国农业科学	1999/02	43	98
7	新疆主要棉区棉花黄萎病菌致病力分化及其遗传多样性分析	邵家丽; 缪卫国; 刘海洋; 倪萌; 努尔孜亚; 乔子辰; 尚衍强	新疆农业科学	2009/01	4	83
8	棉花黄萎病菌ISSR反应体系优化及其遗传多样性分析	刘燕霞; 侯丽娟; 李卫; 杨家荣; 肖蕊	植物保护学报	2010/05	1	59
9	陕西棉花黄萎病菌致病力分化及其遗传多样性	毛岚; 宋培玲; 杨家荣	植物保护学报	2009/01	5	143
10	陕西关中棉花黄萎病菌遗传多样性的ISSR分析	毛岚; 宋培玲; 杨家荣	西北农林科技大学学报(自然科学版)	2009/05	2	104
11	我国棉花黄萎病菌的群体遗传		棉花学报			

图 2-3-22　显示检索结果

例 2-3-3　请用 CNKI 检索有关“大学生学习方法”的一篇论文。（写出所用检索数据库、检索步骤、检索结果和其中一篇文献的特征。）

1）登录 CNKI 首页

选择“期刊”选项，进入检索界面，在左侧的“文献分类目录”中选择“社会科学Ⅱ辑”选项，如图 2-3-23 所示。

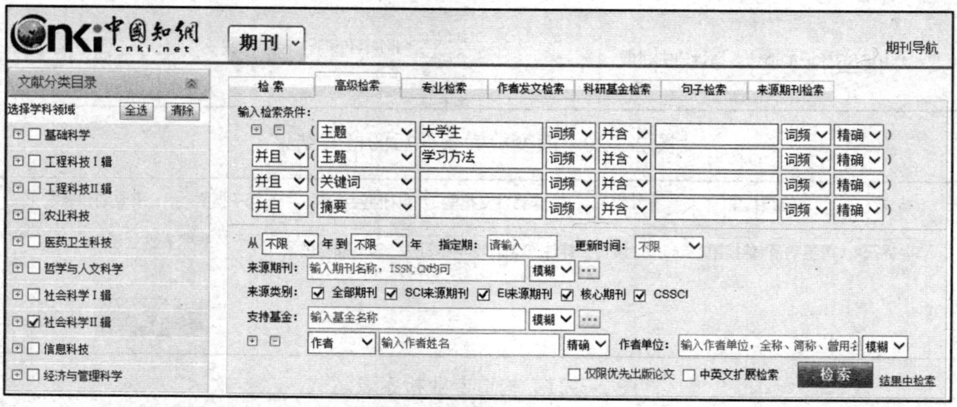

图 2-3-23　选择检索登录入口

2）修改检索限定条件并进行二次检索

检索结果太多，改变检索文献内容的特征，如图 2-3-24 所示。将检索字段“主题”改为“题名”，将时间控制在近五六年，进行二次检索，检索结果如图 2-3-25 所示。

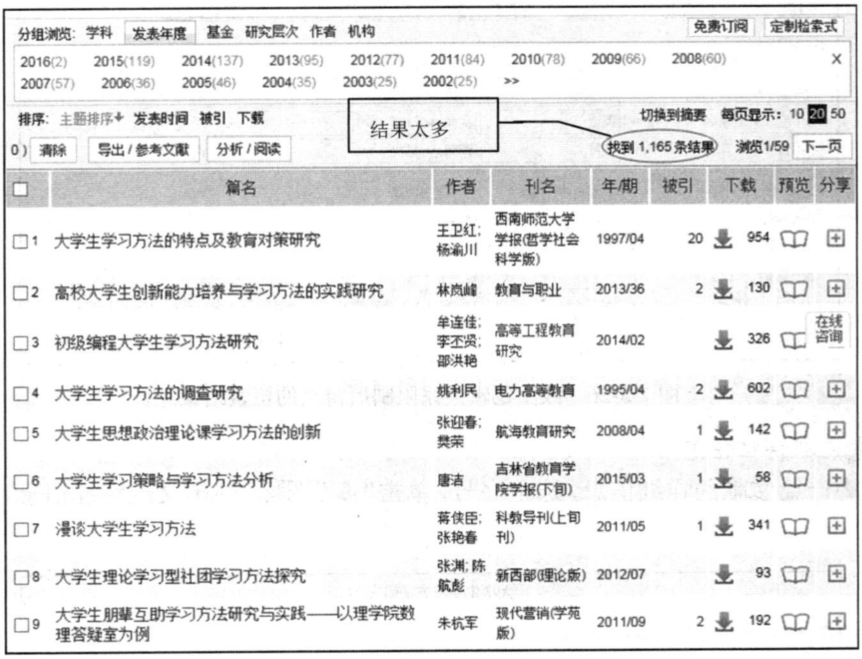

图 2-3-24 显示检索结果

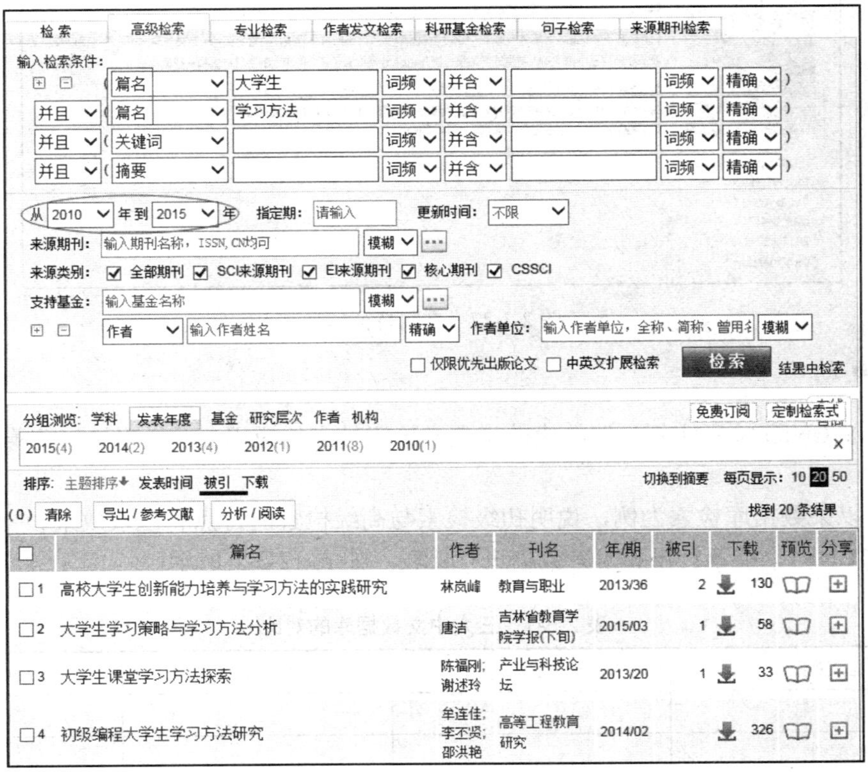

图 2-3-25 显示二次检索结果

3）再次调整限定条件

查看结果，其中对英语和体育课程的大学生学习方法的文章较多，增加逻辑限制，如图 2-3-26 所示。

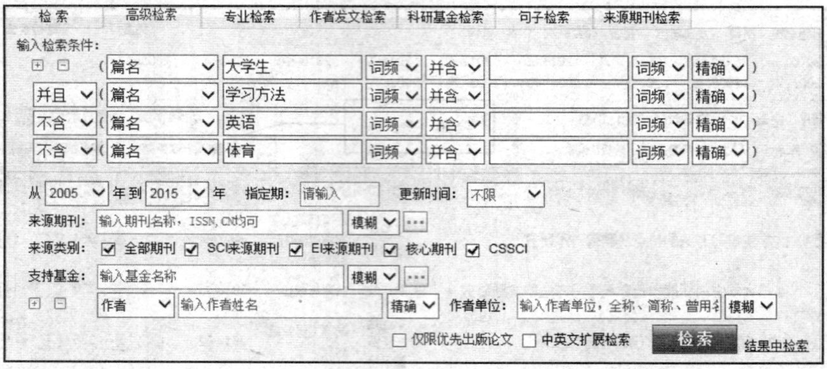

图 2-3-26　改变逻辑关系限制后得到的检索结果

4）浏览文献特征信息

查看其中一篇文献的详细信息，选中序号，单击"⬇"图标，弹出文献特征信息，如图 2-3-27 所示。

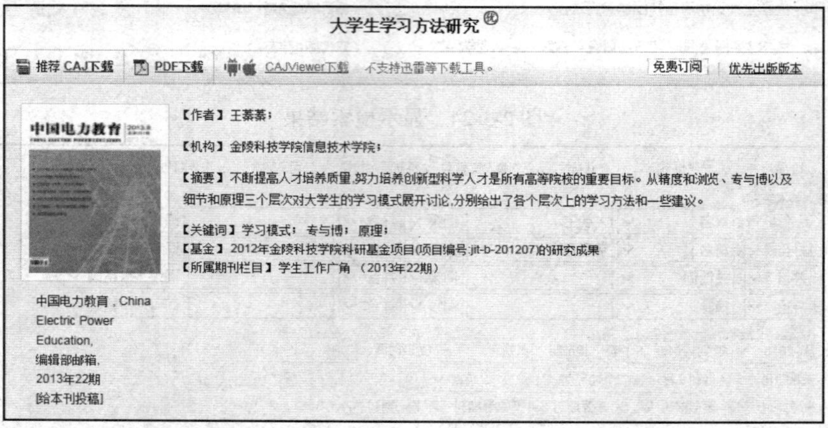

图 2-3-27　文献特征信息

三、课堂互动

（1）通过 CNKI 检索实例说明检索的步骤及检索技术的应用，并说明如何改善和提高查询效率。

（2）请以某数据库检索为例，说明初级检索与高级检索的特点和检索效果。

（3）对 CNKI、维普资讯和万方数据进行比较，如表 12-3-1 所示。

表 2-3-1　三大中文数据库的对比

比较项目	CNKI	维普资讯	万方数据
建立时间			
提供的数据库类型			
提供的检索方式			
提供的检索途径（期刊库）			
检索表达式			
检索结果			

项目 4　数字图书馆与电子图书资源检索

学习重点

1. 了解什么是电子图书、所在学校的数字图书资源种类及特点。
2. 查找中国数字图书馆、超星数字图书馆图书资源文献信息。

学习要求

学会利用校园网进入中国数字图书馆、超星数字图书馆获取免费图书文献资源；能够使用不同的检索方式查找图书资源，下载阅读器阅读图书文献。

一、相关知识

1. 电子图书

电子图书（Electronic Book，eBook）是指以数字形式出版、发行，读者可以通过阅读终端进行阅读、下载的数字化书籍。

2. 电子图书的类型

（1）光盘电子图书：存储载体为光盘，一般只在计算机上单机阅读。

（2） 网络电子图书：包括免费网络电子书、网络图书馆（电子图书服务系统，如超星数字图书馆等），可以通过互联网访问并阅读。

（3）便携式电子图书：特指手持式电子图书阅读器。电子图书阅读器是一种高科技产品，它就像一个小小的笔记本式计算机，只不过它的功能要单一得多，读者可以通过这种电子图书阅读器的显示屏阅读存放在其中的图书。电子图书阅读器和书本大小相似，采用液晶显示，可存放成千上万页的图书内容。

3. 主要电子图书数据库

1）中国数字图书馆

中国数字图书馆（http://www.nlc.gov.cn/）是由国家图书馆控股，服务于国家数字图书馆工程的高新技术企业，于 2000 年 4 月 18 日正式运营。在全国建立起完整的数字图书馆建设与服务体系，是全球最大中文多媒体数字信息资源平台。中国数字图书馆推出的网上读书系统（Ver3.0），由图书检索引擎、中国数图浏览器、后台服务管理、后台用户管理构成，适用于公共图书馆、高校图书馆、智能化社区等局域网用户。该系统采用基于成熟应用平台的模块化设计的电子图书借阅体系，分为标准版和专业版，可根据客户个性化需求，提供最优化的模块组配。

2）超星数字图书馆

超星数字图书馆（http://free.ssreader.com/）收录国家图书馆馆藏图书 32 万种，参照《中国图书馆分类法》的体系方法，系统设有文学、历史、法律、军事、经济、科学、医药、工程、建筑、交通、计算机和环保等 50 余个分馆、数百个子馆，其中有些分馆的子馆多达五六级。

系统提供 24 小时在线服务，每一位读者都可以通过互联网（http://www.ssreader. com.cn）阅读超星数字图书馆中的免费图书资料，不受地域时间限制。凭超星读书卡，读者还可以将数字图书下载到本地用户计算机上进行离线阅读。

3）“书生之家”数字图书馆

“书生之家”数字图书馆（http://www.21dmedia.com）是由北京书生科技有限公司建立的综合性数字图书馆。它主要提供 1999 年以来中国内地出版的新书的全文电子版。系统数据库所收电子图书涉及社会科学、人文科学、自然科学和工程技术等类别。

4）美国“网络图书馆”

美国“网络图书馆”（NetLibrary）提供来自 300 多个出版商的 42 000 多种高质量的电子图书，这些电子图书中 90%是 1990 年后出版的，每月平均增加 2000 多种。其内容涉及自然科学和人文科学各个领域，覆盖了技术、医学、生命科学、计算机科学、经济、工商、文学、历史、艺术、社会与行为科学、哲学、教育学等，其中 80%的电子图书面向大学的读者。

4. 网上免费电子图书

（1）北极星书库（http://www.ebook007.com/）：收录中华古籍、各类文学作品、宗教哲学、学术名著、经济贸易、传记、科幻小说、儿童文学及计算机类图书。

（2）人民网（http://www.people.com.cn/GB/wenhua/22226/29647/）：收录文学、传记、历史、教育、社科及保健方面的图书。

（3）中国新世纪读书网（http:www.cnread.net）：收录文学、教育辅导、生活艺术、社会科学、计算机网络等方面的图书。

二、检索实例

例 2-4-1 利用中国国家数字图书馆查找一本生态方面的书籍并下载阅读。

（1）输入中国国家数字图书馆首页网址：http://mylib.nlc.cn/web/guest。打开中国国家数字图书馆读者门户页面，如图 2-4-1 所示。

图 2-4-1 中国数字图书馆首页

（2）单击页面左上角的“免费注册”超链接，跳转至注册页面。在页面底端选中“我同意以上注册协议”复选框，并单击“下一步”按钮，如图 2-4-2 所示。

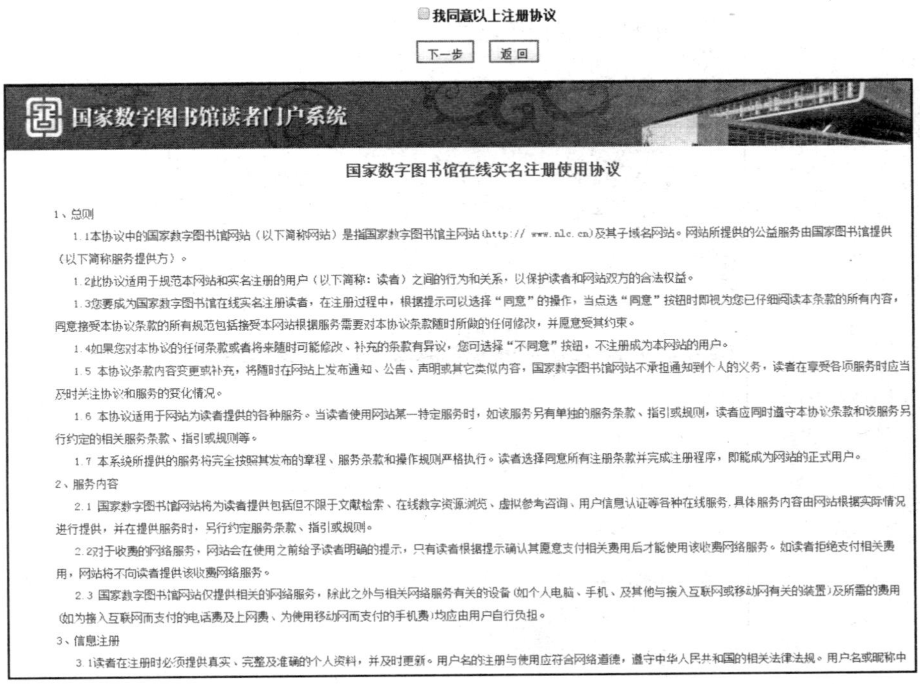
我同意以上注册协议
下一步
返 回
国家数字图书馆读者门户系统
国家数字图书馆在线实名注册使用协议
1、总则
1.1本协议中的国家数字图书馆网站（以下简称网站）是指国家数字图书馆主网站(http:// www.nlc.cn)及其子域名网站。网站所提供的公益服务由国家图书馆提供（以下简称服务提供方）。
1.2此协议适用于规范本网站和实名注册的用户（以下简称：读者）之间的行为和关系，以保护读者和网站双方的合法权益。
1.3您要成为国家数字图书馆在线实名注册读者，在注册过程中，根据提示可以选择“同意”的操作，当点选“同意”按钮时即视为您已仔细阅读本条款的所有内容，同意接受本协议条款的所有规范包括接受本网站根据服务需要对本协议条款随时所做的任何修改，并愿意受其约束。
1.4如果您对本协议的任何条款或者将来随时可能修改、补充的条款有异议，您可选择“不同意”按钮，不注册成为本网站的用户。
1.5 本协议条款内容变更或补充，将随时在网站上发布通知、公告、声明或其它类似内容，国家数字图书馆网站不承担通知到个人的义务，读者在享受各项服务时应当及时关注协议和服务的变化情况。
1.6 本协议适用于网站为读者提供的各种服务。当读者使用网站某一特定服务时，如该服务另有单独的服务条款、指引或规则，读者应同时遵守本协议条款和该服务另行约定的相关服务条款、指引或规则等。
1.7 本系统所提供的服务将完全按照其发布的章程、服务条款和操作规则严格执行。读者选择同意所有注册条款并完成注册程序，即能成为网站的正式用户。
2、服务内容
2.1 国家数字图书馆网站将为读者提供包括但不限于文献检索、在线数字资源浏览、虚拟参考咨询、用户信息认证等各种在线服务.具体服务内容由网站根据实际情况进行提供，并在提供服务时，另行约定服务条款、指引或规则。
2.2对于收费的网络服务，网站会在使用之前给予读者明确的提示，只有读者根据提示确认其愿意支付相关费用后才能使用该收费网络服务。如读者拒绝支付相关费用，网站将不向读者提供该收费网络服务。
2.3 国家数字图书馆网站仅提供相关的网络服务，除此之外与相关网络服务有关的设备(如个人电脑、手机、及其他与接入互联网或移动网有关的装置)及所需的费用(如为接入互联网而支付的电话费及上网费、为使用移动网而支付的手机费)均应由用户自行负担。
3、信息注册
3.1读者在注册时必须提供真实、完整及准确的个人资料，并及时更新。用户名的注册与使用应符合网络道德，遵守中华人民共和国的相关法律法规。用户名或昵称中

图 2-4-2　中国数字图书馆注册页面

（3）填写注册信息。同意协议后，自动跳转至填写注册信息页面。必填的注册信息包括：登录账号、密码、确认密码、电子邮件和联系电话、手机或邮箱验证码。按照页面中每项填写要求填写完成这些注册信息，选择“提交注册信息”，完成注册，如图 2-4-3 所示。

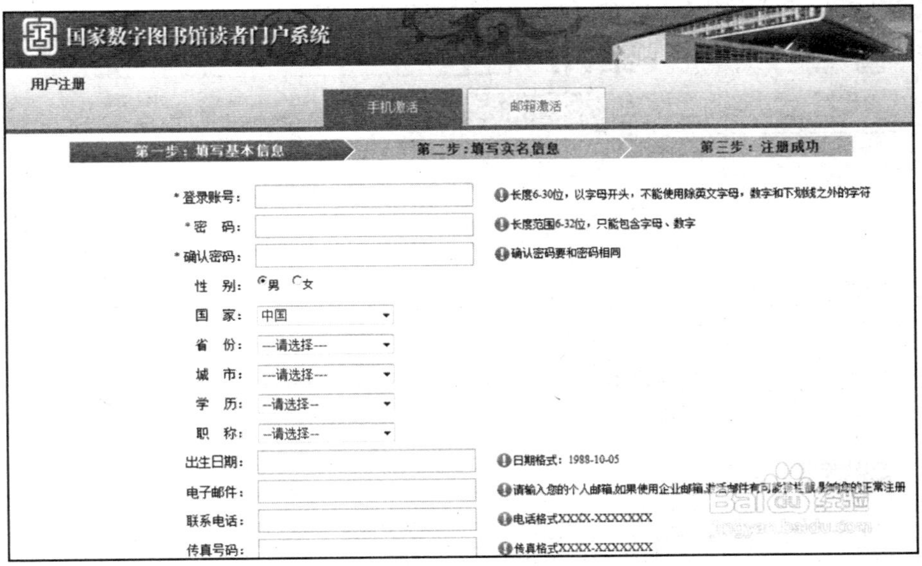
国家数字图书馆读者门户系统
用户注册
手机激活
邮箱激活
第一步：填写基本信息
第二步：填写实名信息
第三步：注册成功
* 登录账号：
长度6-30位，以字母开头，不能使用除英文字母，数字和下划线之外的字符
* 密　码：
长度范围6-32位，只能包含字母、数字
* 确认密码：
确认密码要和密码相同
性　别：男 女
国　家：中国
省　份：---请选择---
城　市：---请选择---
学　历：--请选择--
职　称：--请选择--
出生日期：
日期格式：1988-10-05
电子邮件：
联系电话：
电话格式XXXX-XXXXXXX
传真号码：
传真格式XXXX-XXXXXXX

图 2-4-3　注册界面

（4）登录数字图书馆。填写刚才注册成功的账号、登录密码，按照提示输入图片中的数字验证码，单击“登录”按钮，即可登录数字图书馆，如图 2-4-4 所示。

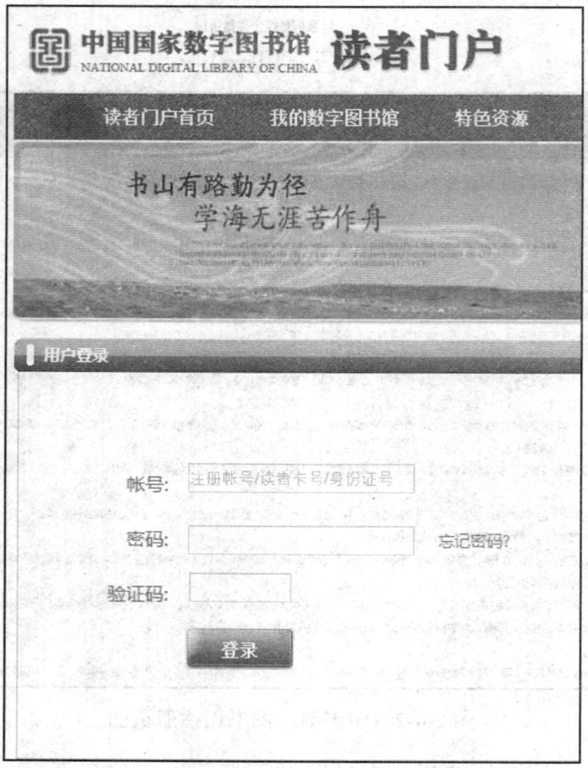

图 2-4-4　登录界面

（5）在页面左侧选择“读者门户首页”，弹出左侧下拉列表，选择“电子图书”→“中文图书”选项，如图 2-4-5 所示。

图 2-4-5　读者门户首页

（6）打开馆藏中文图书页面，在“题名”中输入想要查找的书目名称，如生态，然后单击“检索”按钮，如图 2-4-6 所示。

图 2-4-6　中文图书检索界面

（7）在检索出的书目中选择需要的书籍，如图 2-4-7 所示，单击该书籍，获取该书的详细介绍信息，如图 2-4-8 所示。

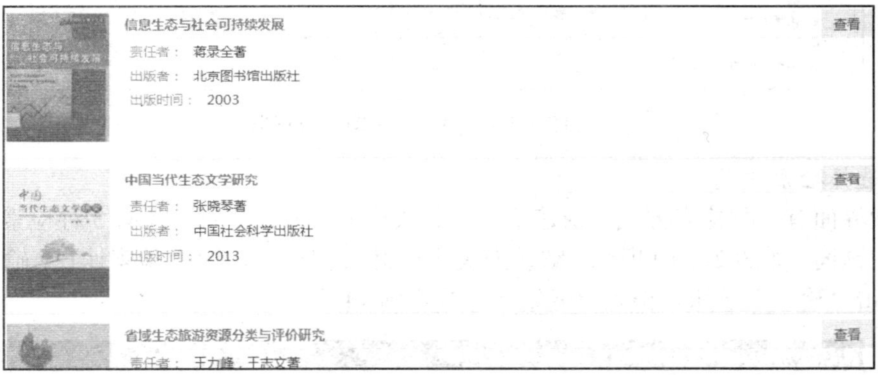

图 2-4-7　中文图书检索结果

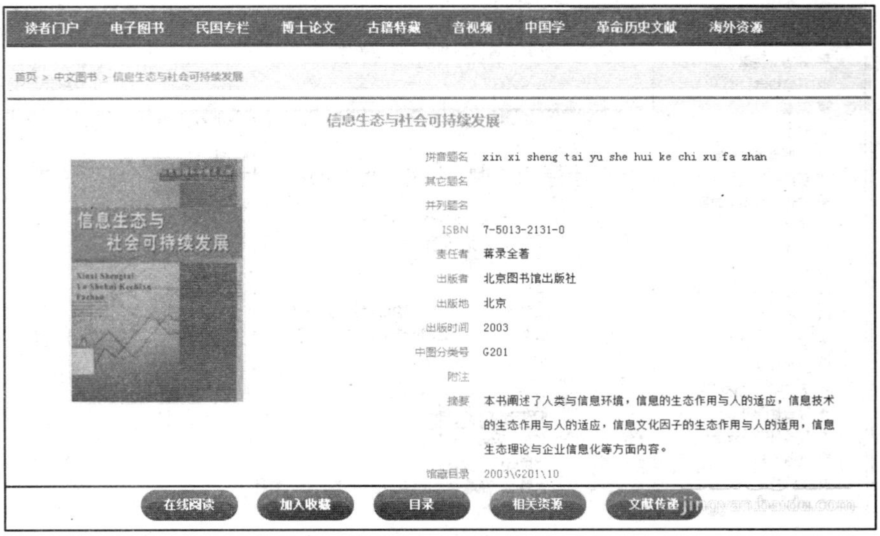

图 2-4-8　图书详细信息

（8）单击页面下方的“在线阅读”按钮，即可阅读所选择的书籍，滚动鼠标可翻页。

例 2-4-2　在超星数字图书馆查找机电专业书籍的收藏情况。写出检索回顾。

1）登录超星数字图书馆首页

通过校园网登录超星数字图书馆首页，如图 2-4-9 所示。

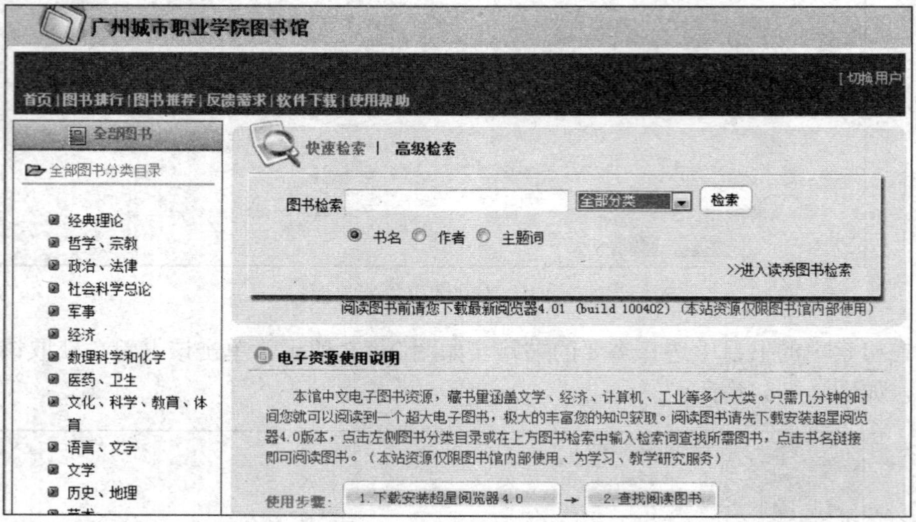

图 2-4-9　超星数字图书馆首页

2）选择检索方式

检索界面有 3 种检索方式：快速检索、高级检索和分类目录。还有 3 种检索途径：书名、作者和主题词，如图 2-4-10 所示。默认为快速检索，选择“主题词”检索途径，输入检索词“机电”，单击“检索”按钮，得到检索结果“共查到 94 本图书”。

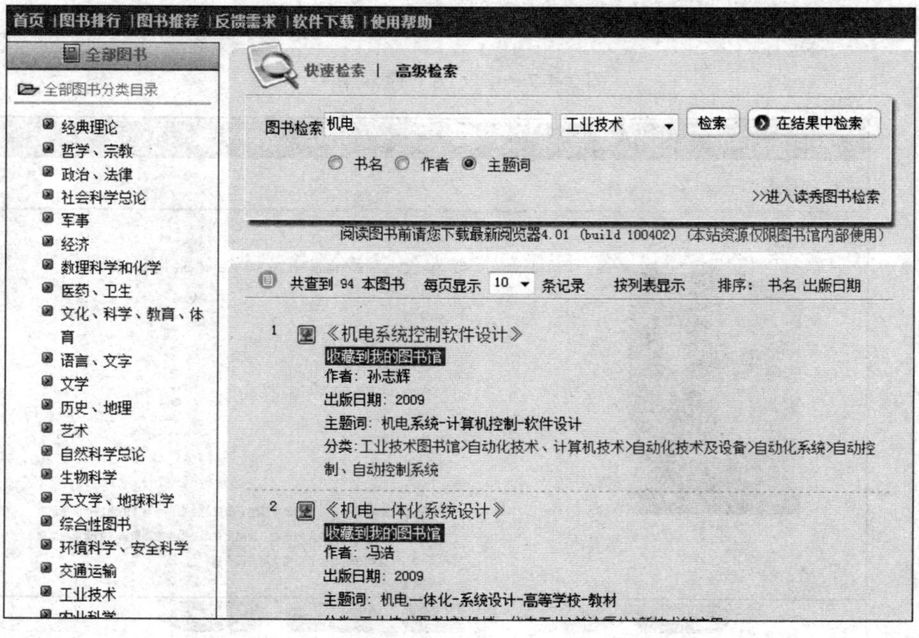

图 2-4-10　显示检索结果

3）获取全文

下载安装超星阅读器后，打开检索结果中的一本书并阅读，如图 2-4-11 所示。

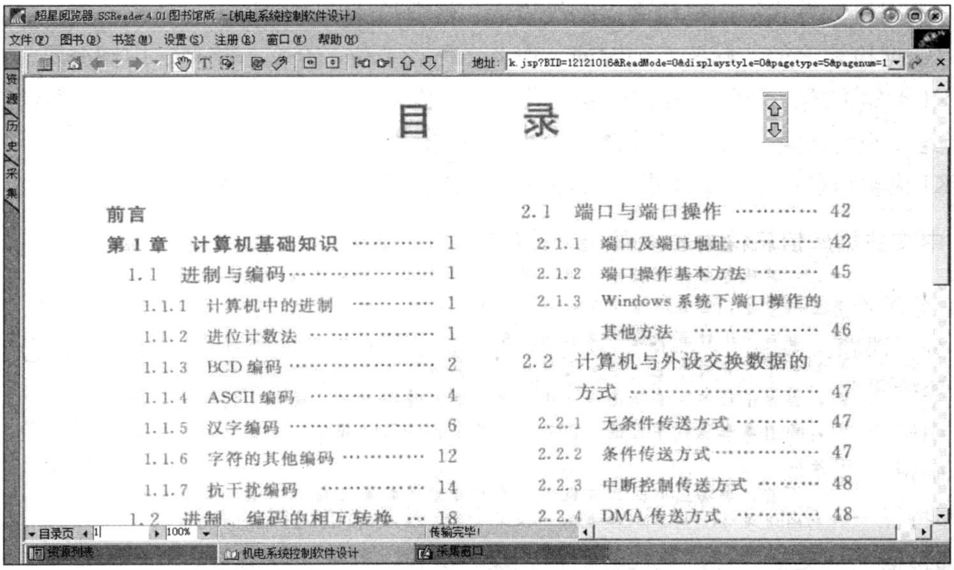

图 2-4-11　使用超星阅读器在线阅读

4）检索回顾

检索课题：机电专业书籍的收藏情况。

检索方式：快速检索。

检索途径：主题词。

检索词：机电。

检索结果：共找到机电专业书籍的收藏 94 本，其中一本图书信息如下。

书名：《机电系统控制软件设计》。

作者：孙志辉。

出版社：机械工业出版社。

出版日期：2009 年。

三、课堂互动

（1）登录所在学院图书馆，了解并应用学校图书馆免费电子图书资源。

（2）选用一种或两种自己所在学校图书馆的电子图书数据库查找所学专业的电子图书，试写出检索步骤与检索回顾。

模块小结

1. 中文数据库检索方式与途径

维普资讯检索方式：快速检索、传统检索、高级检索、分类检索、期刊导航。

维普资讯检索途径：题名或关键词、刊名、作者、第一作者、机构、文摘、分类号、作者简介、基金资助、栏目信息。

万方数据检索方式：简单检索、高级检索、经典检索、专业检索、跨库检索。

万方数据检索途径：标题、关键词、作者、作者单位、全文、摘要、中图分类。

CNKI 检索方式：简单检索、标准检索、高级检索、专业检索、引文检索、学者检索、科研基金检索、句子检索、工具书及知识元搜索、文献出版来源。

CNKI 检索途径：题名、主题、关键词、作者、第一作者、作者单位、全文、文献来源。

2. 中文数据库信息检索的步骤

（1）分析检索课题。

① 分析课题：课题的主要内容以及涉及的知识点（术语集合、术语之间的关系）。

② 明确需要的文献特征：需要的文献种类、语种、年代及文献量。

③ 明确查询的侧重点：对查新、查准、查全的指标要求。

④ 确定所需要的文献应该具备的内部、外部特征。

内部特征——所需文献的知识构成、术语构成以及术语之间的关系。

外部特征——文献种类、年代、语种、媒体格式、标题、作者等。

（2）制定检索式描述检索需求。

① 数据库的选择应考虑以下内容。

数据库的类型是否满足检索需要，数据库的类型不同，决定了它适用于不同的检索对象和满足于不同的检索要求。

数据库的学科专业范围是否与检索课题的学科专业相吻合，任何一个数据库在收录文献信息时总有一定的学科范围，应有针对性。

数据库收录的文献类型、文献存储年限、更新周期是否符合检索需求。数据库出版商往往以某一类型文献编制数据库，如专利、会议录等。

数据库描述文献的质量，包括对原文的表达程度、标引深度、专指度如何，是否按标准化著录等。

数据库提供的检索入口是否与检索课题的已知线索相对应等。

对所需文献信息在国别和语种加以选择限定。

② 选择检索方式。

许多数据库提供了多种检索方式，如中国期刊全文数据库提供了初级检索、高级检索、专业检索和分类检索等途径。初级检索或简单检索易学易用、简单明确、界面友好，适用于一般用户，但是其操作步骤多，而且检索速度、查准率和查全率都低于命令检索。而高级检索或复杂检索可以综合应用各种检索运算符或操作命令精确地表达检索需求，灵活地进行各种检索方案的检索，较为简捷、快速地得到较为理想的检索效果，但是需要用户熟悉各种系统的检索操作符，适合有经验的检索人员使用。

③ 检索途径（检索项）的确定。

检索项是用户根据自己课题涉及的专业内容所提出的能够全面确切表达主题概念的检索词。因此，检索词选择得当与否，直接影响其检索效果。

检索词一般可分为以下 4 类。

第一类是表示主题概念的检索词——主题词，包括标题词、单元词、叙词、关键词。

第二类是表示学科分类的检索词，如分类号。

第三类是表示作者的检索词，如作者姓名、机构名称等。

第四类是表示特殊意义的检索词，如专利号、国际标准书号、分子式等。

④ 选取主题词的基本方法：分析主题，找出课题所包含的显性概念和隐含概念；找出核心概念，排除无关概念和重复概念；从待检数据库和检索工具的词表中选取规范化的词或词组；选用上位词、近义词或下位词作为检索词；选用自由词作为检索词。

⑤ 检索式的构造。

检索提问式是数字资源检索中用来表达用户检索提问的逻辑表达式。

在编制检索提问式时，准确、合理地运用位置逻辑运算符、截词符、字段符等技术是编制检索式的基本要求。

合理的检索提问式应达到以下两个基本要求。

a．能够充分而准确地反映信息需求的内容。

b．能够适应所查数据库的索引体系、用词和匹配规则，即与数据库中的信息标志相匹配。

编制检索提问式时必须注意的问题如下。

a．在构造检索提问式时，要弄清所使用的数据库的检索功能和所采用的操作运算符。

b．检索词之间用“逻辑或”连接，可扩大检索式概念的外延，有利于提高查全率。

c．为提高检索速度，在使用布尔运算符时，应把估计出现频率低的词放在“AND”运算符的左边，把频率高的词放在“OR”运算符的左边，同时使用“AND”和“OR”时，应把“OR”运算符放在“AND”运算符的左边。

d．综合利用各种运算符，提高检索效率。

e．应避免可能产生多种逻辑判断的组配。

f．可利用逻辑非（NOT）剔除不符合要求的信息，限制与用户提问不相关信息的检出。

g．检索提问式要精炼明了。

（3）实施检索。

（4）检索结果的输出与评价。

操作训练

实训操作 2-1　维普资讯数据库资源检索

1．学时：1。

2．实训目标：通过 Internet 网络信息检索，要求学生了解维普资讯数据库的收藏概况，认识并掌握运用计算机信息检索技术，运用该全文数据库查找文献，运用校园网查找图书馆文献，提高获取和利用文献信息的能力，为不断地吸收新知识、增强创新能力打下基础。

3．实训内容：根据课题需求，制定检索策略，建立检索式，找出检索词，查出与课题相关的文献，并写出篇名、著者、刊名、年、卷、期，并分别用篇名、关键词途径和全文途径检索所得文献的篇数。

4. 实训类别：基础。

5. 实训类型：综合。

6. 实训要求：选做。

7. 主要设备：每位学生操作一台可以上网的计算机；维普资讯数据库。

8. 检索课题。

（1）试检索出符合下列条件的文献，且按照要求写出检索式（可用图示法）、检索步骤和文献的外部特征。

① 试检索出本校教职工在 2010 年发表的有关论述社区教育方面的最新文章。

② 检索出符合条件 1 及条件 2 的记录。

条件 1：论文的篇名里包含“中小企业”，论文的作者是“谢楠”。

条件 2：2001～2015 年发表在“出口贸易”上的论文。

（2）根据课题要求，找出检索词，查出与课题相关的文献，写出篇名、著者、刊名、年、卷、期，并分别用篇名、关键词途径和全文途径检索所得文献的篇数。

① 义和团运动和爱国主义精神研究

② 我国苯乙酸技术现状与开发途径

③ 计算机数据通信网络研究

④ 有关上市公司年报述评

⑤ 移动通信病毒

⑥ 美国黑人文学中的女性形象

⑦ 卡夫卡作品研究

⑧ 新课程视野下的高中英语语法教学

⑨ 绿色化学研究及其发展趋势

⑩ 加入 WTO 后我国会计发展面临的挑战与对策

⑪ 香根草在我国的应用与研究

（3）检索出广州城市职业学院吴勇教授发表论文的情况，写出篇名、刊名、年、卷、期[写出检索式（可用图示法）、检索步骤和文献的外部特征]。

9. 写出检索报告。

实训操作 2-2　万方数据、人大复印报刊等中文数据库检索

1. 学时：1。

2. 实训目标：通过 Internet 网络信息检索，要求学生了解万方数据、人大复印报刊资料全文数据库等数据库的概况，认识并掌握运用计算机信息检索技术，运用这些全文数据库查找文献，运用校园网查找图书馆文献，提高获取和利用文献信息的能力，为不断地吸收新知识、增强创新能力打下基础。

3. 实训内容：实验主要环节及操作内容如下。

（1）通过 Internet 信息检索工具间接地查找所需信息，即通过一些网页主动搜索信息，并自动索引的网页网站。运用 Internet 的主要综合搜索。

（2）学会使用校园网进入学校图书馆，登录万方数据资源库进行课题检索并获取文献全文。

4．实训类别：基础。

5．实训类型：综合。

6．实训要求：选做。

7．主要设备：每位学生操作一台可以上网的计算机；万方数据、人大复印报刊资料库。

8．检索课题。

（1）请以检索所学专业的某本图书为例，说明“超星数字图书馆”的检索使用方法（注意检索途径和菜单选项）。

（2）用学校图书馆的人大复印报刊资料全文数据库检索一篇“心理健康”方面的文献，并写出检索步骤及文献外部特征。

（3）用“超星数字图书馆”检索一本所学专业书籍，并写出文献外部特征和检索的简要过程。

（4）请用万方数据系统检索一篇与所学专业有关的科技论文，并写出检索步骤和文献外部特征。

（5）利用学校图书馆“人大复印报刊资料全文数据镜像站”检索一篇与自己所学专业相关的 2010 年的一篇论文，并写出检索步骤及文献外部特征。

（6）请用万方数据系统或若比邻搜索引擎（www.robot.com.cn）检索某个企业的基本信息（如通信地址、电话号码、主要产品等）并写出检索步骤。

（7）请用万方数据系统检索一篇与自己所学专业有关的文献（如科技论文、科技成果、标准文献、学位论文、专利文献等），并写出文献外部特征和检索步骤。

（8）请用万方数据或者人大复印报刊全文数据库检索材料科学领域的中科院院士，并写出检索网站、检索途径以及该院士的主要成果。

9．写出检索报告。

实训操作 2-3　CNKI 资源检索

1．学时：1。

2．实训目标：通过 Internet 网络信息检索，要求学生了解 CNKI 概况，认识并掌握运用计算机信息检索技术，运用 CNKI 查找文献，运用校园网查找图书馆文献，提高获取和利用文献信息的能力，为不断地吸收新知识、增强创新能力打下基础。

3．实训内容：实验主要环节及操作内容如下。

（1）通过 Internet 信息检索工具间接地查找所需信息，即通过一些网页主动搜索信息，并自动索引的网页网站。运用 Internet 的主要综合搜索。

（2）使用 CNKI 的初级检索和高级检索查找文献的全文；学会下载文献资料、学会利用中国知网的免费资料。

4．实训类别：基础。

5．实训类型：综合。

6．实训要求：选做。

7．主要设备：每位学生操作一台可以上网的计算机；中国知网数据库。

8．检索课题。

（1）用CNKI检索以“网络安全”为关键词的纯理论方面的文章，要求检索结果中非理论的文章出现概率低（按要求构建检索式）。

（2）利用CNKI高级检索功能（至少包含两项检索技术）查找一篇与专业相关（至少包含两个主题词）的2010年核心期刊上发表的论文，并写出其外部特征信息（按要求构建检索式）。

（3）利用CNKI检索2005年以来“国家自然基金”资助的与自己所学专业相关的论文。

9．写出检索报告。

模块 3

经济信息资源检索与利用

本模块结构关系如图 3-0-1 所示。

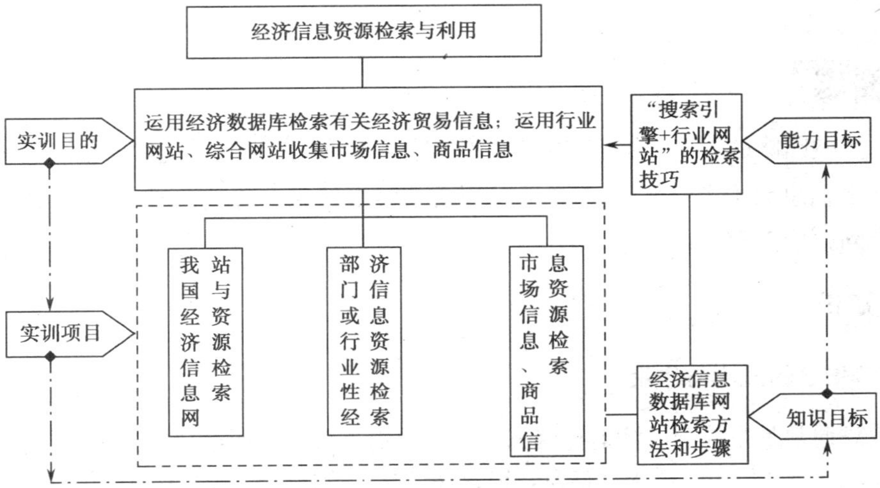

图 3-0-1　模块 3 结构关系图

经济文献是记录和反映各种经济理论、经济学说、经济技术、经济现象、经济知识以及经济生活的文献。

经济情报是在经济领域内产生并经过加工的反映各种经济变化和发展特征的信息。它可能来源于经济文献，也可能来源于社会调查、市场调查，甚至各种其他手段（如间谍），它是对经济运动及其属性的反映和描述。

经济信息是人类经济生活中各种发展变化及其特征的真实反映。广义的经济信息是指那些与人类整个经济活动有关的信息。它们从不同的角度、不同的侧面来反映经济运动的变化及其特征（如政治、军事、体育、外交等）；狭义的经济信息是指与经济活动有关的事物在动态过程中直接反映出来的信息。图 3-0-2 反映了经济文献、经济情报和经济信息的关系。

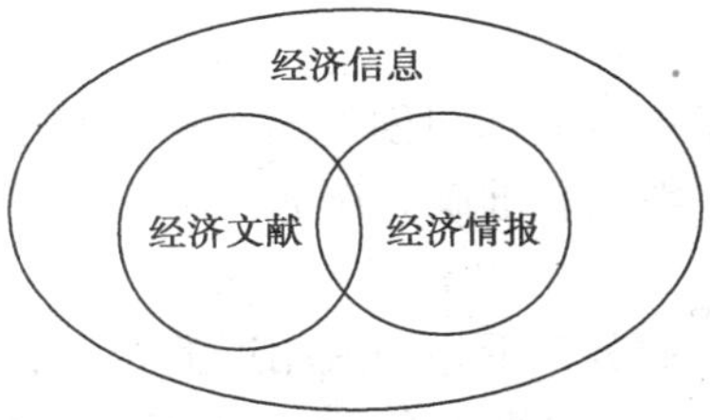

图 3-0-2　经济文献、经济情报和经济信息的关系

网络经济信息检索与利用是指从检索工具和检索系统中检索和利用所需要的网络经济信息资源的过程。

项目1 我国经济信息网站与资源检索

学习重点

1. 熟悉经济信息检索工具的基本类型和特点。
2. 掌握我国经济信息数据库网站检索方法和步骤。

学习要求

学会利用校园网进入中国经济信息网（中经网）、国务院发展研究中心信息网（国研网）、中国宏观经济信息网（中宏网）、中国商标网查找经济信息；通过完成实训项目掌握我国经济信息数据库网站检索方法和步骤。

一、相关知识

1. 经济信息的概念与作用

经济信息通常是指社会经济运行状态（广义的消息形式）所载荷的某种意义、内容的一种表征。例如，生产性信息、需求性信息、销售性信息、价格性信息、金融性信息、分配性信息、消费性信息、经营管理信息等。

此外，与经济系统运行直接相关的环境信息包括政府预算、财政状况、法律和制度、新技术开发产业、资源与能源以及国际关系等方面的动向所载荷的信息，也可称为经济环境信息。

经贸信息在现代社会中的作用如下。

（1）经贸信息是发展经济的重要支柱。

（2）经贸信息是经济科学研究的基础，也是人们获取经济知识的主要来源。

（3）经贸信息资源的开发是促进经济效益增长的主要途径。

2. 我国经济信息网站的类型

从网站发布的信息内容分类，经济信息网站可分为综合性经济信息网站、行业性经济信息网站、经济学术信息网站和电子商务网站。

1）综合性经济信息网站

综合性经济信息网站一般是由政府部门创建的，其主要特点如下：信息涉及面较广、时效性强、信息参考和使用价值高、数据较准确。例如，国研网、中经网、中宏网、中国商标网。

2）行业性经济信息网站

行业性经济信息网站是一些业务范围相同或相近的企业、组织或某些网络服务机构，以提供本行业或本行业领域内相关信息为主要业务的专业性信息服务网站。其主要特点如下：信息内容只涉及某一个或几个相关领域，网上的信息面比较窄，但比较专业；网站信息大多是介绍一些相关产品和未来新产品的发展动向及企业组织和产品的介绍。例如，中国产业经济信息网。

3）经济学术信息网站

经济学术信息网站大多是由我国知名大学和国家科学研究机构创办的，其目的是使从事经济研究的专家、学者以及大专院校师生有一个学术交流的平台。例如，北京大学中国经济研究中心网、中国经济学教育科研网。

4）电子商务网站

电子商务网站是经济信息网站的一种综合形式。它具有一般经济信息网站的特点，但更着眼于构建商品交易的平台。其主要特点如下：能够宣传公司或企业的形象，发布企业动态信息；它可以具备集成产品发布系统，展示产品目录；它可以是集成订单系统的ERP系统；具有易用性、及时性的特点。例如，阿里巴巴、淘宝网、当当网、凡客诚品。

3. 网络商务信息检索的基本要求

（1）网络商务信息检索是指在网络上对商务信息的寻找和调取工作。

（2）网络营销对网络商务信息收集的要求如下。

① 及时：迅速、灵敏地反映销售市场发展动态。

② 准确：信息真实地反映客观现实，失真度小。

③ 适度：信息要有针对性和目的性，不宜过多。

④ 经济：以较低的费用获得必要的信息。

4. 网络商务信息检索的困难

（1）因特网信息多而分散。

（2）网络资源缺乏有效的管理。

（3）网络信息鱼目混珠。

（4）各种检索软件的检索方法不统一。

5. 网络信息检索困难的解决办法

（1）明确检索目标：明确检索的主要内容、关键词以及检索的深度和广度。

（2）选择查询策略：不同目的的查询应使用不同的查询策略；输入的词组应与主题相关、尽可能精确。

（3）分步细化逐步接近查询结果：当想查找某一类信息但又找不到合适的关键词时，可以使用分类式搜索逐步深化。

（4）使用模糊查询和精确查询：输入关键词时，搜索引擎不但检索出包括关键词的信息，同时也反馈出与关键词意义相近的检索词。通过这些检索词的模糊查询，可以进一步查询相关信息。

6. 经济信息资源的分布

1）机构信息源

（1）经济科学研究机构。

各国政府直属的经济科学研究机构，如国务院发展研究中心信息网。

科学院系统的经济科学研究机构，如中国社科院系统的经济研究所。

国家行政管理各部委设立的机构，如国家发展和改革委员会。

高等院校的经济科学研究机构，如武大商学院的美加经济研究所。

大型厂矿企业的经济科学研究机构，如首都钢铁公司经济研究所。

（2）经济学术团体。

国内经济学术团体，如中国经济团体联合会。

国外经济学术团体，如英国皇家经济学会。

国际经济学术团体，如国际商业学会。

（3）经济文献信息研究机构。

专门化的信息中心，如中国国家经济信息中心、各地的经济信息网。

社会科学信息研究机构，如中国社科院文献情报中心。

科技信息研究机构，如中国科技情报所。

专业文献信息中心，如银行经济信息中心。

企业文献信息研究机构，如某企业的情报室。

国际性文献信息研究机构，如世界银行文献咨询服务中心。

（4）广播电视系统，如经济新闻、专题性节目、经济课程教学节目、商业广告。

（5）企业站点。例如，阿里巴巴。

2）经济信息数据库

例如，中国经济信息网，中国企业产品库，中外上市公司资料库，中国行业季度报告，中国地区经济发展报告，华通数据中心中国基本单位信息数据库，中国工业企业财务经济数据库，中国城镇居民收支数据库，中国工业行业数据库，中国宏观经济数据库，中国城市统计数据库，中国海关进出口数据库，中国宏观经济信息网，中国资讯行。

二、经济信息资源网站推介

1. 中国经济信息网

1）登录方式

（1）中国经济信息网的网址为 http://www.cei.gov.cn/，如图 3-1-1 所示。

图 3-1-1　中国经济信息网首页

（2）注册使用，高级检索界面如图 3-1-2 所示。

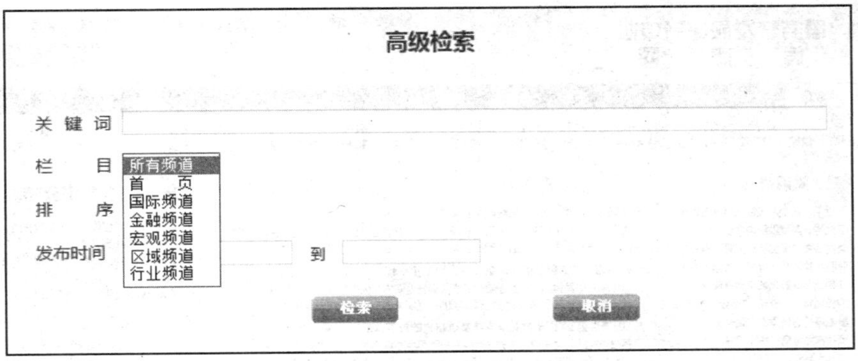

图 3-1-2　高级检索界面

2）中经网统计数据库概况

中经网统计数据库是由国家信息中心中经网凭借与国家发改委、国家统计局、海关总署、各行业主管部门以及其他政府部门的良好合作关系，经过长期数据积累并依托自身技术、资源优势，通过专业化加工处理组织而成的一个综合、有序的庞大经济统计数据库群。其内容涵盖宏观经济、行业经济、区域经济及世界经济等各个领域，它是一个面向社会各界用户提供全面、权威、及时、准确的经济类统计数据信息的基础资料库①。

3）资源使用

中国经济信息网检索可分为简单检索和高级检索，用户可以自由设定检索策略并进行检索。中经网简单检索提供了 4 种检索方式：全部/动态/数表/报告，如图 3-1-3 所示。高级检索有五大栏目，即国际频道/金融频道/宏观频道/区域频道/行业频道，可进行关键词检索，如图 3-1-2 所示。

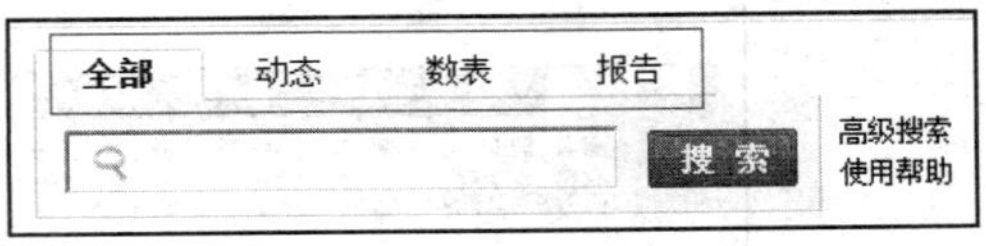

图 3-1-3　4 种检索方式

2. 国务院发展研究中心信息网

1）登录方式

（1）国务院发展研究中心信息网的网址为 http://www.drcnet.com.cn/，注册后即可使用。

（2）登录已购买该资源数据的网络平台，如广州城市职业学院。

2）资源数据概况

该网拥有国研报告、宏观经济、区域经济、金融中国、行业经济、企业胜经、世经评论、高校参考、财经数据共 9 个全文数据库，每个数据库都包含大量的统计数据、经验数据、函数数据及人为规定的数据。

3）资源使用

其检索方式共有 3 种：国研网主界面简单检索、各栏目内部检索、国研网检索中心检索。

（1）国研网主界面简单检索，如图 3-1-4 所示。

在主界面中有一个检索栏，分为检索内容和检索字段。

① 检索内容：需要填入所需要寻找的关键词。

② 检索字段：分为“标题”、“作者”、“关键词”、“全文” 4 个检索字段。

---

① 资料来源：中国经济信息网。

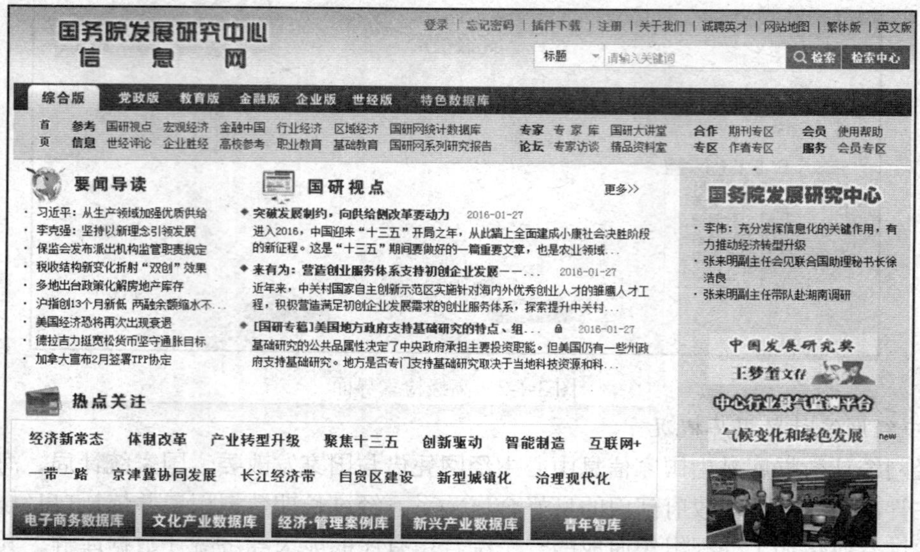

图 3-1-4　国研网主界面

（2）各栏目内部检索。在每一个栏目中都有自己的检索，如单击国研网主界面（图 3-1-4）上的“宏观经济”超链接，可以进入如图 3-1-5 所示的“宏观经济”栏目界面。

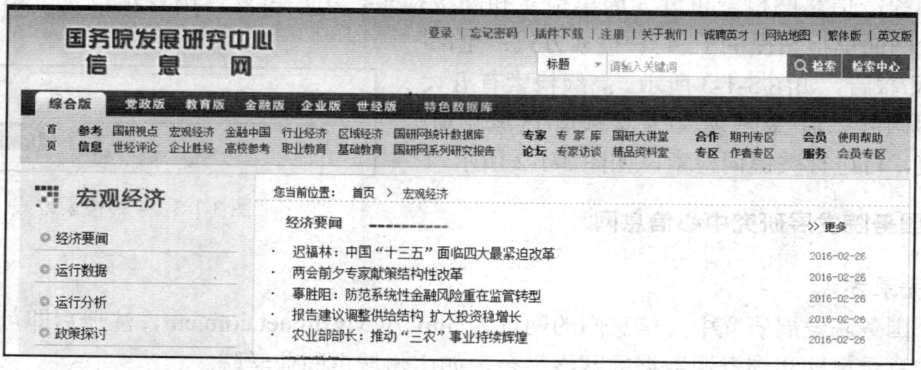

图 3-1-5　“宏观经济”栏目界面

（3）国研网检索中心检索。无论在国研网主界面还是在主题栏目中单击“检索”按钮后，都会出现“检索中心”的指示，单击此指示，便可进入国研网的检索中心界面，检索中心的检索可进行简单检索和高级检索，如图 3-1-6 和图 3-1-7 所示。

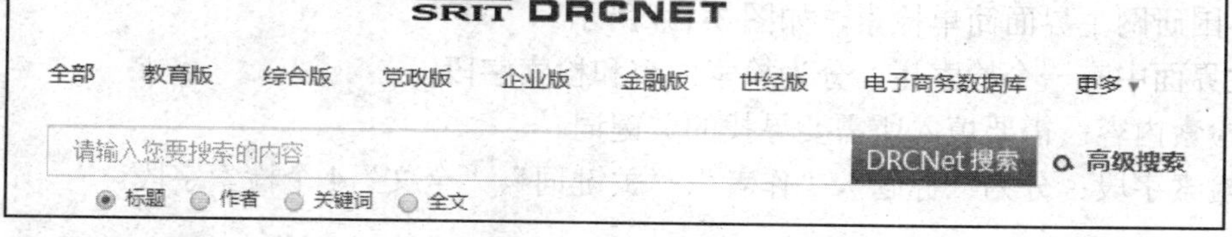

图 3-1-6　简单检索界面

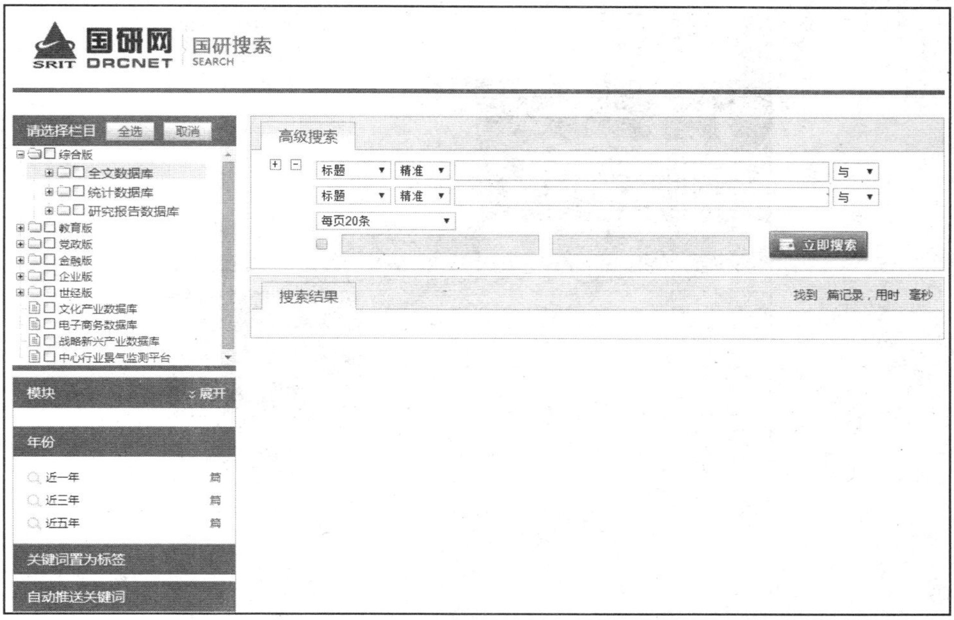

图 3-1-7　高级检索界面

3. 中国宏观经济信息网

1）登录方式

（1）中国宏观经济信息网的网址 http://www.macrochina.com.cn/info.shtml，注册后即可使用。

（2）校园网登录已购买该资源数据的网络平台，如广州城市职业学院校园网用户。

2）资源数据概况

中宏数据库由中国宏观经济学会、发改委宏观研究院、中宏经济专项奖励基金、中国宏观经济信息网、中宏经济研究中心联合研创。研创专家来自国家发改委、国家经贸委、外经贸部、人民银行、财政部、国务院发展研究中心、中国社科院、国家外汇管理局、国家统计局、国家信息中心等机构，确保了中宏数据库的专业性和权威性。自 2000 年起，经过不断研创和升级，中宏数据库已涵盖了 20 世纪 90 年代以来宏观经济、区域经济、产业经济、金融保险、投资消费、世界经济、政策法规、统计数字、研究报告等方面的详尽内容，成为目前门类最全、分类最细、容量最大的经济数据库①。

3）资源使用

（1）中国宏观经济信息网主界面模块共 7 个：中宏教研支持，中宏推荐，检索系统，中宏专家百人团，栏目精要，中宏课题成果库，数据库导航，如图 3-1-8 所示。（校园网用户可见）

（2）有 5 种检索方式。

① 分库浏览：单击图 3-1-8 中的序号①～⑥均可进入分库浏览，单击⑦可进入数据库组群。

② 快速检索：快速检索默认全文检索、默认全库检索，如图 3-1-9 所示。

③ 初级检索：初级检索可以进行检索字段限定、数据库限定高级检索。初级检索入口在快速检索结果返回界面中，如图 3-1-10 所示。

① 资料来源：中国宏观经济信息网。

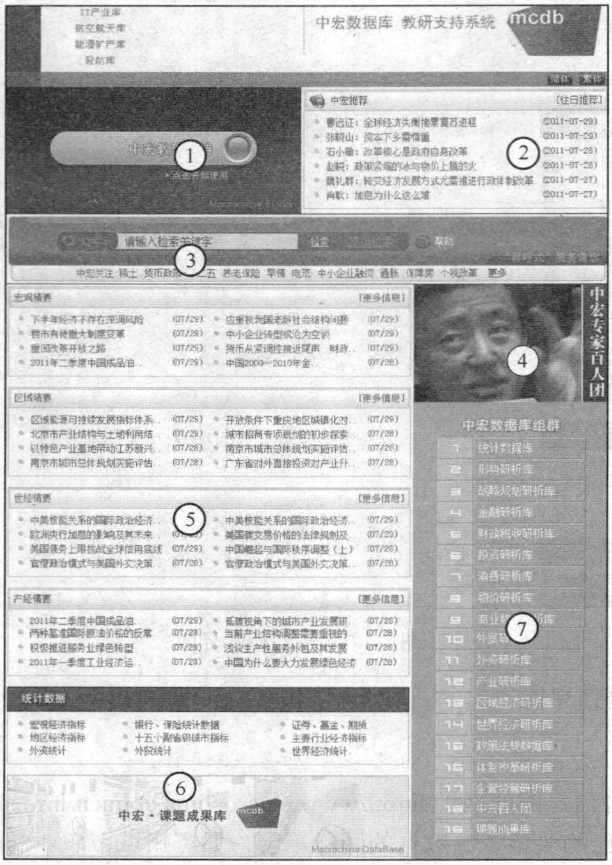

图 3-1-8　中国宏观经济信息网主界面模块

图 3-1-9　快速检索入口

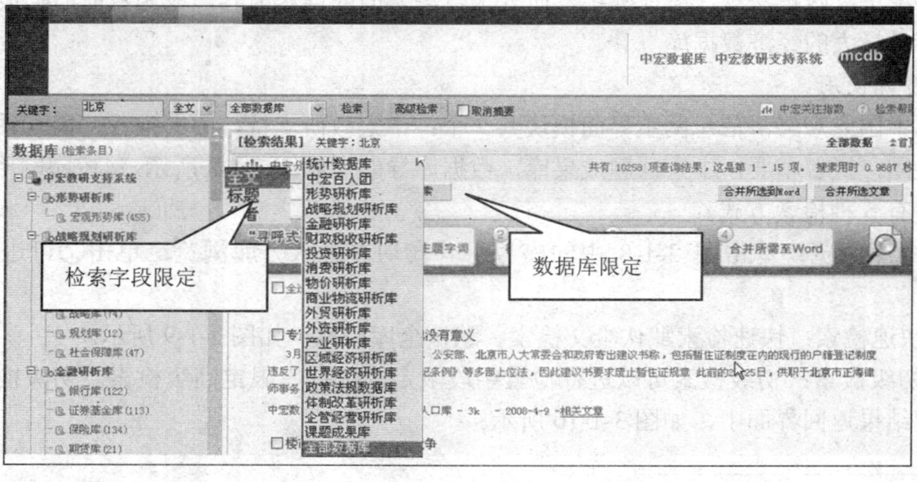

图 3-1-10　初级检索入口

④ 高级检索：图 3-1-11 为高级检索入口，图 3-1-12 为高级检索界面。

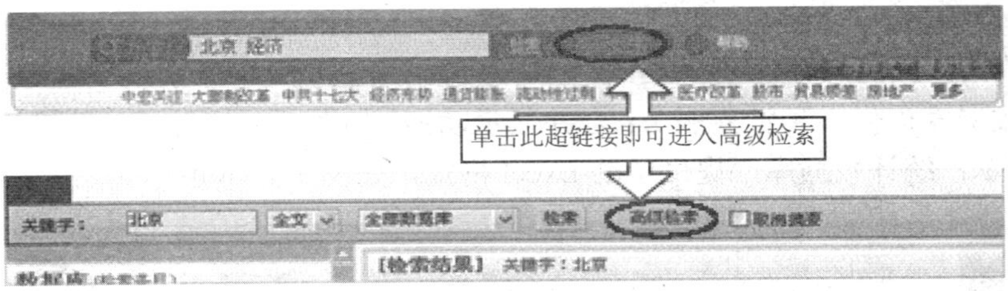

图 3-1-11　高级检索入口

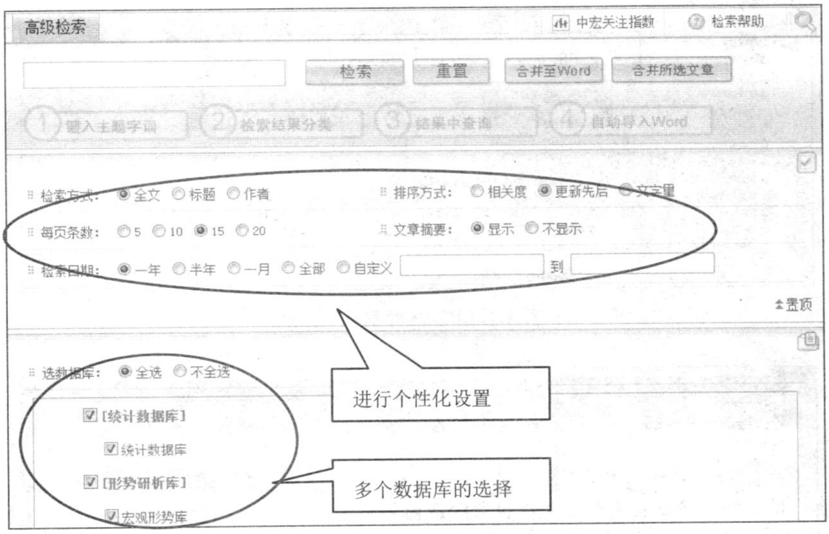

图 3-1-12　高级检索界面

⑤ 教研支持。教研支持入口在主界面中，如图 3-1-8 所示，单击即可进入教研支持检索界面，如图 3-1-13 所示。中宏数据库的教研支持检索核心是针对经济的专业检索。

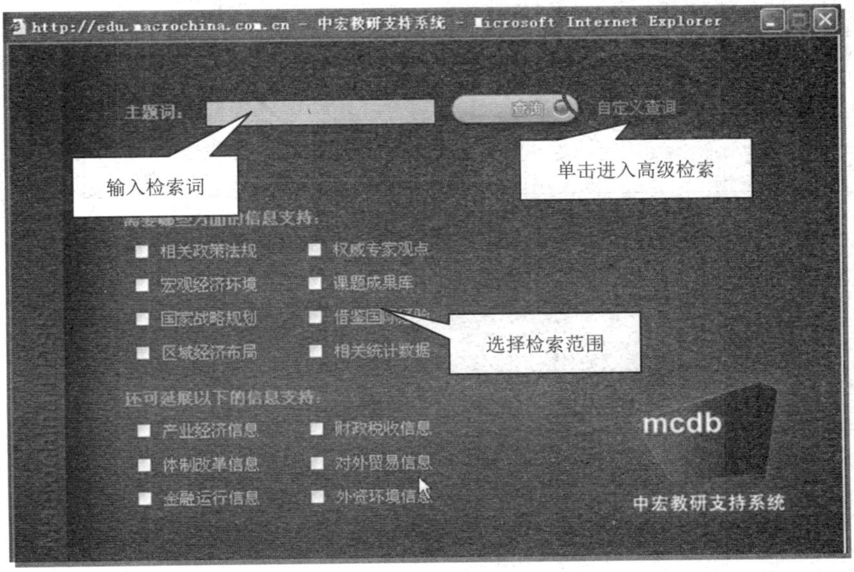

图 3-1-13　教研支持检索界面

（3）3 种检索技术：检索支持逻辑组配、支持跨库检索、支持二次检索。

（4）结果处理。

① 中宏数据库提供 HTML 显示格式。

② 中宏数据库提供 3 种特色服务：合并显示功能，如图 3-1-14 所示；经济词典注释功能，如图 3-1-15 所示；统计数据库中提供了的 Excel 格式，如图 3-1-16 所示。

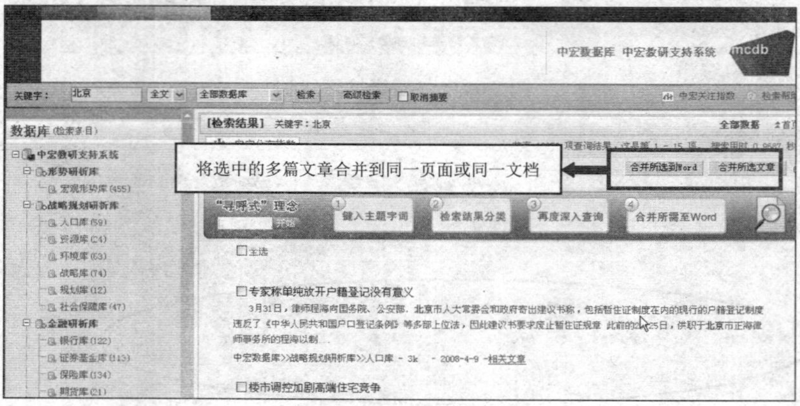

图 3-1-14　合并显示功能

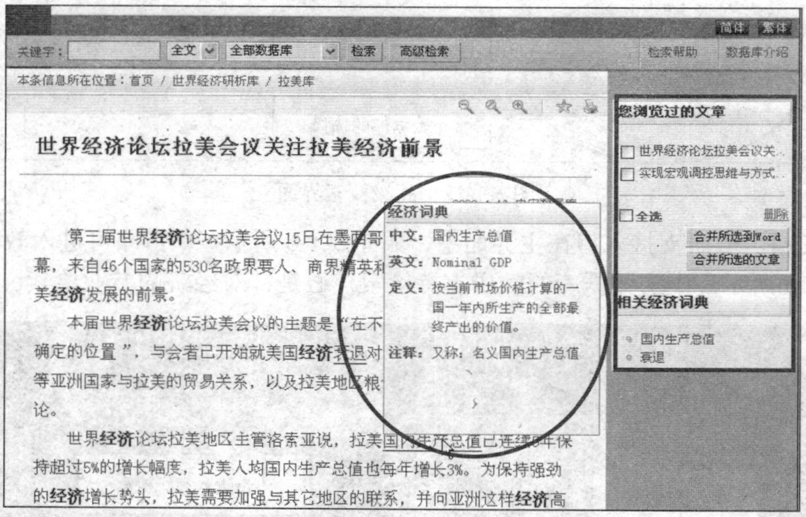

图 3-1-15　经济词典的注释功能

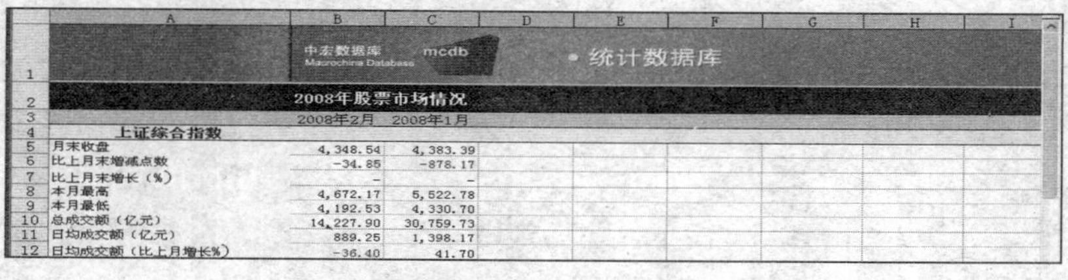

图 3-1-16　统计数据库中提供的 Excel 格式

三、检索实例

例 3-1-1　查看中国经济信息网，了解有哪些经济信息数据库，如何检索想要的信息，查找汽车价格的市场信息。

（1）登录数据库：打开中国经济信息网（http://www.cei.gov.cn/）首页。

（2）经济信息数据库：首页左上部有“统计数据库”、“产业数据库”、“世经数据库”3 个超链接，单击超链接即可进入需要查询的数据库，注册用户登录后可查找相关数据，如图 3-1-17 所示。

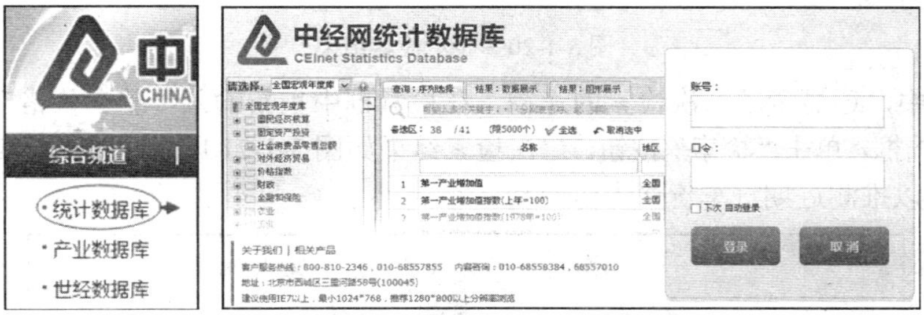

图 3-1-17　统计数据库的查找

（3）查找汽车价格的市场信息：单击首页的“行业频道”栏目，找到“汽车产业”，如图 3-1-18 所示，单击“汽车产业”超链接，打开页面后单击“分析”按钮，检索结果在首页最底部显示，相关信息共 228 条，如图 3-1-19 所示。

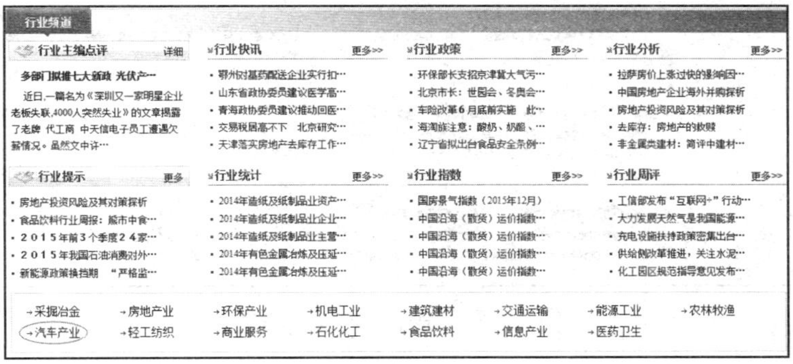

图 3-1-18　“行业频道”栏目

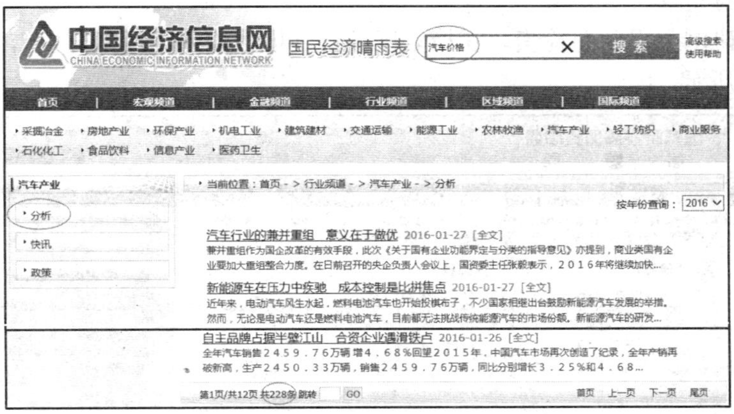

图 3-1-19　汽车产业界面

在检索界面中输入“汽车价格”，进行标题检索，检索结果如图 3-1-20 所示。

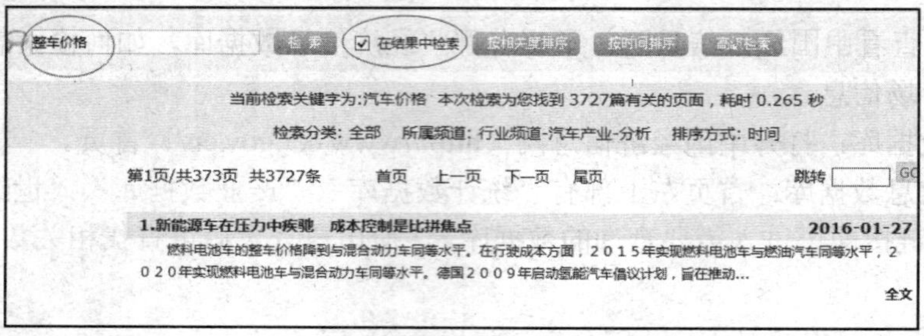
整车价格
检 索
在结果中检索
按相关度排序
按时间排序
高级检索
当前检索关键字为:汽车价格 本次检索为您找到 3727篇有关的页面，耗时 0.265 秒
检索分类: 全部 所属频道: 行业频道-汽车产业-分析 排序方式: 时间
第1页/共373页 共3727条 首页 上一页 下一页 尾页 跳转
1.新能源车在压力中疾驰 成本控制是比拼焦点 2016-01-27
燃料电池车的整车价格降到与混合动力车同等水平。在行驶成本方面，2015年实现燃料电池车与燃油汽车同等水平，2020年实现燃料电池车与混合动力车同等水平。德国2009年启动氢能汽车倡议计划，旨在推动...
全文

图 3-1-20　显示检索结果

在该界面中，还显示了二次检索的途径，在检索框中重新输入“整车价格”，选中“在结果中检索”复选框，单击“检索”按钮，二次检索结果如图 3-1-21 所示。浏览检索结果中的 1～40 的标题，可以推测近期汽车价格走势。

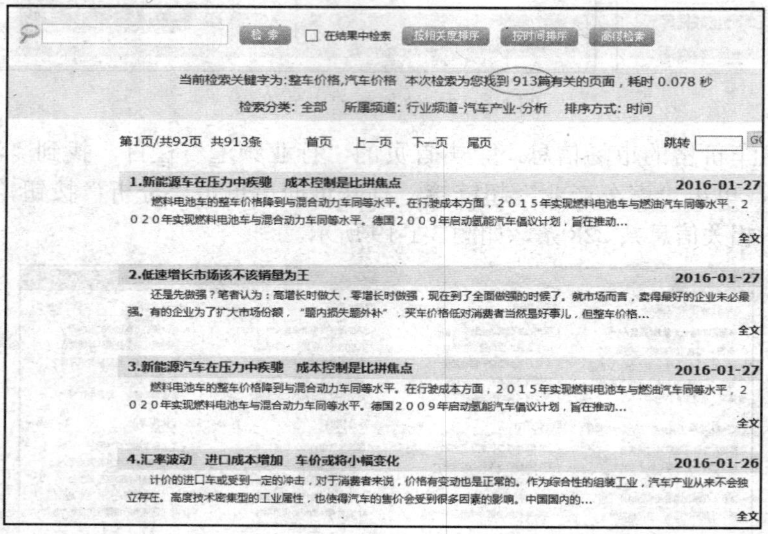
检 索
在结果中检索
按相关度排序
按时间排序
高级检索
当前检索关键字为:整车价格,汽车价格 本次检索为您找到 913篇有关的页面，耗时 0.078 秒
检索分类: 全部 所属频道: 行业频道-汽车产业-分析 排序方式: 时间
第1页/共92页 共913条 首页 上一页 下一页 尾页 跳转
1.新能源车在压力中疾驰 成本控制是比拼焦点 2016-01-27
燃料电池车的整车价格降到与混合动力车同等水平。在行驶成本方面，2015年实现燃料电池车与燃油汽车同等水平，2020年实现燃料电池车与混合动力车同等水平。德国2009年启动氢能汽车倡议计划，旨在推动...
全文
2.低速增长市场该不该销量为王 2016-01-27
还是先做强？笔者认为：高增长时做大，零增长时做强，现在到了全面做强的时候了。就市场而言，卖得最好的企业未必最强。有的企业为了扩大市场份额，“堤内损失堤外补”，买车价格低对消费者当然是好事儿，但整车价格...
全文
3.新能源汽车在压力中疾驰 成本控制是比拼焦点 2016-01-27
燃料电池车的整车价格降到与混合动力车同等水平。在行驶成本方面，2015年实现燃料电池车与燃油汽车同等水平，2020年实现燃料电池车与混合动力车同等水平。德国2009年启动氢能汽车倡议计划，旨在推动...
全文
4.汇率波动 进口成本增加 车价或将小幅变化 2016-01-26
计价的进口车或受到一定的冲击，对于消费者来说，价格有变动也是正常的。作为综合性的组装工业，汽车产业从来不会独立存在。高度技术密集型的工业属性，也使得汽车的售价会受到很多因素的影响。中国国内的...
全文

图 3-1-21　显示二次检索结果

例 3-1-2　请用国研网查找以“西部开发”为标题的各种论文，再查找有关“西部开发”的行业报告方面的文章。

（1）登录国研网主界面并检索。在检索区关键字框中输入“西部开发”，选择“标题”选项，如图 3-1-22 所示。

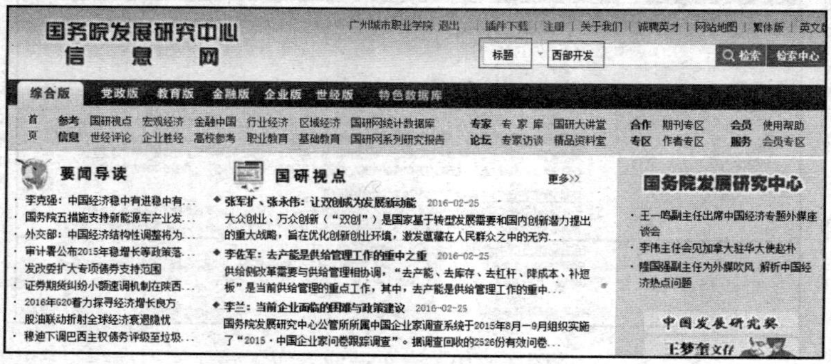
国务院发展研究中心
信 息 网
标题
西部开发
检索
检索中心
综合版
党政版
教育版
金融版
企业版
世经版
特色数据库
要闻导读
国研视点
更多»
国务院发展研究中心
中国发展研究奖

图 3-1-22　国研网主界面

（2）得到的检索结果如图 3-1-23 所示，查看其中一篇，如图 3-1-24 所示。

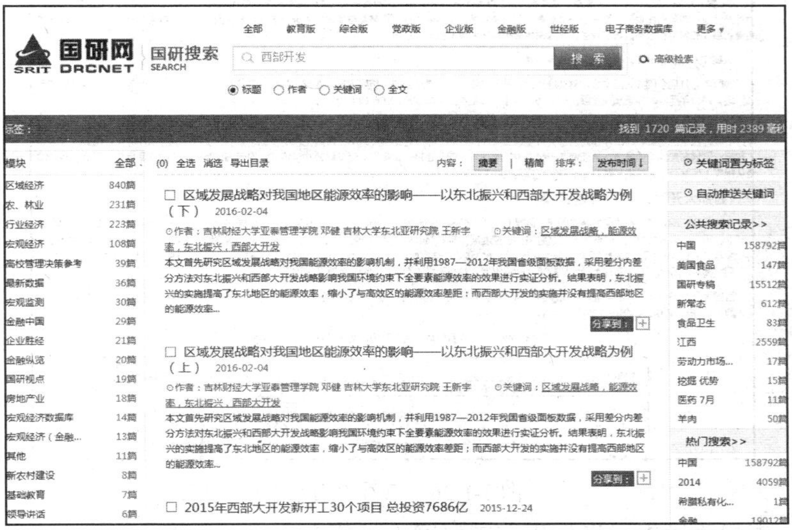

图 3-1-23　显示检索结果

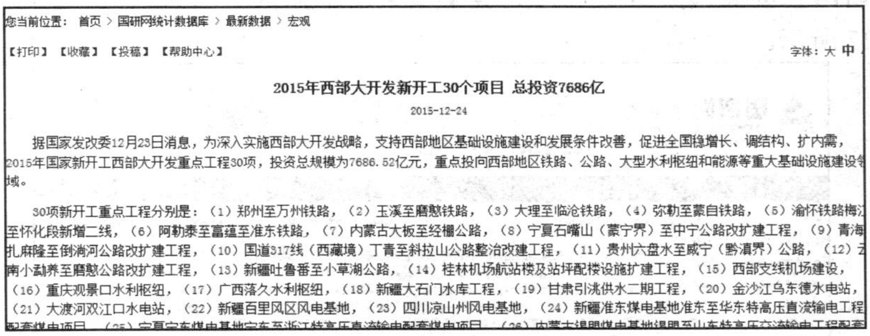

您当前位置： 首页 > 国研网统计数据库 > 最新数据 > 宏观

【打印】【收藏】【投稿】【帮助中心】　字体：大 中

2015年西部大开发新开工30个项目 总投资7686亿

2015-12-24

据国家发改委12月23日消息，为深入实施西部大开发战略，支持西部地区基础设施建设和发展条件改善，促进全国稳增长、调结构、扩内需，2015年国家新开工西部大开发重点工程30项，投资总规模为7686.52亿元，重点投向西部地区铁路、公路、大型水利枢纽和能源等重大基础设施建设领域。

30项新开工重点工程分别是：（1）郑州至万州铁路，（2）玉溪至磨憨铁路，（3）大理至临沧铁路，（4）弥勒至蒙自铁路，（5）渝怀铁路梅江至怀化段新增二线，（6）阿勒泰至富蕴至准东铁路，（7）内蒙古大板至经棚公路，（8）宁夏石嘴山（蒙宁界）至中宁公路改扩建工程，（9）青海扎麻隆至倒淌河公路改扩建工程，（10）国道317线（西藏境）丁青至斜拉山公路整治改建工程，（11）贵州六盘水至威宁（黔滇界）公路，（12）云南小勐养至磨憨公路改扩建工程，（13）新疆吐鲁番至小草湖公路，（14）桂林机场航站楼及站坪配楼设施扩建工程，（15）西部支线机场建设，（16）重庆观景口水利枢纽，（17）广西落久水利枢纽，（18）新疆大石门水库工程，（19）甘肃引洮供水二期工程，（20）金沙江乌东德水电站，（21）大渡河双江口水电站，（22）新疆百里风区风电基地，（23）四川凉山州风电基地，（24）新疆准东煤电基地准东至华东特高压直流输电工程配套煤电项目，……

图 3-1-24　查看其中一篇文章

（3）查找有关“西部开发”的行业报告：单击图 3-1-22 中的“国研网系列研究报告”超链接，进入高级搜索界面，如图 3-1-25 所示。

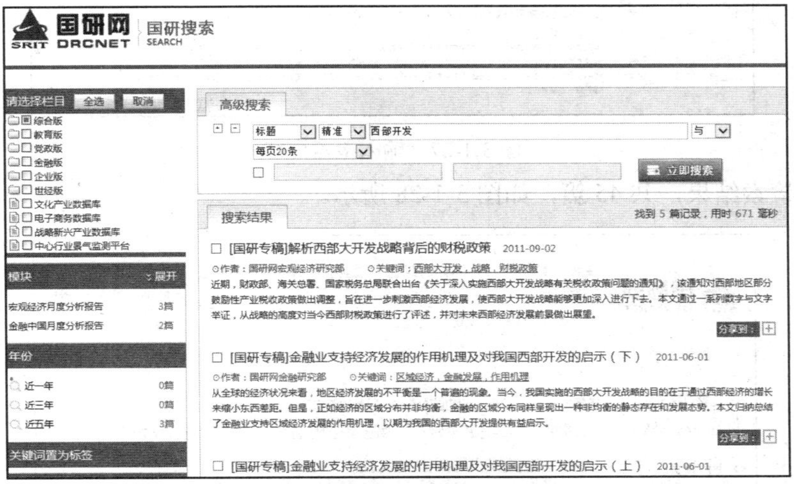

图 3-1-25　高级搜索界面

（4）查看检索结果：选中其中一篇报告，查看原文，如图 3-1-26 所示。

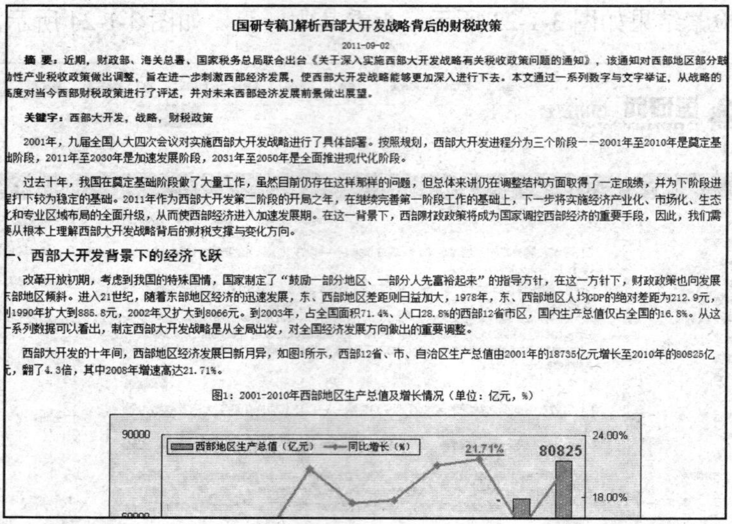

[国研专稿]解析西部大开发战略背后的财税政策

2011-09-02

摘 要：近期，财政部、海关总署、国家税务总局联合出台《关于深入实施西部大开发战略有关税收政策问题的通知》，该通知对西部地区部分鼓励性产业税收政策做出调整，旨在进一步刺激西部经济发展，使西部大开发战略能够更加深入进行下去。本文通过一系列数字与文字举证，从战略的高度对当今西部财税政策进行了评述，并对未来西部经济发展前景做出展望。

关键字：西部大开发，战略，财税政策

2001年，九届全国人大四次会议对实施西部大开发战略进行了具体部署。按照规划，西部大开发进程分为三个阶段——2001年至2010年是奠定基础阶段，2011年至2030年是加速发展阶段，2031年至2050年是全面推进现代化阶段。

过去十年，我国在奠定基础阶段做了大量工作，虽然目前仍存在这样那样的问题，但总体来讲仍在调整结构方面取得了一定成绩，并为下阶段进程打下较为稳定的基础。2011年作为西部大开发第二阶段的开局之年，在继续完善第一阶段工作的基础上，下一步将实施经济产业化、市场化、生态化和专业区域布局的全面升级，从而使西部经济进入加速发展期。在这一背景下，西部财政政策将成为国家调控西部经济的重要手段，因此，我们需要从根本上理解西部大开发战略背后的财税支撑与变化方向。

一、西部大开发背景下的经济飞跃

改革开放初期，考虑到我国的特殊国情，国家制定了“鼓励一部分地区、一部分人先富裕起来”的指导方针，在这一方针下，财政政策也向发展东部地区倾斜。进入21世纪，随着东部地区经济的迅速发展，东、西部地区差距则日益加大，1978年，东、西部地区人均GDP的绝对差距为212.9元，到1990年扩大到885.8元，2002年又扩大到8066元。到2003年，占全国面积71.4%、人口28.8%的西部12省市区，国内生产总值仅占全国的16.8%。从这一系列数据可以看出，制定西部大开发战略是从全局出发，对全国经济发展方向做出的重要调整。

西部大开发的十年间，西部地区经济发展日新月异，如图1所示，西部12省、市、自治区生产总值由2001年的18735亿元增长至2010年的80825亿元，翻了4.3倍，其中2008年增速高达21.71%。

图1：2001-2010年西部地区生产总值及增长情况（单位：亿元，%）

图 3-1-26 查看检索结果

例3-1-3 查找“洪银兴”先生在国研网上的所有文章。

（1）在国研网主界面检索区中，在关键字检索框中输入“洪银兴”，选中“作者”单选按钮，如图3-1-27所示。

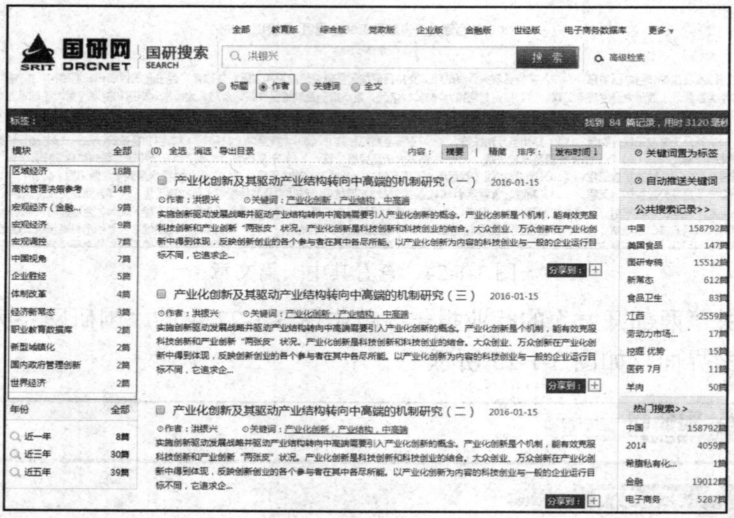

图 3-1-27 输入检索内容

（2）得到检索结果，共45篇，如图3-1-28所示。

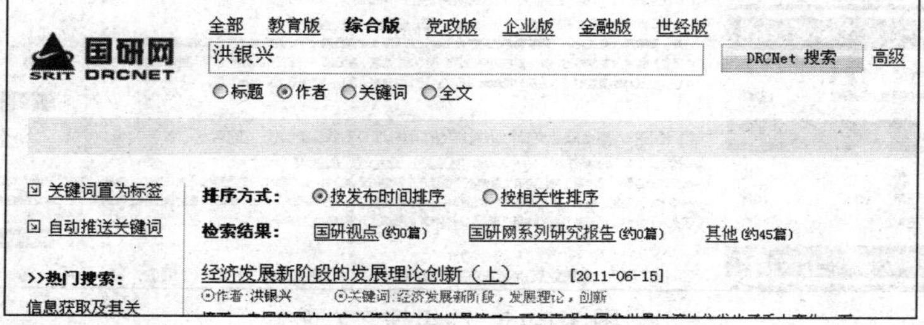

图 3-1-28 检索结果

例3-1-4 利用国研网检索2010年6月中国外汇交易量。

（1）登录国研网。

（2）检索路径：国研网主界面→国研数据→金融统计数据库→综合数据→月度数据→外汇交易。

（3）检索结果如表3-1-1所示。

表3-1-1 2010年外汇交易统计表（6月）

汇率单位：人民币元/单位外币（除另注明外）

时间	美元		港元		日元		欧元		英镑	
	平均汇率（人民币/美元）	期末汇率（人民币/美元）	平均汇率（人民币/港元）	期末汇率（人民币/港元）	平均汇率（人民币/100日元）	期末汇率（人民币/100日元）	平均汇率（人民币/欧元）	期末汇率（人民币/欧元）	平均汇率（人民币/英镑）	期末汇率（人民币/英镑）
2010.06	6.8165	6.7909	0.87530	0.87239	7.5087	7.6686	8.3220	8.2710	10.0462	10.2135

数据整理：国研网数据中心。

例3-1-5 我国2009年5月股票成交金额为多少亿元？同比上升了多少？ 2008年2月，股票发行家数为多少，同比下降了多少？

（1）选择国研网数据库，查找股票成交金额。

（2）检索路径：国研网主界面→国研数据→金融统计数据库→证券期货→股票市场→月度数据→投票交易情况→股票交易统计表，检索结果如表3-1-2所示。

表3-1-2 2009年股票交易情况

日期	交易天数	股票成交金额		日均成交金额		股票成交数量		日均成交数量		交易印花税	
		成交金额/亿元	同比/%	成交金额/亿元	同比/%	成交量/亿股	同比/%	成交量/亿股	同比/%	金额/亿元	同比/%
200905	18	37075.80	25.82	2059.76	39.80	3776.27	78.45	209.79	98.27	37.08	-37.09

数据整理：国研网数据中心。

（3）股票成交金额检索结果：2009年5月股票成交金额为37075.80亿元，同比上升了25.82%。

（4）选择国研网数据库，查找股票发行家数。

（5）检索途经：国研网主界面→国研数据→金融统计数据库→证券期货→股票市场→月度数据→股票发行情况→股票发行家数，检索结果如表3-1-3所示。

表3-1-3 2008年股票发行家数

日期	合计		首发家数			再筹资家数				
						A股			B股	H股
	家数	同比/%	A股	B股	H股	增发	配股	可转债		
2008.02	12	-29.41	5	0	0	7	0	0	0	0

数据整理：国研网数据中心。

（6）股票发行家数检索结果：2008年2月，股票发行家数为12，同比下降了29.41%。

例3-1-6 在中宏网上检索所有库中含有“金融体系”的文章。

（1）登录中宏网选择检索方式。若选择“标题检索”，则只在所选数据库的所有标题范围内对检索词进行检索；若选择“全文检索”，则在所选数据库的所有全文范围内检索。输入关键词，如有多个关键词，则可用空格隔开。在关键字框中输入“金融体系”，单击“检索”按钮，系统输出如图 3-1-29 所示的检索结果。

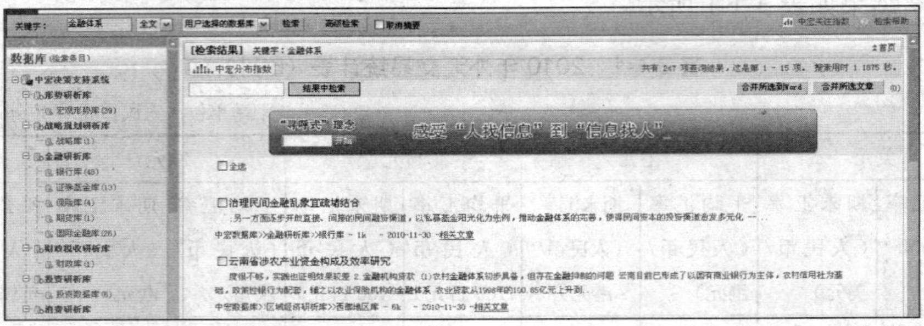

图 3-1-29　检索结果

（2）选择数据库。单击普通检索区中的“高级检索”，启动全文高级检索功能，如图 3-1-30 所示。选中想要检索的数据库进行检索即可。

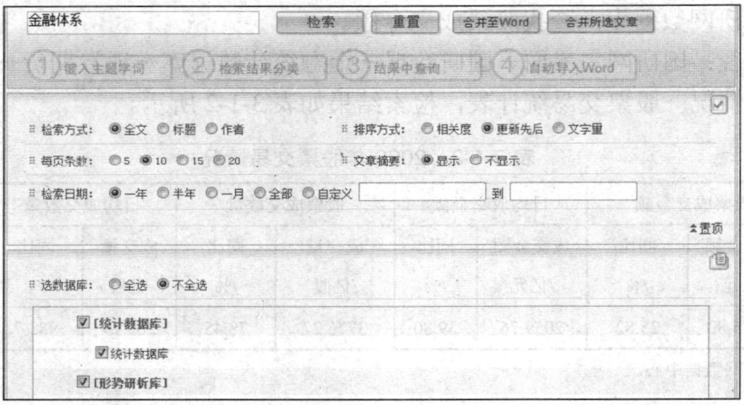

图 3-1-30　高级检索设置

（3）进行个性化设置。设置每页显示条数，选择输出排序方式，选择是否按日期检索。

（4）单击“检索”按钮进行检索，系统输出符合条件的文章的列表，如图 3-1-31 所示。

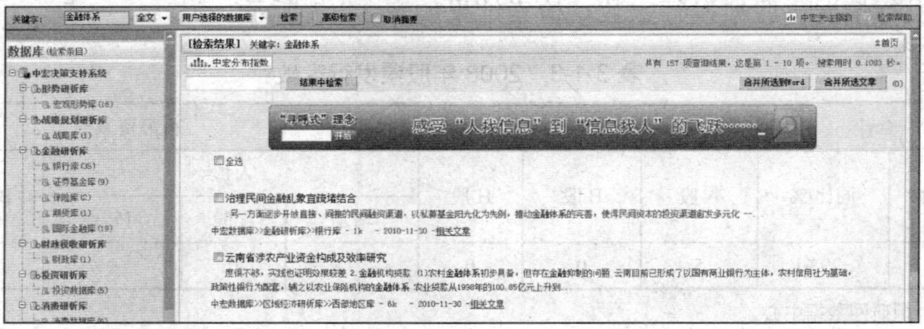

图 3-1-31　检索结果

（5）浏览全文：与普通检索相同。

浏览文章列表，可在翻页区翻页，寻找有用的文章，单击标题即可打开全文。

浏览文章列表，可在翻页区翻页，寻找有用的文章，在标题前的选择框中选中文章，单击“合并所选文章”按钮，可使选定的文章合并到一个页面中并输出，如图 3-1-32 所示。

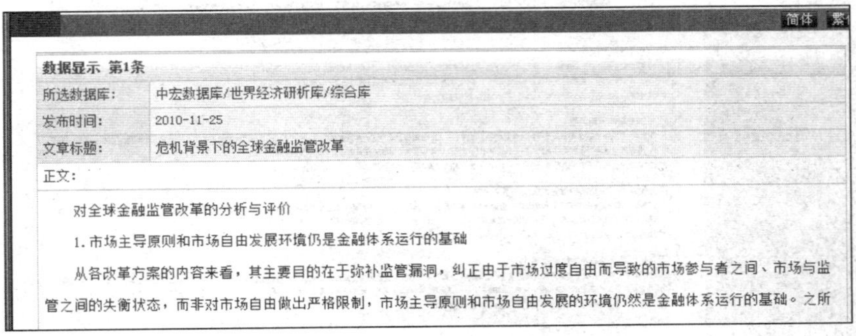

图 3-1-32　合并所选文章结果

例 3-1-7　在“金融研析库”和“区域经济研析库”中，检索标题中含有“金融体系”，在 2000 年 1 月 1 日至 2003 年 12 月 31 日之间发表的所有文章，输出排序方式为“按日期排序”。

（1）按题目要求设置检索，如图 3-1-33 所示。

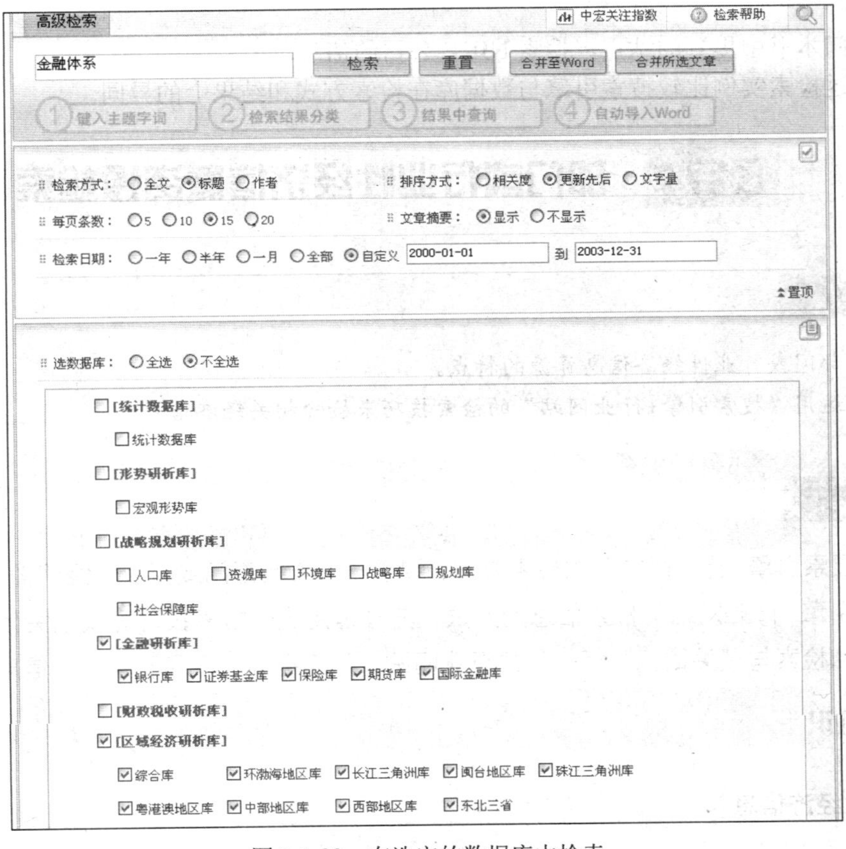

图 3-1-33　在选定的数据库中检索

（2）检索结果如图 3-1-34 所示。

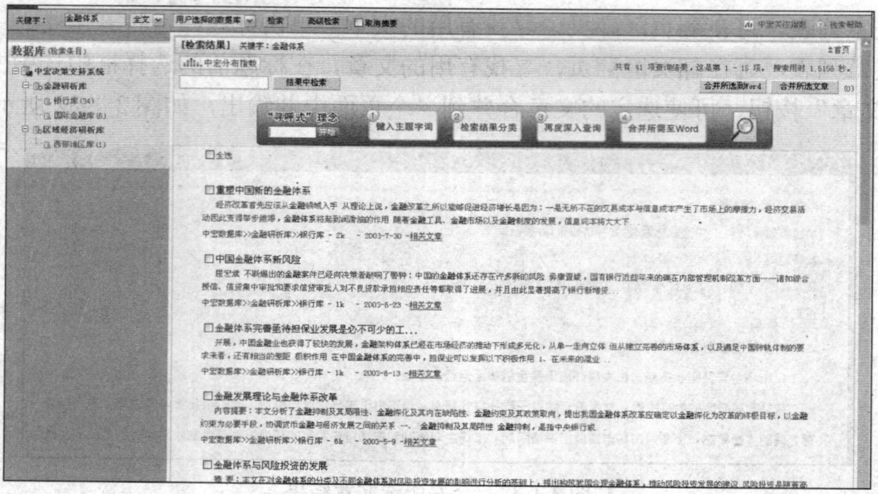

图 3-1-34　检索结果

（3）浏览需要的文章。

四、课堂互动

（1）访问本书中提到的站点，搜索 NIKE 公司的信息。

（2）通过检索实例比较搜索引擎与数据库在检索方式和结果上的异同。

项目 2　部门或行业性经济信息资源检索

学习重点

1. 熟悉部门或行业性经济信息资源的特点。
2. 熟练运用“搜索引擎+行业网站”的检索技巧来检索相关经济信息。

学习要求

通过“搜索引擎+行业网站”的检索方法，要求学生学会部门或行业性经济信息资源检索，掌握“搜索引擎+行业网站”检索信息的方法，充分运用这一检索技巧查找相关信息，正确地选择、判断和检索与“关键词”相一致的行业网站，从而提高获取和利用经济信息的能力。

一、相关知识

1. 工业经济信息

（1）关于工业现代化方面的信息。

（2）关于科学管理方面的信息。

（3）工业产品信息。

（4）生产信息。
（5）发明信息（专利信息）。

2. 农业经济信息

（1）关于自然环境、自然条件方面的信息。
（2）关于种植方面的信息。
（3）关于养殖业、畜牧业方面的信息。

3. 金融信息

（1）金融信息的分类：
① 从金融信息涉猎的范围考察；
② 从金融信息的时效性来考察；
③ 从金融信息的具体内容来考察。
（2）股份与股票。
（3）债券与彩票。

二、检索实例

例 3-2-1　某企业需要进行“不锈钢钢丝绳”的原材料采购，请在网上帮助其查找相关原材料生产企业的信息（检索提示：搜索引擎+行业网站）。

（1）利用 Google 搜索，查看“钢丝绳”相关网站，结果如图 3-2-1 所示。

Google
钢丝绳厂家
找到约 657,000 条结果（用时 0.33 秒）
找钢丝绳厂家，上阿里巴巴 | china.Alibaba.com
广告
china.alibaba.com
汇聚全国各行各业数十万厂家，直接从厂家进货，价廉质优！
行业网网站 1
康业钢丝（天津）有限公司 | tianjinkangye.com
www.tianjinkangye.com
生产、研发预应力钢绞线，钢丝，锚具 的专业公司 电话022-26981212
钢丝绳价格,钢丝绳厂家,南通钢丝绳-南京金柳金属制品有限公司
www.njjinliu.com/
南京钢丝绳,钢丝绳厂家,钢丝绳价格,南通钢丝绳,南京金柳金属制品有限公司系江苏狼山钢绳股份有限公司在南京地区独家一级代理销售机构，是市场最受欢迎的钢丝绳厂家之一 ...
钢丝绳公司，钢丝绳供应商，钢丝绳生产厂家
行业网网站 3
cn.made-in-china.com › 热门产品 › 包装、储藏和货运用品
中国制造网钢丝绳公司列表，为您提供与钢丝绳产品相关的公司、生产厂家、供应商及出口商名录，内含丰富的钢丝绳行业信息与最新资讯。
钢丝绳厂_中国钢丝绳网
行业网网站 2
gangsisheng.net.cn/html/4_1/

图 3-2-1　搜索引擎检索结果

（2）进入相关行业网网站 1——阿里巴巴网，如图 3-2-2 所示，得到的检索结果（一）如

图 3-2-3 所示。

（3）进入相关行业网网站 2——中国钢丝绳网，如图 3-2-4 所示。可以通过检索分类、产品分类、发布供求信息获得相关商品的信息。

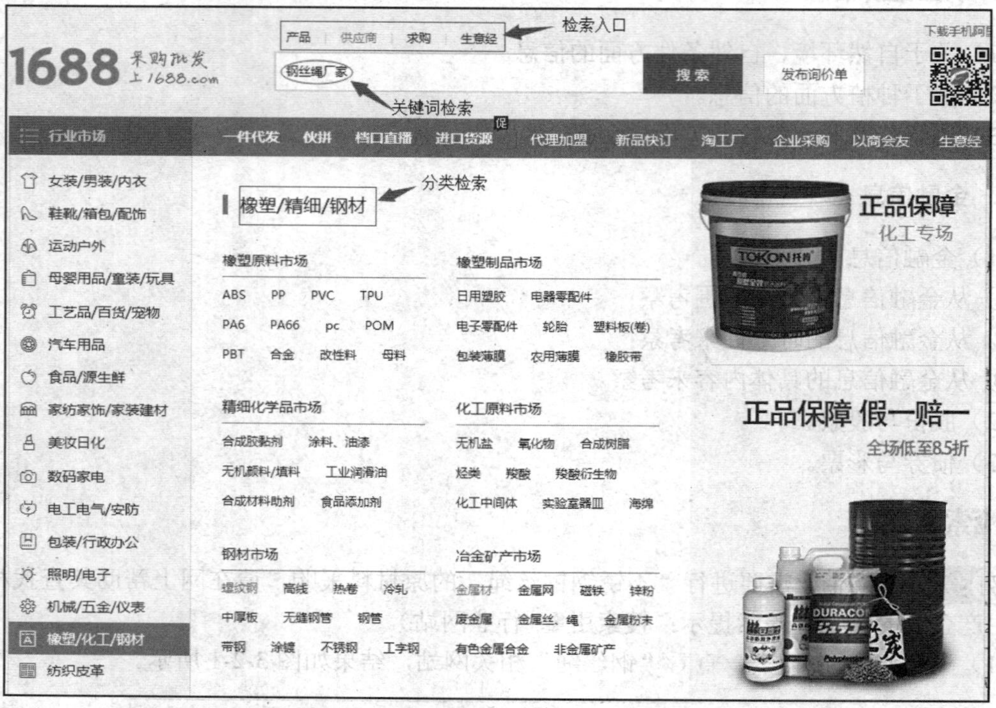

图 3-2-2 行业检索网站

图 3-2-3 显示检索结果（一）

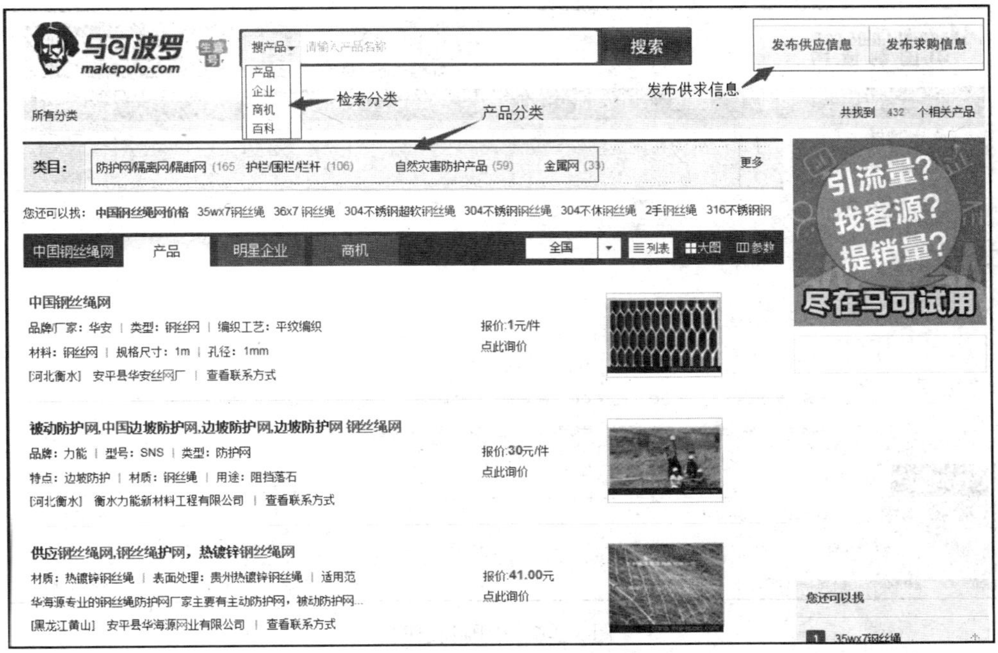

图 3-2-4　中国钢丝绳网

查找该网站中的钢丝绳厂信息，检索结果（二）如图 3-2-5 所示。

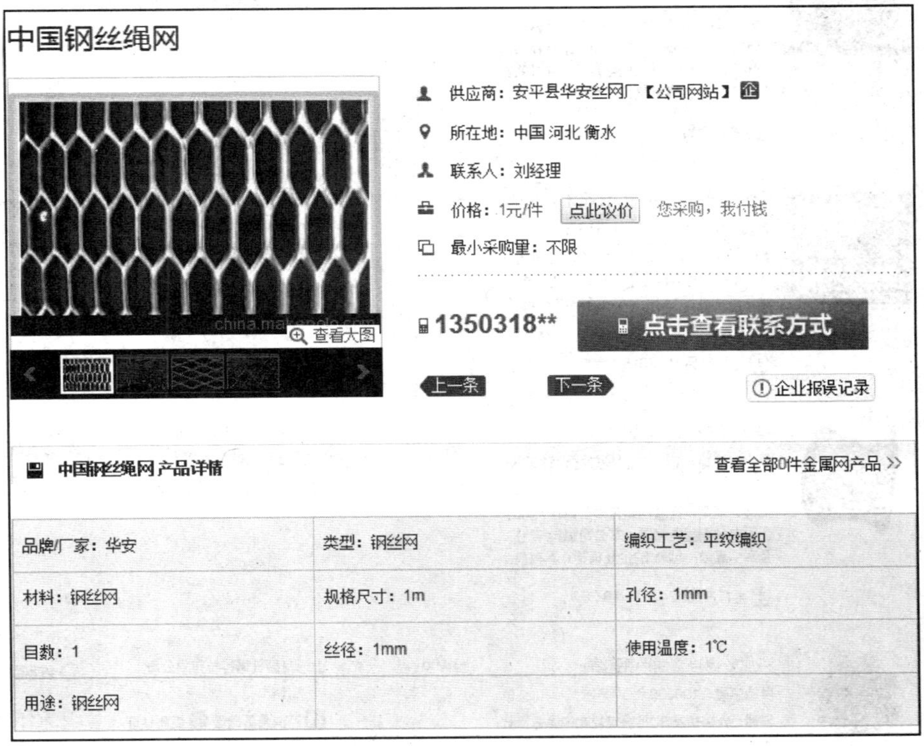

图 3-2-5　显示检索结果（二）

（4）进入相关行业网网站 3——中国制造网，在首页检索框中输入关键词，如图 3-2-6 所示。打开其中的网页，显示检索结果（三），如图 3-2-7 所示。

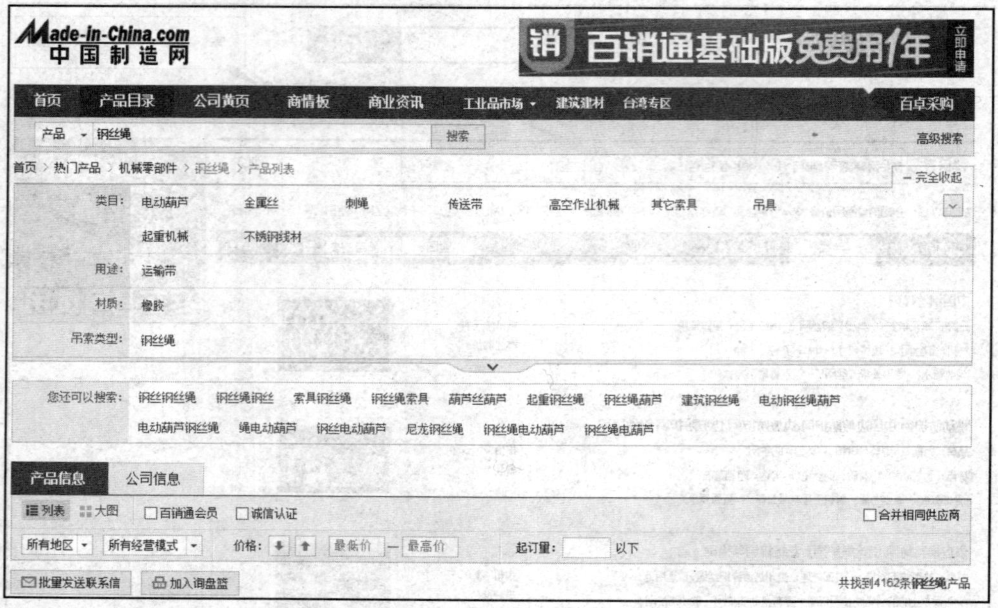

图 3-2-6　中国制造网

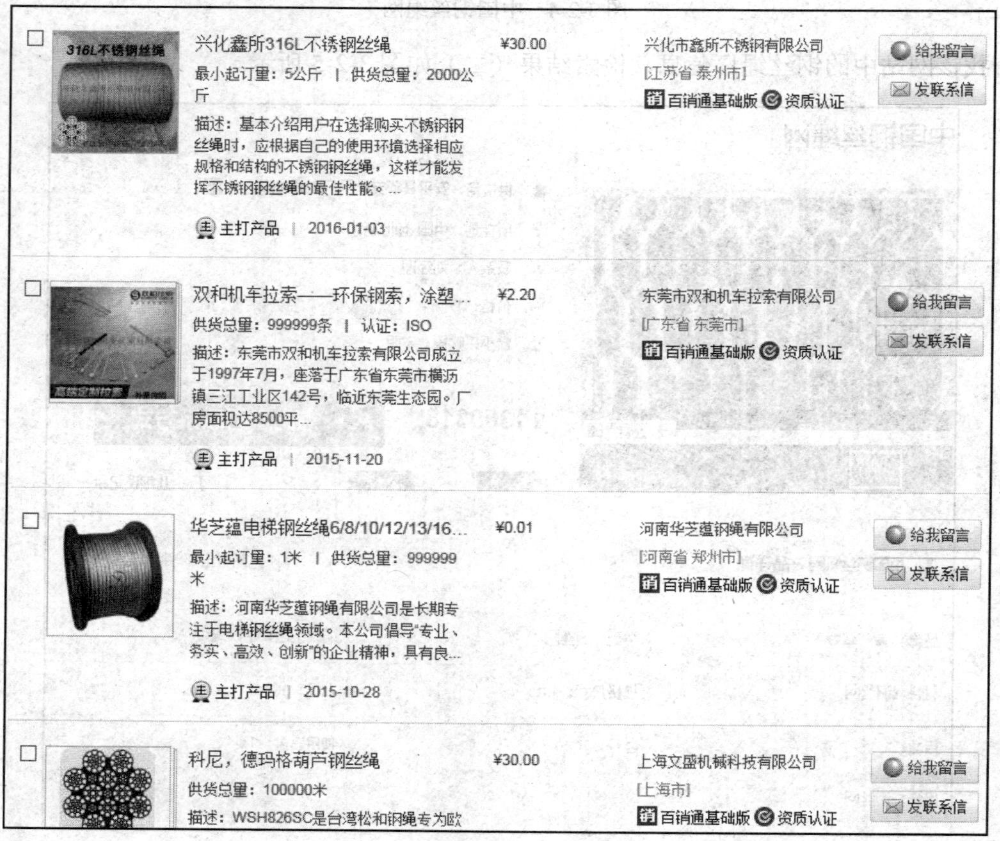

图 3-2-7　显示检索结果（三）

例 3-2-2　为某农村专业种植户查找灵芝培育情况和市场供求信息（检索提示：搜索引擎+行业网站，注意对行业网站的正确判断）。

（1）利用 Google 搜索，查找“灵芝培育”相关网站信息，选择其中一条信息，如图 3-2-8 所示。

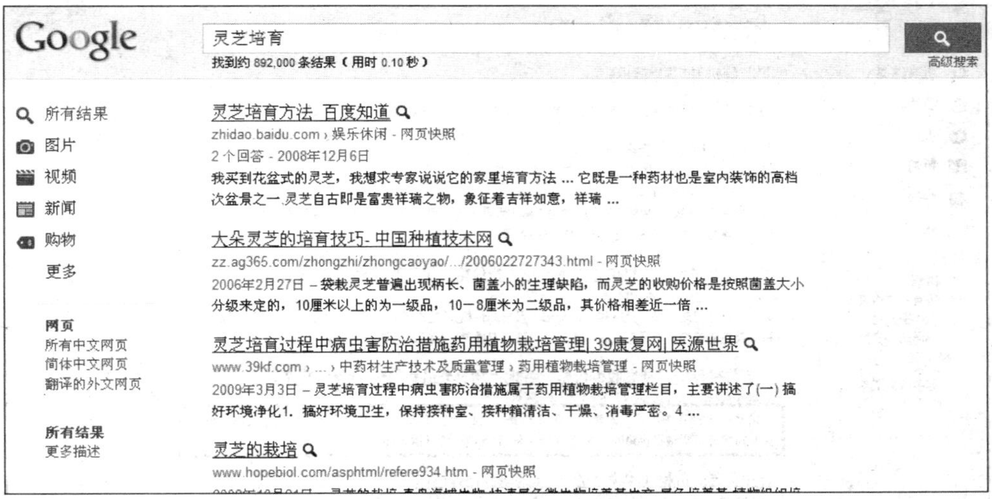
Google
灵芝培育
找到约 892,000 条结果（用时 0.10 秒）
高级搜索
所有结果
图片
视频
新闻
购物
更多
网页
所有中文网页
简体中文网页
翻译的外文网页
所有结果
更多描述
灵芝培育方法_百度知道
zhidao.baidu.com › 娱乐休闲 - 网页快照
2 个回答 - 2008年12月6日
我买到花盆式的灵芝，我想求专家说说它的家里培育方法 ... 它既是一种药材也是室内装饰的高档次盆景之一.灵芝自古即是富贵祥瑞之物，象征着吉祥如意，祥瑞 ...
大朵灵芝的培育技巧- 中国种植技术网
zz.ag365.com/zhongzhi/zhongcaoyao/.../2006022727343.html - 网页快照
2006年2月27日 – 袋栽灵芝普遍出现柄长、菌盖小的生理缺陷，而灵芝的收购价格是按照菌盖大小分级来定的，10厘米以上的为一级品，10－8厘米为二级品，其价格相差近一倍 ...
灵芝培育过程中病虫害防治措施药用植物栽培管理| 39康复网| 医源世界
www.39kf.com › ... › 中药材生产技术及质量管理 › 药用植物栽培管理 - 网页快照
2009年3月3日 – 灵芝培育过程中病虫害防治措施属于药用植物栽培管理栏目，主要讲述了(一) 搞好环境净化1. 搞好环境卫生，保持接种室、接种箱清洁、干燥、消毒严密。4 ...
灵芝的栽培
www.hopebiol.com/asphtml/refere934.htm - 网页快照

图 3-2-8　搜索引擎检索结果

（2）进入相关行业网网站——中国种植技术网，如图 3-2-9 所示。

首 页 | 365农业网 | 中国农业网址大全 | 商务供求 | 企业库 | 养殖 | 搜索 | 资讯 | 花卉 | 美食 | 商城 | 蔬菜 | 论坛
中国种植技术网
365 农业网商城 http://shop.ag365.com
设为首页
加入收藏
联系我们
蔬菜 | 果树 | 花卉 | 草业 | 食用菌 | 大田作物 | 中草药 | 农业法规 | 蔬菜种子 | 致富经 | 科技苑 | 经济市场
您当前的位置：中国种植技术网 → 中草药 → 栽培技术 → 文章内容
种植技术光盘
站内搜索
NEWASP QUERY
文章标题
开始搜索

图 3-2-9　中国种植技术网首页

进行站内检索，得到灵芝培育技术信息的检索结果，如图 3-2-10 所示。

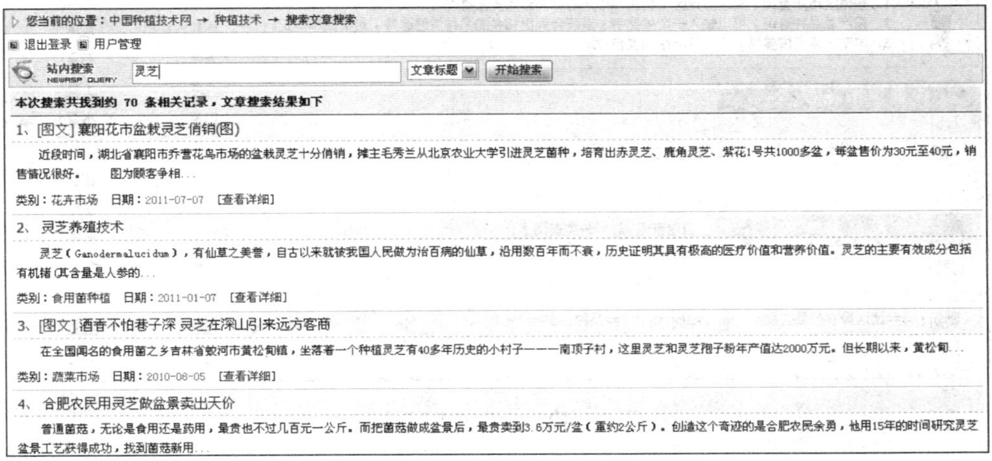
您当前的位置：中国种植技术网 → 种植技术 → 搜索文章搜索
退出登录 用户管理
站内搜索
NEWASP QUERY
灵芝
文章标题
开始搜索
本次搜索共找到约 70 条相关记录，文章搜索结果如下
1、[图文] 襄阳花市盆栽灵芝俏销(图)
近段时间，湖北省襄阳市乔营花鸟市场的盆栽灵芝十分俏销，摊主毛秀兰从北京农业大学引进灵芝菌种，培育出赤灵芝、鹿角灵芝、紫花1号共1000多盆，每盆售价为30元至40元，销售情况很好。　图为顾客争相...
类别：花卉市场　日期：2011-07-07　[查看详细]
2、灵芝养殖技术
灵芝（Ganodermalucidum），有仙草之美誉，自古以来就被我国人民做为治百病的仙草，沿用数百年而不衰，历史证明其具有极高的医疗价值和营养价值。灵芝的主要有效成分包括有机锗(其含量是人参的...
类别：食用菌种植　日期：2011-01-07　[查看详细]
3、[图文] 酒香不怕巷子深 灵芝在深山引来远方客商
在全国闻名的食用菌之乡吉林省蛟河市黄松甸镇，坐落着一个种植灵芝有40多年历史的小村子——南顶子村，这里灵芝和灵芝孢子粉年产值达2000万元。但长期以来，黄松甸...
类别：蔬菜市场　日期：2010-08-05　[查看详细]
4、合肥农民用灵芝做盆景卖出天价
普通菌菇，无论是食用还是药用，最贵也不过几百元一公斤。而把菌菇做成盆景后，最贵卖到3.6万元/盆（重约2公斤）。创造这个奇迹的是合肥农民余勇，他用15年的时间研究灵芝盆景工艺获得成功，找到菌菇新用...

图 3-2-10　灵芝培育技术信息的检索结果

（3）灵芝市场信息查找。再利用 Google 搜索关键词“灵芝价格”，如图 3-2-11 所示。

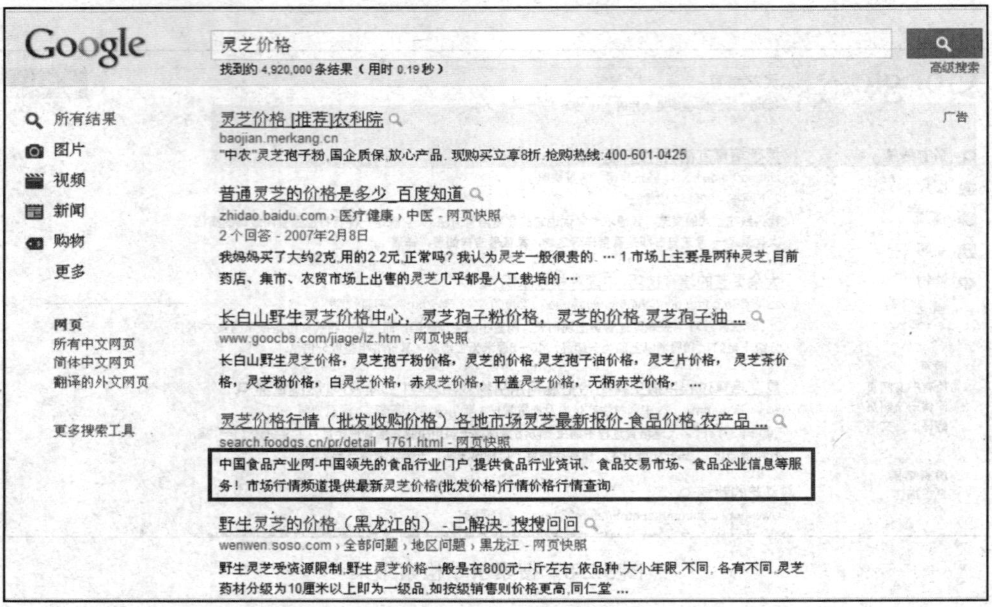

图 3-2-11　搜索引擎检索结果

（4）进入行业网网站——食品产业网，如图 3-2-12 所示。

图 3-2-12　食品产业网首页

执行检索，检索结果如图 3-2-13 所示。

图 3-2-13　市场信息检索结果

（5）单击“灵芝的最新供求信息”超链接，进入搜富网，进一步了解灵芝的供应商信息，如图 3-2-14 所示，求购信息如图 3-2-15 所示。

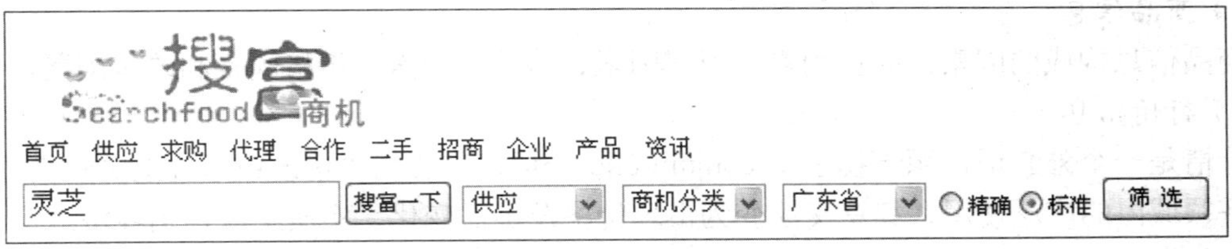

图 3-2-14　查找供应商信息

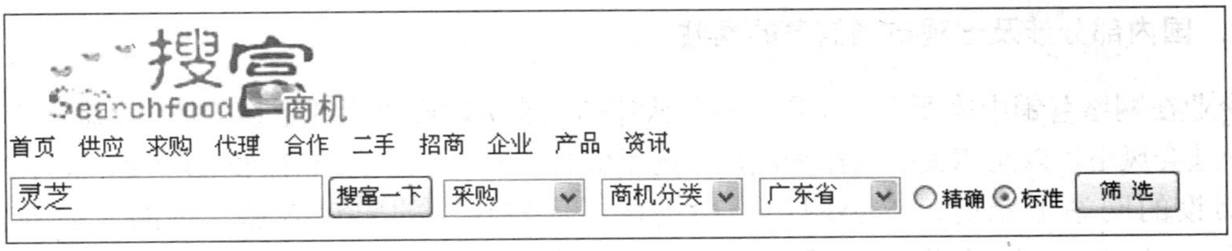

图 3-2-15　查找求购信息

还可以获取代理商、合作、二手、企业、产品等检索者所需要的其他市场信息。

三、课堂互动

（1）行业性经济信息资源检索的一般方法和步骤。

（2）说说自己知道的免费资源获得的途径有哪些？

（3）归纳“搜索引擎+ 行业网站”的检索方法适用的范围或场合。

项目3 市场信息、商品信息资源检索

学习重点

1. 熟悉市场信息、商品信息资源的特点。
2. 掌握运用综合网站搜集市场信息、商品信息的方法。

学习要求

以阿里巴巴网站收集信息为例，学会在综合网站上收集信息的方法与过程，能够在综合网站上快速准确地收集市场信息、商品信息，从而提高获取和利用经济信息的能力。

一、相关知识

1. 应用性经济信息

1）市场信息

市场信息是反映市场环境及商品供需变化的各种数据资料、消息、文献等。市场信息是典型的综合性信息，它反映着市场环境的复杂性和多变性。

2）商品信息

商品信息构成的因素：人口因素、习惯因素、购买力因素、价格因素和政策因素。

3）行情信息

行情是一个外来语，源于拉丁文 conjum-ctio 一词，原意为“情况或事件的总和”，随着其在经济领域内的广泛使用，其意义演变为市场价格及供需变化，实质上就是指经济或商品市场的一般状态及趋势，如商品之间的内在联系、了解商品主要进出口国家、了解世界商品市场主要公司结构、世界市场价格。

2. 国内部分涉及宏观市场信息的网站

企业在网络营销中需要了解本国、贸易伙伴国及有关国际组织的贸易政策、金融政策、自然条件、社会风俗，以及相关的法律和法规。这类信息一般可在各类政府网站或国家主办的为促进贸易而设的网站上查询，这类网站一般提供了比较详尽的宏观信息。例如，世界贸易网（www.worldtrade.net），如图 3-3-1 所示；商务部网站（www.mofcom.gov.cn），如图 3-3-2 所示。

图 3-3-1 世界贸易网

图 3-3-2　商务部网站

3. 利用网络收集市场供应信息

企业的生产活动需要采购大量的原材料，利用因特网的不同站点，可以收集大量原材料供应信息。

（1）生产商的站点：站点提供的原材料价格常常是最低的。

（2）生产商协会的站点：网站上列出了该生产商协会所有会员单位的名称及联系办法。

（3）讨论组：这里大都是原材料生产企业的直接报价。

（4）Trade-Lead：专门提供国际贸易的机会和投资信息，类似国内的供求信息。

4. 查询商标信息

商标是商品的生产者、经营者在其生产、制造、加工、拣选或者经销的商品上或者服务的提供者在其提供的服务上采用的，用于区别商品或服务来源的，由文字、图形、字母、数字、三维标志、声音、颜色组合，或上述要素的组合，具有显著特征的、区别商品或服务来源的一种标志，是现代经济的产物。

“中国商标网”是国家工商行政管理总局商标局主办的唯一在线查询商标注册信息的网站，自 2005 年 12 月 26 日起免费向公众提供商标注册信息的网上查询，任何人均可登录该网在线查询商标注册信息①。

二、综合网站（阿里巴巴网站）上收集信息的方法

1. 登录

阿里巴巴（中国）网址为 http://www.alibaba.com.cn，首页如图 3-3-3 所示。

2. 网站概述

阿里巴巴是全球著名的企业间（B2B）电子商务服务公司，管理着全球最大的网上贸易市场和商人社区——阿里巴巴网站，为来自 220 个国家和地区的 200 多万企业和商人提供网上商

① 资料来源：中国商标网。

务服务。

图 3-3-3　阿里巴巴首页

3. 收集信息的方法与步骤

（1）两种检索方式：关键词/分类检索共用。

首先键入关键词，然后进行分类检索；不断分类，直至最接近检索者想得到的结果。

（2）多个检索入口。

① 产品：产品信息，批发商、制造商信息。

② 供应商：海内外公司、生产厂家及信用信息。

③ 求购：买家、行业采购商信息。

④ 生意经：遇到难题可到生意经去提问。

（3）收集信息的步骤如下。

① 免费注册。

② 登录首页。

③ 选择检索方式。

三、商标信息的查询

1. 登录

中国商标网网址为 http://www.ctmo.gov.cn/，如图 3-3-4 所示。

图 3-3-4　中国商标网首页

2. 中国商标网概况

“中国商标网”可提供 3 种类型的商标注册信息查询：商标相同或近似信息查询、商标综合信息查询和商标审查状态信息查询。商标相同或近似信息查询，是指查询在相同或类似商品上是否有相同或近似的注册或申请在先的商标；商标综合信息查询，是指已知商标注册号（或申请号）、申请人（或注册人）或商标文字时查询有关商标信息；商标审查状态信息查询，是指申请人通过商标申请号或注册号查询有关商标在业务流程中的状态。

3. 商标近似查询步骤

（1）用户进入系统，如图 3-3-5 所示。

WWW.CTMO.GOV.CN　SBJ.SAIC.GOV.CN
总局首页　ENGLISH　邮箱登录
中国商标网
中华人民共和国国家工商行政管理总局商标局
Trademark Office of The State Administration For Industry & Commerce of the People's Republic of China
用户由此进入系统
本站首页
商标要闻　商标战略　商标申请　国际注册　商标执法　组织机构　重要发布　法律法规　驰名商标　地理标志
国际交流　商标权运用　商标代理　商标查询　商标公告　网上申请　统计信息　专题报道　公众留言　意见征集

图 3-3-5　进入系统

（2）选择商标近似查询，如图 3-3-6 所示。

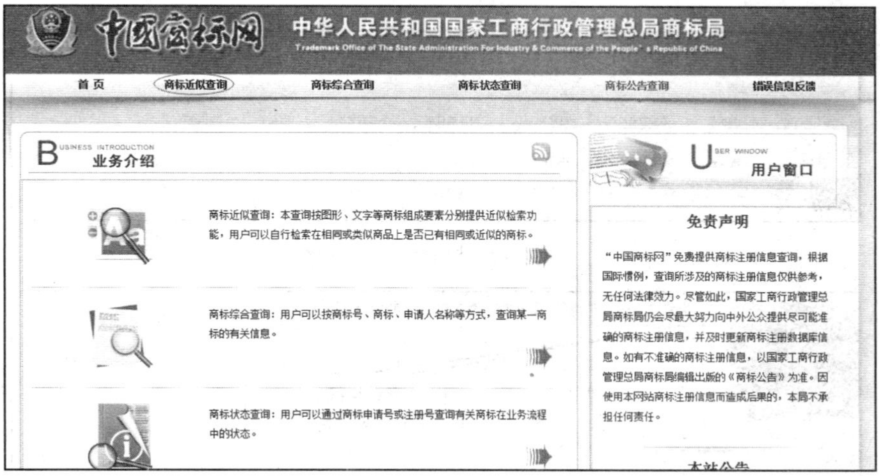
中国商标网
中华人民共和国国家工商行政管理总局商标局
Trademark Office of The State Administration For Industry & Commerce of the People's Republic of China
首 页　商标近似查询　商标综合查询　商标状态查询　商标公告查询　错误信息反馈
BUSINESS INTRODUCTION 业务介绍
USER WINDOW 用户窗口
商标近似查询：本查询按图形、文字等商标组成要素分别提供近似检索功能，用户可以自行检索在相同或类似商品上是否已有相同或近似的商标。
商标综合查询：用户可以按商标号、商标、申请人名称等方式，查询某一商标的有关信息。
商标状态查询：用户可以通过商标申请号或注册号查询有关商标在业务流程中的状态。
免责声明
“中国商标网”免费提供商标注册信息查询，根据国际惯例，查询所涉及的商标注册信息仅供参考，无任何法律效力。尽管如此，国家工商行政管理总局商标局仍会尽最大努力向中外公众提供尽可能准确的商标注册信息，并及时更新商标注册数据库信息。如有不准确的商标注册信息，以国家工商行政管理总局商标局编辑出版的《商标公告》为准。因使用本网站商标注册信息而造成后果的，本局不承担任何责任。

图 3-3-6　商标近似查询

（3）输入查询条件。
（4）返回查询结果。
（5）生成系统操作记录。

四、检索实例

例 3-3-1　在阿里巴巴网站上查找关于“有机茶叶”的市场信息。

（1）选择“产品”为检索入口，输入关键词“有机茶叶”，单击“搜索”按钮，如图 3-3-7 所示。

共得到检索结果 7800 条，结果太多，如图 3-3-8 所示。

图 3-3-7　关键词检索界面

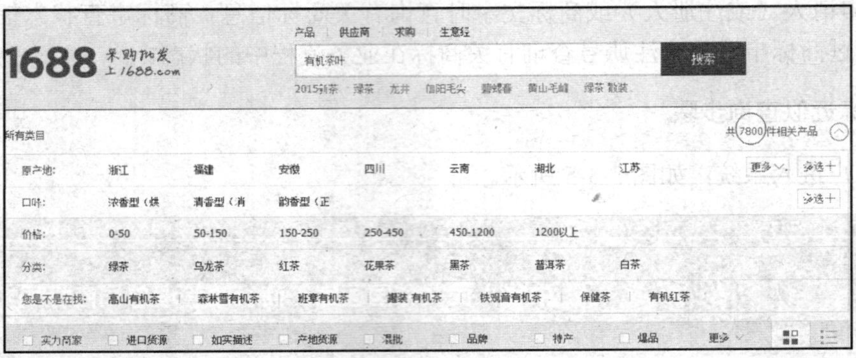

图 3-3-8　检索结果

（2）增加检索条件，缩小检索结果数量，得到最理想的结果，如图 3-3-9 所示。

增加条件后二次检索结果共 45 条，若不满意，则可修改检索条件继续检索，如图 3-3-10 所示。

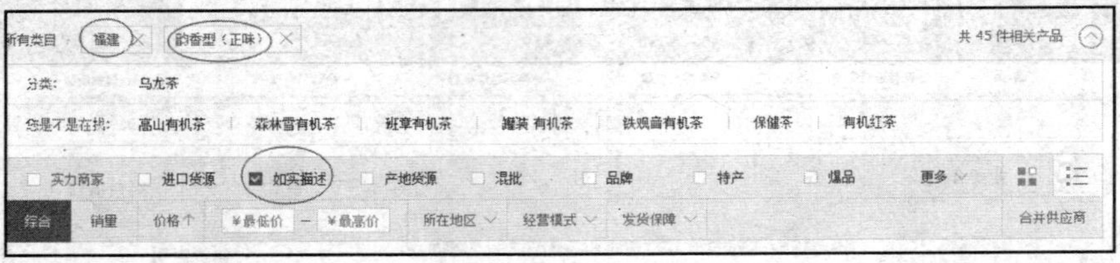

图 3-3-9　检索条件输入区

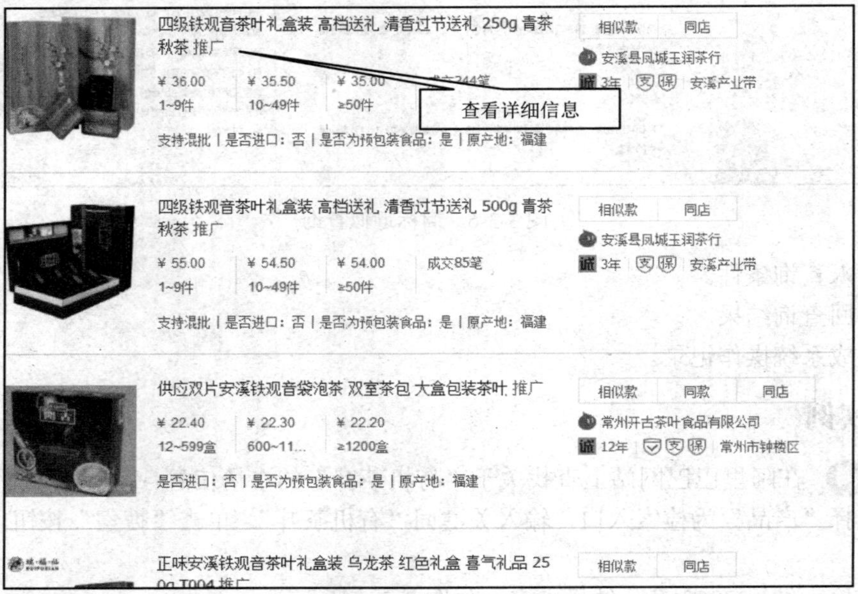

图 3-3-10　二次检索结果

（3）单击超链接，查看检索条目的详细信息。

例 3-3-2　在阿里巴巴网站上查找广州市经营夏季童装的商家名称。

（1）选择“供应商”为检索入口，输入关键词“童装”，单击“搜索”按钮，如图 3-3-11 所示。

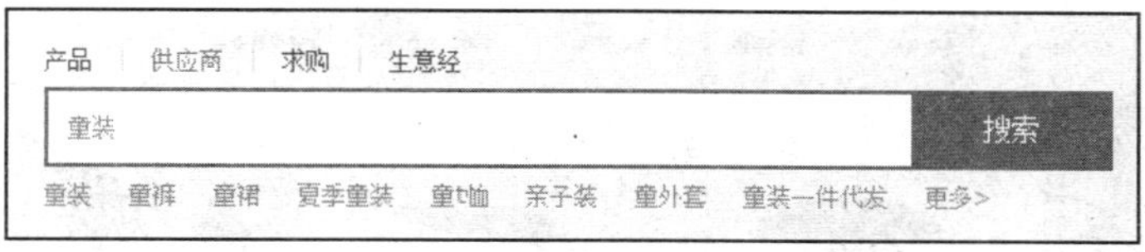

图 3-3-11　关键词检索界面

查找到 88 891 条检索结果，如图 3-3-12 所示。

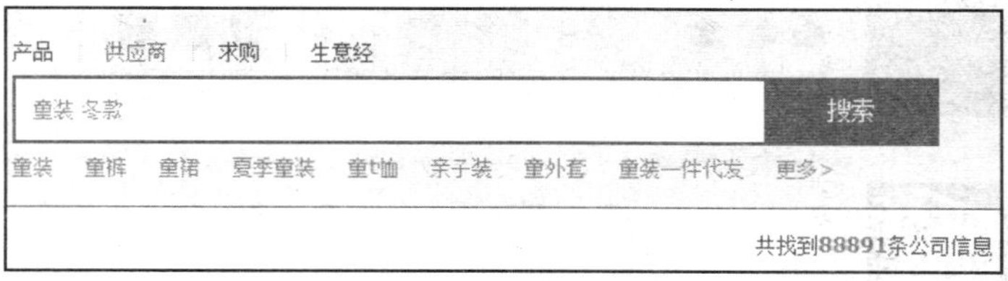

图 3-3-12　检索结果

（2）输入检索条件，进行二次检索，得到 71 条检索结果，如图 3-3-13 所示。

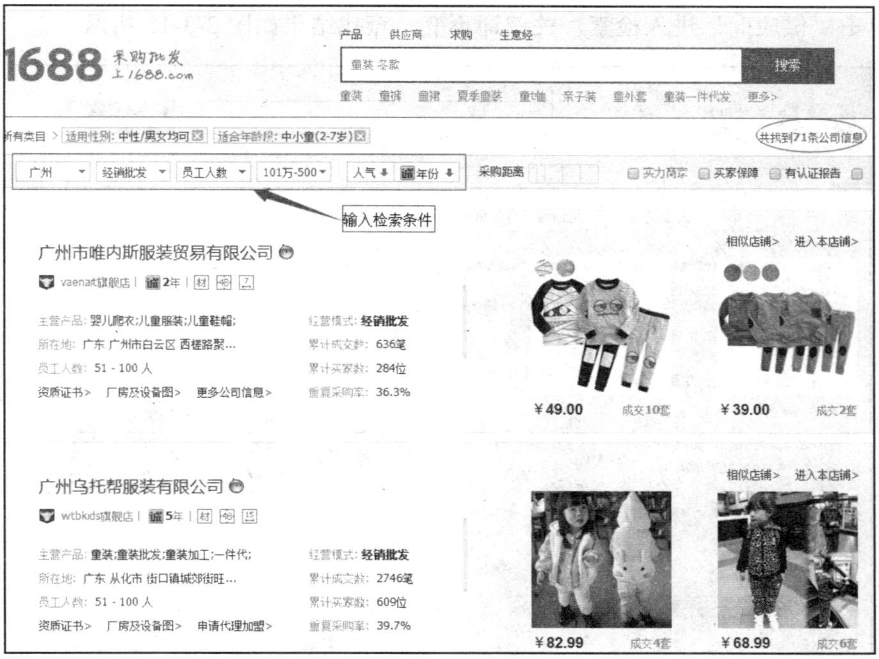

图 3-3-13　二次检索结果

（3）单击超链接，查看检索条目的详细信息。

例 3-3-3　在阿里巴巴网站上查找广州本田轿车配件的市场信息。

（1）打开阿里巴巴网站的首页，选择“产品”为检索入口，在检索框中输入“广州本田供应商”，单击“搜索”按钮，得到供应信息检索结果，如图 3-3-14 所示。

在此界面中共搜索到 220 条信息，其中包括发动机、点火系统、传动系统、转向系统、制动系统、车身及附件、维修保养设备、车灯等相关产品的信息。

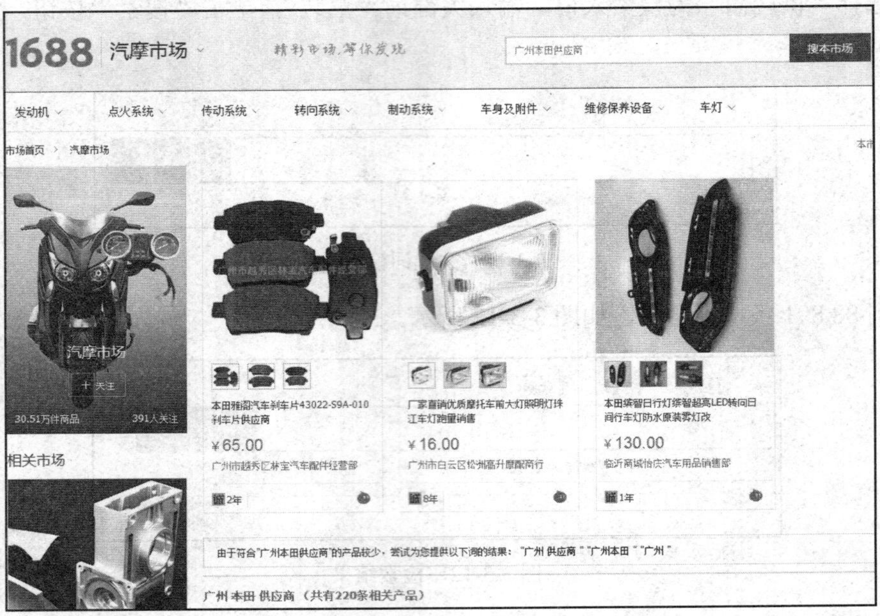

图 3-3-14　供应信息检索结果

（2）单击“供应商”进入检索，关键词不变，查找结果如图 3-3-15 所示。

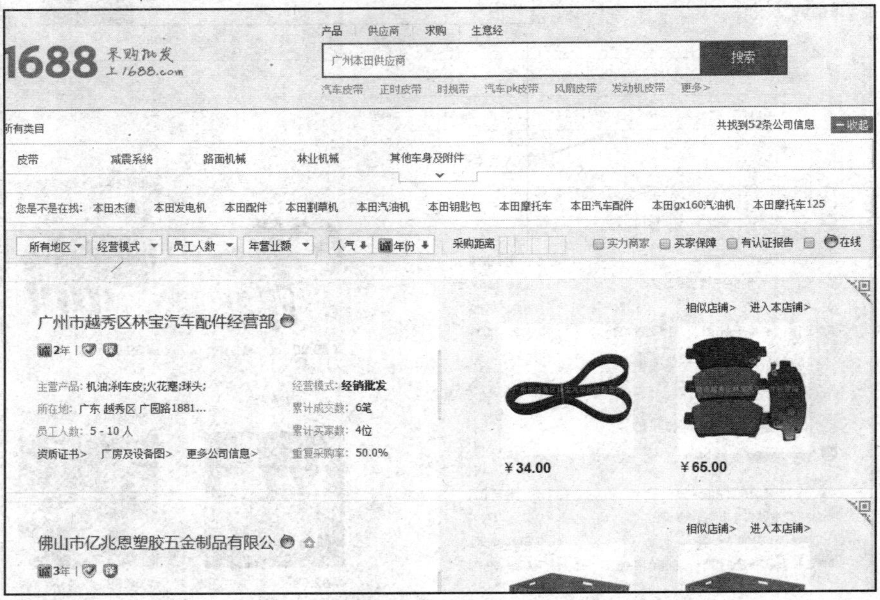

图 3-3-15　销售信息检索结果

在本次检索中共有 52 条信息符合条件，这些销售公司都经营本田汽车。

（3）选择“求购”为检索入口，在检索框中输入“广州本田轿车”，检索结果如图 3-3-16 所示。

在结果中共有 15 条信息符合条件，其中有招募轮胎供应商，也有招募离合器拉线的。

（4）选择“生意经”为检索入口，关键词不变，检索结果如图3-3-17所示。

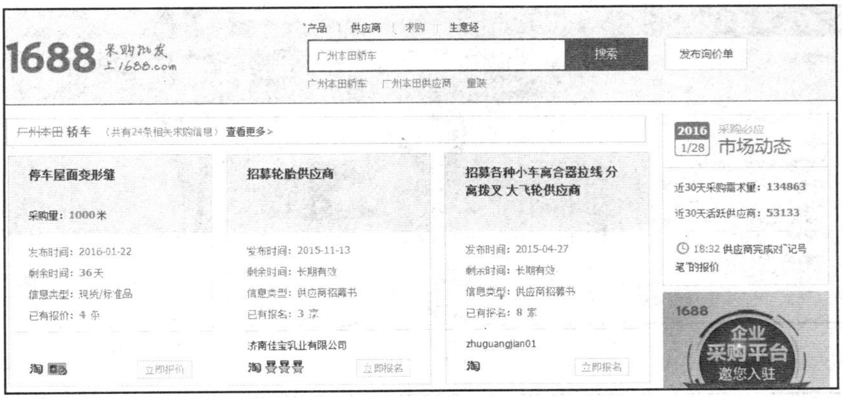

图3-3-16　求购信息检索结果

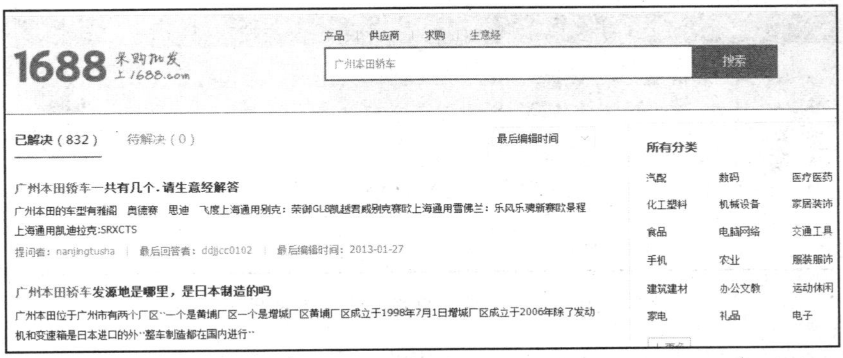

图3-3-17　生意经检索结果

在本次检索中，共有832条信息符合要求，其中有问报价的，也有新产品上市的发布等资讯。

（5）在资讯下输入“广州本田轿车价格”，检索结果如图3-3-18所示。本次检索中共有406条信息符合要求。

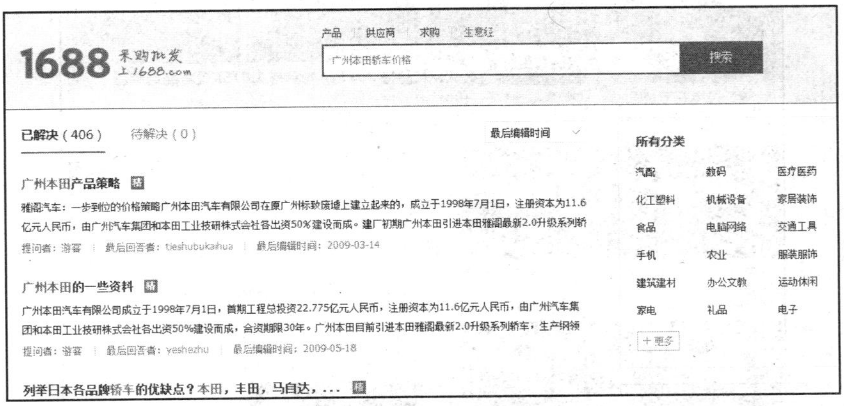

图3-3-18　价格信息检索结果

例3-3-4　有一辆2007款帕萨特轿车，当时价值20万元，车主希望出售这辆车，请利用瓜子二手车直卖网（http://www.guazi.com/）搜索相关市场信息，给车主一个建议价。

（1）打开瓜子二手车直卖网首页，如图3-3-19所示。在检索框中输入“帕萨特”，进入如图3-3-20所示的界面。

图 3-3-19　瓜子二手车直卖网首页

图 3-3-20　瓜子二手车直卖网查询信息显示页面

（2）在二手车信息界面中，显示着车主出售的二手车，资料上显示着每一辆二手车的基本信息，包括什么时候上牌、走过的行程，以及车身的基本情况。同时，要标明这一辆车的价格，留下自己的联系方式，方便买主联系，如图 3-3-21 所示。

图 3-3-21　瓜子二手车信息界面

（3）建议车主在瓜子二手车网或其他各大商业网站上的相应的二手车市场发出帖子，写明出售的 2007 款帕萨特轿车的信息。自己与买主联系，可以省去中介费用，在网络提供的交易平台上就可以方便地找到买家，处理这辆车，如图 3-3-22 所示。

图 3-3-22　发布二手车信息

例 3-3-5　利用网络收集新产品开发信息。

（1）收集客户新产品构思。新产品构思的来源有很多，最重要的一种是对用户的访问。这种方法要求用户提出他们使用某一特定的商品或商品系列时所遇到的问题和要求，并对这些问题和要求的重要性、影响程度加以评估，据此选定值得开发的构思。

海尔公司把客户的难题当做自己的开发课题，它在自己的网站上设立了海尔社区和问题反馈，如图 3-3-23 所示，收集本企业产品在使用过程中所反映的问题，以及顾客对本企业产品和服务的意见和建议。

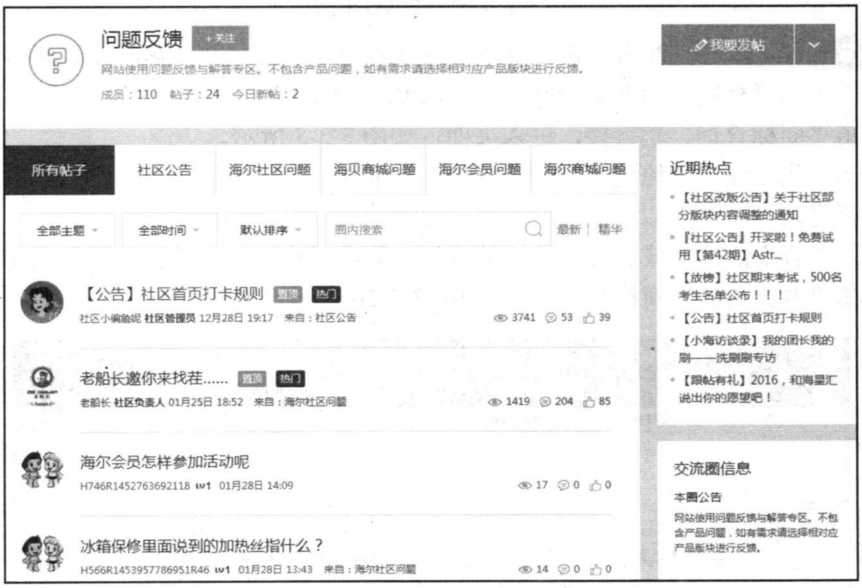

图 3-3-23　海尔网站上的问题反馈栏目

（2）新产品专利信息的收集。中国专利信息网是目前国内科技及知识产权领域提供的专利信息检索、专利事务咨询、专利及科技文献翻译、非专利文献加工等服务的权威机构，如图 3-3-24 所示。

图 3-3-24　中国专利信息网

（3）高校和科研院所新产品信息的收集。各高校都有自己的研究重点和强项，这些信息在因特网上很容易找到。例如，江苏校果网（http://www.jsxiaoguo.com/）是连接高校和企业的综合性网站，如图 3-3-25 所示。

图 3-3-25　江苏校果网

例 3-3-6　用商标近似查询“齐心得力”办公的商标信息，并了解商标信息的构成。

（1）进入中国商标网，即 http://sbj.saic.gov.cn/，如图 3-3-4 所示。

（2）单击“商标查询”超链接，进入页面，如图 3-3-5 所示。

（3）单击“我接受”按钮进入商标查询界面，如图 3-3-6 所示。

（4）选择进入“商标近似查询”。

（5）输入想查询的商标或者准备注册的商标，需准确查询时，请在国际分类中查询商标所属的分类，如“办公用品”商标在 16 类，如图 3-3-26 所示。

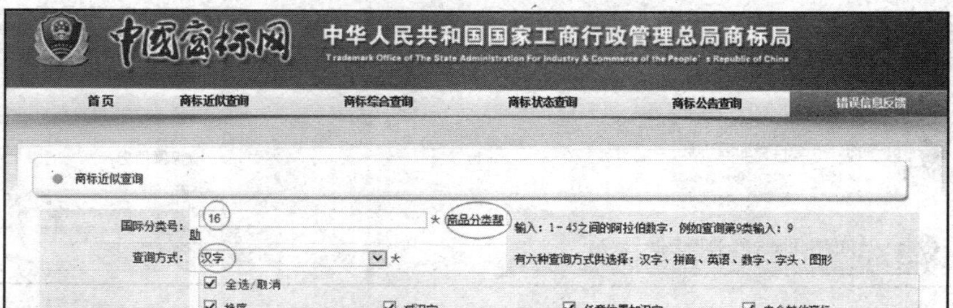

图 3-3-26　输入检索条件

（6）返回查询结果，生成系统操作记录，如图 3-3-27 所示。

（7）获得商标的详细信息，如图 3-3-28 所示。

每页50条记录 共47条记录 第1页 共1页 首页 上页 下页 尾页 转到: 1 跳转

打印 详细信息 关闭

□	序号	注册号/申请号	类别	商标	商品
□	1	11368083	16	得力品正 DELIPIZEN	查看
□	2	6994749	16	得力	查看
□	14	4229232	16	欣得力	查看
□	15	6204881	16	邦得力	查看
□	16	6225922	16	得力嘉	查看
□	17	6280883	16	得力仕 D	查看
□	18	9781697	16	得力邦	查看
□	19	13092335	16	齐心得力	查看
□	20	12562481	16	得力佳	查看
□	21	10195200	16	固得力	查看
□	22	9068014	16	思得力 SDL	查看
□	23	7263753	16	百得力	查看
□	24	4992280	16	得力冠	查看
□	25	4645825	16	得力嘉文具	查看

图 3-3-27　查询结果

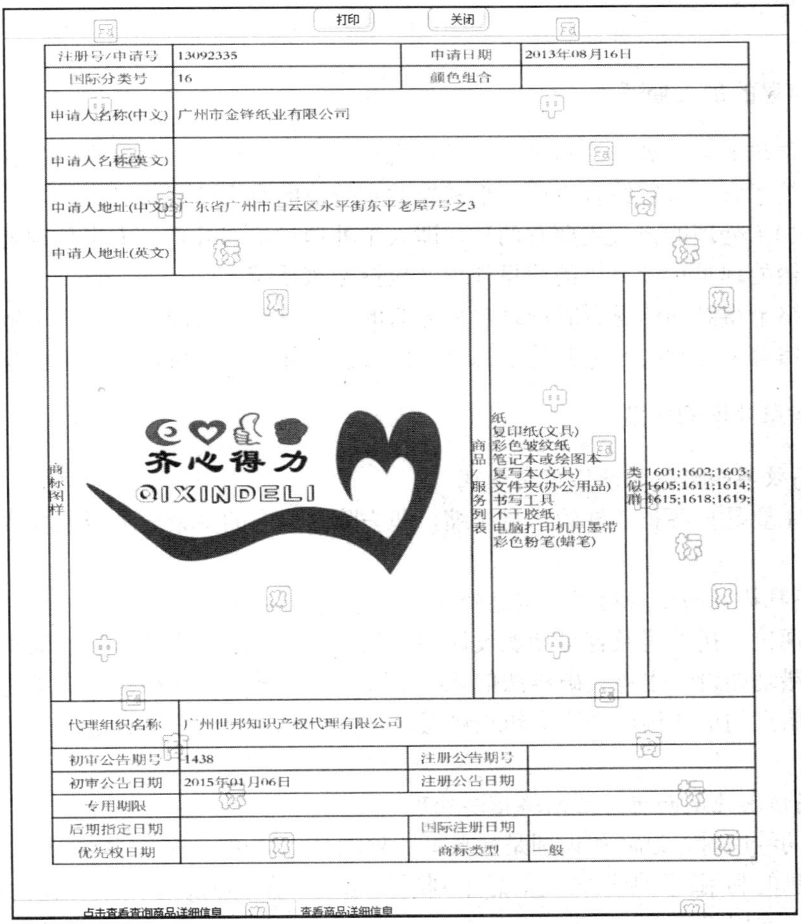

打印 关闭

注册号/申请号	13092335	申请日期	2013年08月16日
国际分类号	16	颜色组合	
申请人名称(中文)	广州市金锋纸业有限公司		
申请人名称(英文)			
申请人地址(中文)	广东省广州市白云区永平街东平老屋7号之3		
申请人地址(英文)			
商标图样	齐心得力 QIXINDELI	商品/服务列表	纸 复印纸(文具) 彩色皱纹纸 笔记本或绘图本 复写本(文具) 文件夹(办公用品) 书写工具 不干胶纸 电脑打印机用墨带 彩色粉笔(蜡笔)
类似群	1601;1602;1603;1605;1611;1614;1615;1618;1619;		
代理组织名称	广州世邦知识产权代理有限公司		
初审公告期号	1438	注册公告期号	
初审公告日期	2015年01月06日	注册公告日期	
专用期限			
后期指定日期		国际注册日期	
优先权日期		商标类型	一般

点击查看查询商品详细信息　查看商品详细信息

图 3-3-28　商标的详细信息

五、课堂互动

（1）比较在阿里巴巴网站上查找信息选择不同检索入口时，结果有何不同，可得出什么经验？

（2）简述利用网络检索市场信息的基本思路。

（3）比较搜索引擎、综合网站和行业网站收集信息的异同点。

（4）用中国商标信息网“商标综合查询”查找“iPad”的商标信息。

模块小结

1. 网络信息的整理

通过信息的合理分类、组合、整理，可以将片面的信息转变为较为系统的信息。这项工作分为以下几个步骤。

（1）明确信息来源。

（2）浏览信息。

（3）分类。

2. 网络信息的加工处理

（1）网络信息的加工处理是将各种有关信息进行比较、分析，并以自己的初衷为基本出发点，发挥个人的才智，进行综合设计，形成新的有价值的个人信息资源。

（2）信息加工处理的方式主要有两种，即人工处理和机器处理。人工处理是指由人脑进行信息处理；机器处理是指计算机的信息处理（包括专家系统）。

（3）从网络上得到的信息有时候是自相矛盾的，还有一些可能是商业对手散布的用来迷惑竞争者的虚假信息，因此要参考其他信息进行比较，最终获得有价值的网络信息。

3. 网络信息处理的类型

1）为提高效率而进行的网络信息处理

这种处理主要是指各种各样的信息压缩，即去除信息中的多余成分或次要成分，留下信息的主要成分。

2）为提高抗扰性而进行的网络信息处理

目前，实现抗干扰编码及容错功能设计的一般原理仅局限在语法信息的范畴。新一代的抗干扰编码及容错功能设计也将突破语法信息的局限，进入基于语义和语用信息的范畴。这样，不仅可以根据信息的语法构造规律来纠正错误，还可以根据语义信息和语用信息来发现并纠正错误。

3）为提高信息纯度而进行的网络信息处理

提高信息的纯度时，过滤和识别是最典型的处理技术。更完善的网络信息处理同样依赖于语义和语用信息的利用：要根据语义信息来判断信息的内容，并根据语用信息来判断它的效用，在此基础上排除无用信息。

4）为提高安全度而进行的网络信息处理

这里所说的安全，也就是信息的保护，是指信息不被未授权者获得。为此，必须对信息进行处理，把“明码”变成“密码”。

操作训练

实训操作 3-1 经济信息网站的利用

1．学时：1。

2．实训目标：通过网络信息检索，要求学生了解我国经济信息网站（中经网、中宏网、国研网）的概况，认识并掌握运用经济信息网站检索信息的方法和步骤，充分运用这些网站数据库的内容特点查找相关信息，正确地选择经济信息网站和检索方法，以提高获取和利用经济信息的能力，为不断地吸收新知识、增强创新能力打下基础。

3．实训内容。

（1）使用校园网进入学校图书馆，通过国研网、中经网、中宏网数据库查找所需信息。

（2）正确地写出检索路径。

（3）得出检索结果。

4．实训类别：基础。

5．实训类型：综合。

6．实训要求：选做。

7．主要设备：每位学生操作一台可以上网的计算机；中经网、中宏网、国研网数据库。

8．检索课题：利用“国务院发展研究中心信息网”、“中国宏观经济信息网”、“中国经济信息网”查找以下信息。

（1）通过检索，试比较 2001 年中国与韩国依赖人口比率（说明两国人口依赖状况及其对教育产生的影响）。

（2）2010 年 5 月份一汽丰田的产量和销量。

（3）2008 年广东省软件业就业人员数。

（4）2003 年《财富》发布的“全球最受赞赏的公司”中计算机公司的前十家。

（5）2004 年中国纺织品出口总额。

（6）试比较江苏、浙江、山东、广东、四川等省 2003 年 R&D 经费支出的情况。

（7）全国研究与试验发展（R&D）人员全时当量按部门分组（1995 年～2007 年）。

（8）使用 Google 检索国内生产管件的厂家，然后将检索结果与使用“中国企业产品库”检索所得结果相比较，分析两种检索方法的特点。

9．写出检索报告。

实训操作 3-2 “搜索引擎+行业网站”检索经济信息

1．学时：1。

2．实训目标：通过“搜索引擎+行业网站”的检索方法，要求学生学会部门或行业性经济信息资源检索，掌握“搜索引擎+行业网站”检索信息的方法和步骤，充分运用这一检索技巧查找相关信息，正确地选择、判断和检索与“关键词”相一致的行业网站，从而提高获取和利用经济信息的能力，为不断地吸收新知识、增强创新能力打下基础。

3. 实训内容：实训主要环节及操作内容如下。

（1）通过常用搜索引擎查找与检索“关键词”对应的行业网站。

（2）利用行业网站获取经济信息。

（3）设置检索条件，得出最佳检索结果。

4. 实训类别：基础。

5. 实训类型：综合。

6. 实训要求：选做。

7. 主要设备：每位学生操作一台可以上网的计算机。

8. 检索课题。

（1）利用相应数据库检索我国有关食品包装的法规有多少篇，其中关于包装纸的法规名称是什么？

（2）国内生产水泥的厂家有多少？写出一个厂家及其联系方式。

（3）某学者在进行人口研究时，希望了解中国人口普查的悠久历史，了解最早的中国人口普查数据。请帮助这位学者从互联网上找到有关文章和网站。

（4）一辆载重 10t 的货车即日将从深圳出发，运送一批货物到清远，并计划从清远运一批货物回深圳。为了减少这辆货车的空驶，请通过互联网检索货运代理网站，为其安排清远到深圳的货物运输。

9. 写出检索报告。

实训操作 3-3　综合网站收集市场信息、商品信息

1. 学时：1。

2. 实训目标：以阿里巴巴网站收集信息为例，掌握在综合网站上收集信息的方法与过程，能够在综合网站上更快更好地收集市场信息、商品信息，提高自己获取和利用经济信息的能力，为不断地吸收新知识、增强创新能力打下基础。

3. 实训内容：实训主要环节及操作内容如下。

（1）选择所需要的信息类型，可以选择“找产品”、“找公司”、“找加工”、“找库存”、“交商友”、“找买家”等，再输入想搜索的产品名称。

（2）在搜索结果界面中，可以按照以下方法更准确地定位搜索结果。

① 通过省份、城市、信息时间范围和公司经营模式筛选信息。

② 选择仅查看诚信通会员信息、在线会员信息等来筛选。

③ 选择自己感兴趣的产品参数并进行过滤。

（3）查找信息的时候，如果觉得搜索结果内容太杂，建议根据产品所属的行业类目——“通过分类查看”，从而精确锁定目标。

（4）也可以对显示的信息按照“价格”、“诚信通指数”和“贸易通在线”等对信息重新排序。以“诚信通指数”为例，按照指数从高到低的顺序进行排列。

（5）当输入一个产品词时，系统将根据词库给出更多的选择，帮助准确定位到所要找的产品词。系统会记录曾经搜索过的词，当搜索时，可以选择“热门关键字”进行搜索。

（6）提示：阿里巴巴拥有全球最大的商机搜索引擎，用户可以快速、准确地找到需要的信息，及时把握商机。很多页面上部的导航都可以方便地找到阿里巴巴的搜索功能。阿里巴巴的

搜索引擎除了关键字搜索外，还可以进行分类搜索、高级搜索等。企业在阿里巴巴上收集信息时，可以根据具体情况选择不同的搜索方法。

4．实训类别：基础。

5．实训类型：综合。

6．实训要求：选修。

7．主要设备：每位学生操作一台可以上网的计算机。

8．检索课题。

（1）查找废纸的最新价格。

（2）查找2015年会展信息：汽车展/环保技术与设备展。

（3）分别写出以关键词作为检索入口和以分类检索作为检索入口，检索“工艺品”信息时，最后得出检索结果的步骤。

（4）分别在百度、阿里巴巴和广州太平洋网搜索同类产品信息，以手机为例，比较3类不同网站所收集到的有关手机信息的广度（查全率）、精度（查准率），结果一样吗？由此可得到什么启示？

9．写出检索报告。

模块 4

科技信息资源检索与利用

本模块结构关系如图 4-0-1 所示。

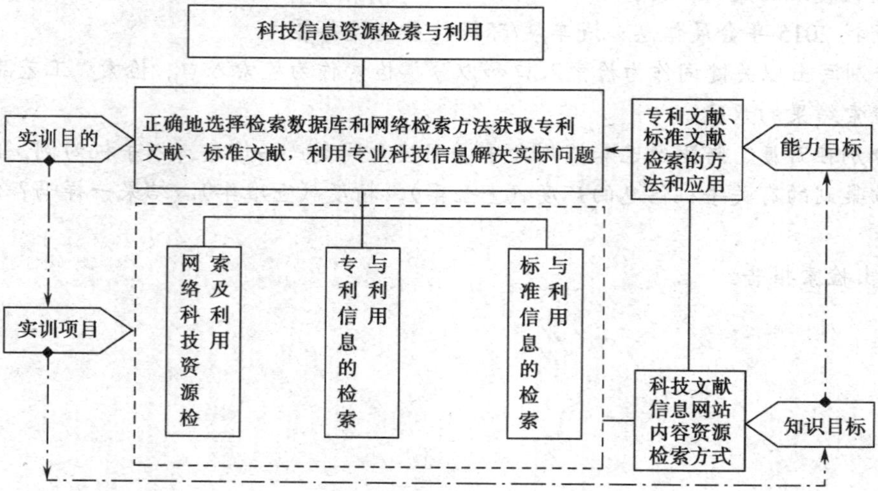

图 4-0-1　模块 4 结构关系图

科学和社会的发展，使文献量激增，信息的迅速增长反映在科技方面，约每 4 年翻一番。面对浩瀚的文献信息海洋，许多科技人员犹如“孤舟泳海，弱羽凭天”，经常感到束手无策。没有一种科学的方法和手段，人们是无法对付这些文献流的。而掌握科学的检索方法和途径，灵活利用文献检索工具，就是科学研究的向导，指引治学的指南。借助它，人们就能对文献信息进行正确地辨认、准确地选择、迅速地查找。没有继承和借鉴就没有提高，没有科学上的交流和综合就没有发展。文献检索可以节省科技人员宝贵的时间。据有关资料证明，科研人员在从确定科研课题到最后取得成果的全过程中，用于收集、检索文献的时间所占比例相当大，95%以上的问题是从检索中受到启发的，只有 1%～5%的问题是靠自己的创造来解决的。毫无疑问，掌握科技文献信息检索技能是至关重要的。

人们检索一般科技文献的目的主要是获取其中的技术内容，继承和借鉴已有的研究成果，而专利文献检索的目的却不止于此，它还有更加广泛多样的目的。概括地说，反映在法律、技术和经济 3 个方面。近年来，随着知识产权观念逐渐被人们所接受，申请专利的技术成果普遍受到重视，人们可以从专利文献中了解和借鉴新的发明构思，了解最新技术信息。学会利用专利检索迅速、准确地获得专利信息，可以掌握国内外同类技术、产品的发展动态，预测技术发展趋势。

标准文献是由技术标准、管理标准及其他具有标准性质的类似文件所组成的一种特定形式的技术文献体系。标准文献一般是指各种级别的“标准”、“规范”、“技术要求”，以及标准检索工具等。

项目 1　网络科技资源检索及利用

学习重点

1. 了解事实型和数值型信息检索工具。
2. 熟悉我国科技文献信息主要门户网站的内容特点和资源检索方式。

学习要求

通过对网络科技信息的检索，要求学生认识并掌握运用相关科技网站和数据库检索科技信息的方法与步骤，能够正确地选择检索数据库和检索方法，以提高获取和利用专业科技信息的能力。

一、相关知识

1. 事实型和数值型信息检索

数据与事实检索的内容主要是日常生活和工作中遇到的一些疑难问题，如字词、事件、事实、人物、机构名称、年代日期、公式、常数、规格、方法等。这是一种确定性的检索，要么是有，要么是无；要么是对，要么是错。

（1）事实型检索工具，指广泛汇集某一领域的文献信息，如名词术语、事件、人名信息、地名信息、机构信息、产品信息等，按一定方法编排，专供检索有关事实信息和解难释疑的工具。例如，百科全书、年鉴、手册、表谱、图录、名录等检索工具。

（2）数值型检索工具，指能够提供各类数值信息（如各种科学数据、人口数据、管理数据、金融数据、财政数据、商业数据等）的检索工具，它们是进行各种统计分析、定量研究、管理决策和预测的重要工具。例如，各类统计年鉴、统计资料汇编和统计数据库等。

（3）事实型检索——以特定的事实为检索对象，如查询名词解释、了解某人或某机构的简况、考证某一事件等。

（4）数值型检索——以特定的数值为检索对象，如查找某一统计数据、某一数学公式、某一材料成分性能、某元器件的型号参数等。

2. 网络科技资源概述

（1）科技信息资源是记载科学活动或科技知识的信息载体。其特征是信息量大，载体形式多样，内容分散且交叉，信息的有效期缩短。

（2）科技信息资源按照文献性质分为科技图书、科技期刊、科技报告、会议文献、专利文献、标准文献、学位论文、产品资料及技术档案。

（3）科技网站是一种网络版的科技文献检索工具。利用网络搜索引擎可查找与科技网站有关的文档。

3. 我国科技信息数据库和主要门户网站

（1）中国大百科全书网（www.ecph.com.cn）。

（2）中国年鉴全文数据库（www.dl.cnki.net）。

（3）中国科技情报网（http://www.chinainfo.gov.cn/）。

（4）中国科技创新信息网（http://www.zgkjcx.com/）。

（5）国家科技图书文献中心（http://www.nstl.gov.cn/）。

二、科技信息数据库和主要门户网站推介

1. 中国大百科全书网

1）登录方式

中国大百科全书网络版网址为 http://www.ecph.com.cn。

校园网用户登录如图 4-1-1～图 4-1-3 所示。

2）数据资源概况

百科全书是人类知识的总汇，是记录人类知识最全面、最系统的大型综合性工具书。《中国大百科全书》网络版的文字和图片，主要来源于专业权威的《中国大百科全书》，同时根据当前需求适当地进行了修订，增加了部分词条和中国百科术语数据库中的部分数据。《中国大百科全书》按学科和知识领域分成 74 卷，共收 7.8 万个条目，共计 1.26 亿字，并附有 5 万幅图片，内容丰富，学术性强，具有极高的权威性。其涵盖了哲学、社会科学、文学艺术、文化教育、自然科学、工程技术等 66 个学科或知识领域。

3）资源使用

从校园网图书馆首页（图 4-1-1）资源导航下的数据库进入校园网数据库界面（图 4-1-2）。

图 4-1-1　校园网图书馆首页

找到“中国大百科全书（远程网络版）”，单击此超链接，进入中国大百科全书（远程网络版）首页，如图 4-1-3 所示。

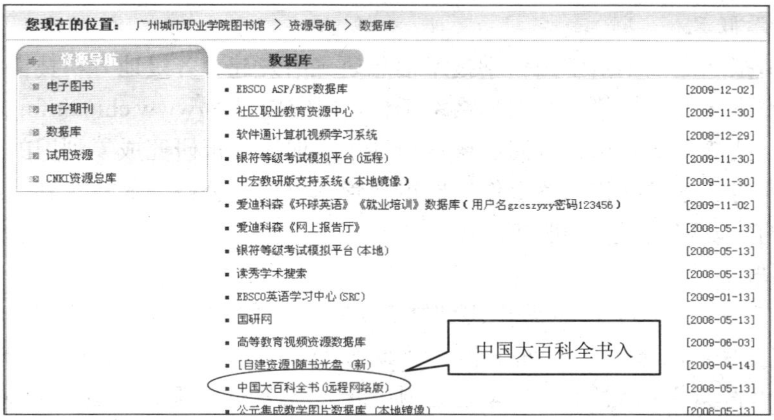

图 4-1-2　校园网数据库界面

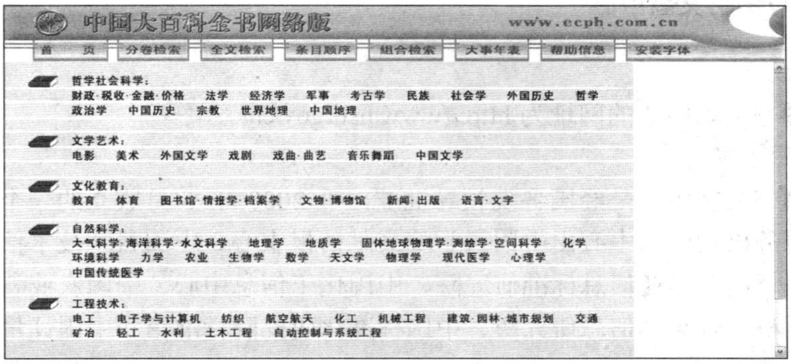

图 4-1-3　中国大百科全书网络版首页

2. 中国科技情报网

1）登录方式

中国科技情报网的网址为 http://www.chinainfo.gov.cn/，其首页如图 4-1-4 所示。

图 4-1-4　中国科技情报网首页

2）数据资源概况

中国科技情报网是一个由中国科学技术信息研究所发起、各级地方科技情报机构共同参与的中国科技情报研究成果的整合与共享网络平台，相应域名为www.chinainfo.gov.cn。其旨在更好地推动全国科技情报研究相关资源的揭示与共享，促进情报研究成果利用的最大化，推动中国科技情报研究的业务发展和业务合作。情报网管理机构是公益类的非营利性服务机构，为中国科技情报网的建设和运行提供服务。

3）资源使用

用户可以在首页上直接按照需要找到文章分类，选中相应的资源分类。例如，希望寻找一些研究报告，就可以选中“研究报告”、“研究快报”与“合作研究”复选框，随后输入检索词，单击“搜索”按钮即可在这些范围内指定的各个资源库中进行针对全部字段的模糊检索。

3. 国家科技图书文献中心

1）登录方式

国家科技图书文献中心的网址为http://www.nstl.gov.cn/。

2）数据资源概况

国家科技图书文献中心是经国务院领导批准，于2000年6月成立的一个基于网络环境的科技信息资源服务机构。该中心由中国科学院文献情报中心、中国科学技术信息研究所、机械工业信息研究院、冶金工业信息标准研究院、中国化工信息中心、中国农业科学院农业信息研究所、中国医学科学院医学信息研究所、中国标准化研究院标准馆和中国计量科学研究院文献馆组成。

国家科技图书文献中心依托丰富的资源面向全国用户提供网络化、集成化的科技文献信息服务。目前在全国各地已经建成了39个服务站，构成了辐射全国的网络化的科技文献信息服务体系，推动了全国范围的科技文献信息共建共享，提升了地方科技文献信息保障能力与服务水平，更全面、更高效地发挥了国家科技文献信息战略保障的整体功效。

系统资源分为外文库和中文库，包括期刊论文、会议文献、学位论文、科技报告、专利文献、标准文献及计量检定规程等。

3）资源使用

系统通过互联网向用户提供“文献查询”和“全文提供”服务。前者向用户免费提供二次文献检索服务，即文献查询服务，后者通过电子邮件、传真、邮寄等方式向注册用户提供一次文献服务，即提供全文服务。

系统提供了两种检索方式：快速检索和数据库检索。系统默认使用快速检索，其首页如图4-1-5所示。

（1）快速检索：直接输入检索词；单击“检索”按钮即可得出检索结果，如有需要可进行二次检索。

（2）数据库检索。在检索首页（图4-1-5）中单击“文献检索”超链接，进入数据库检索界面，该界面提供了4种检索方式：普通检索、高级检索、期刊检索和分类检索。界面分为变更数据库区和检索入口区，如图4-1-6所示。检索时，首先选择数据库，然后进行检索。

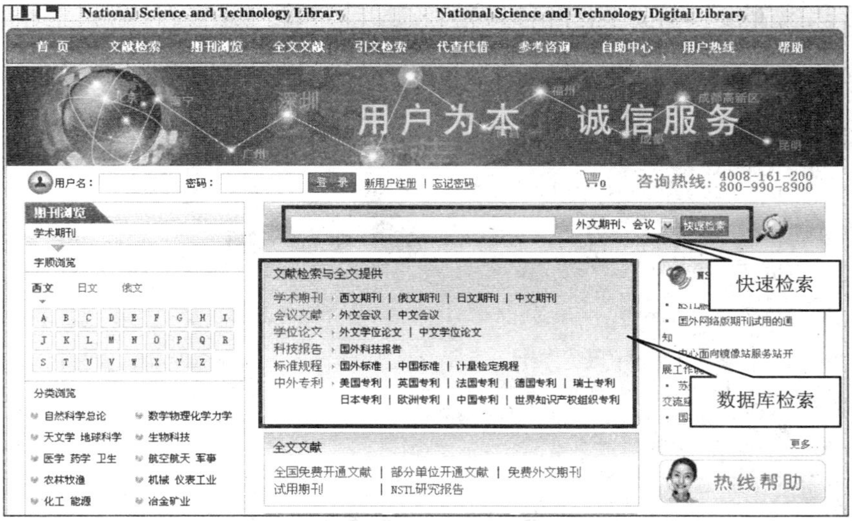

图 4-1-5　国家科技图书文献中心首页

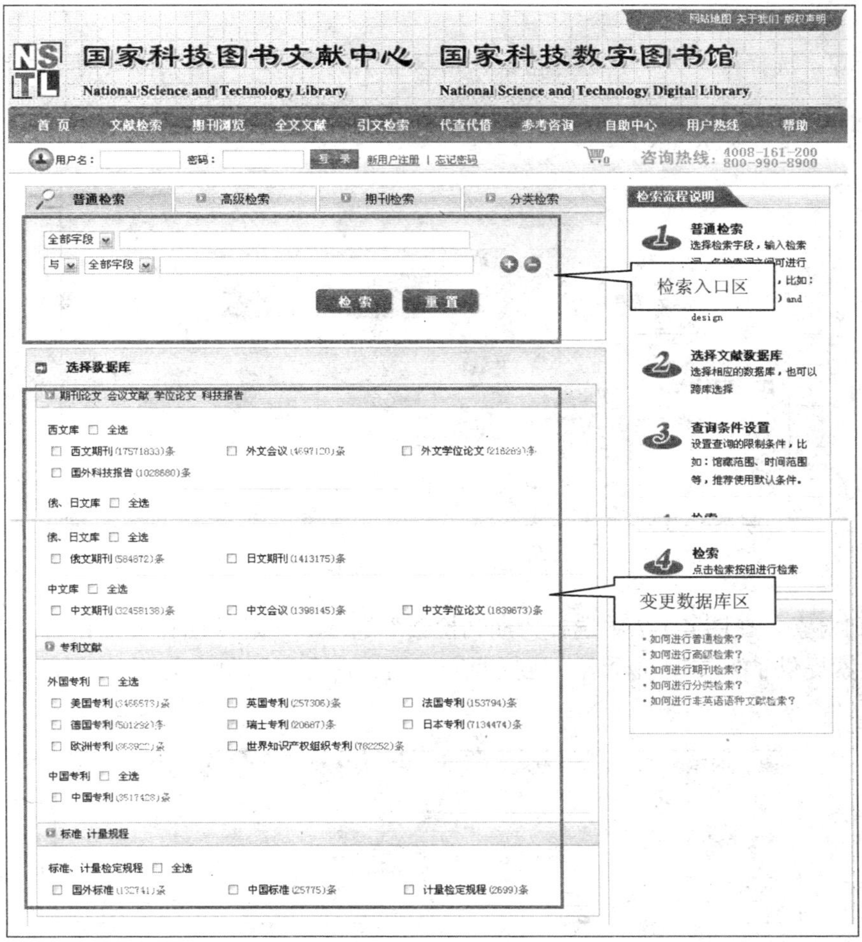

图 4-1-6　数据库检索界面

① 普通检索。检索步骤：选择数据库→选择检索项→输入检索词→检索，得出结果，如有需要可进行二次检索，如图 4-1-7 所示。

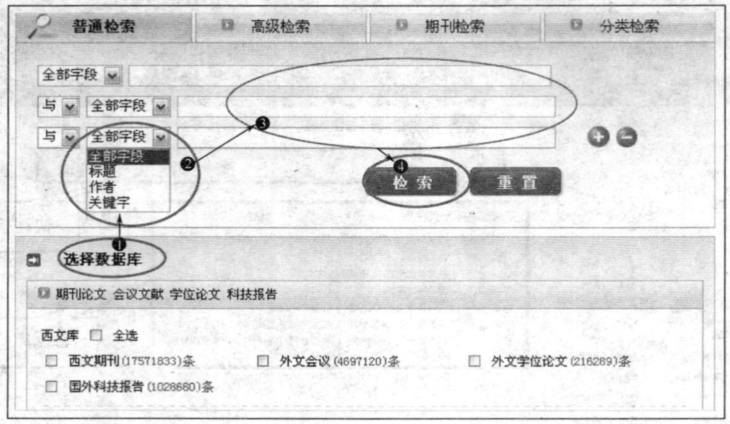

图 4-1-7　普通检索界面

② 高级检索。在图 4-1-7 中选择“高级检索”选项卡，进入高级检索界面，如图 4-1-8 所示。

检索步骤：选择检索入口（选择检索入口区提供的字段）→输入检索词→检索。

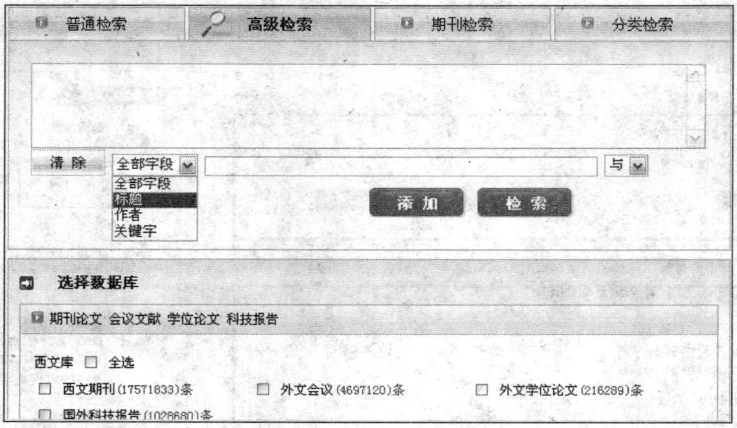

图 4-1-8　高级检索界面

③ 期刊检索。在图 4-1-7 中选择“期刊检索”选项卡，进入期刊检索界面，如图 4-1-9 所示。期刊检索提供了外文期刊检索，包括西文期刊、日文期刊和俄文期刊，可以根据刊名直接检索、浏览。

图 4-1-9　期刊检索界面

④ 分类检索。在图 4-1-7 中选择“分类检索”选项卡，进入分类检索界面，如图 4-1-10 所示。

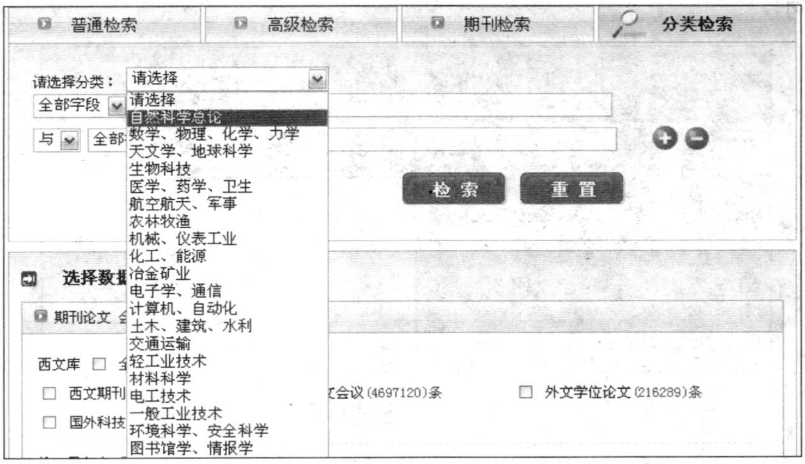

图 4-1-10　分类检索界面

三、检索实例

例 4-1-1　利用中国大百科全书网查询“丝绸之路”的详细注释。

（1）单击首页导航栏中的“组合检索”超链接，如图 4-1-11 所示。

图 4-1-11　导航栏中的“组合检索”超链接

（2）在“中文名称”字段的检索框内输入“丝绸之路”，如图 4-1-12 所示。

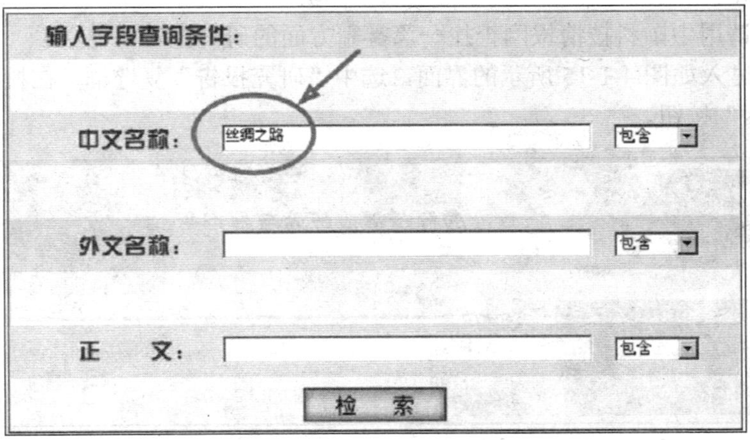

图 4-1-12　输入检索关键字

（3）单击“检索”按钮。

（4）得到 4 条检索结果，如图 4-1-13 所示，分别来源于“纺织”、“交通”、“中国地理”和“中国地图”，单击任意检索结果，右侧显示相应卷中关于“丝绸之路”的详细解释，如图 4-1-14 所示。

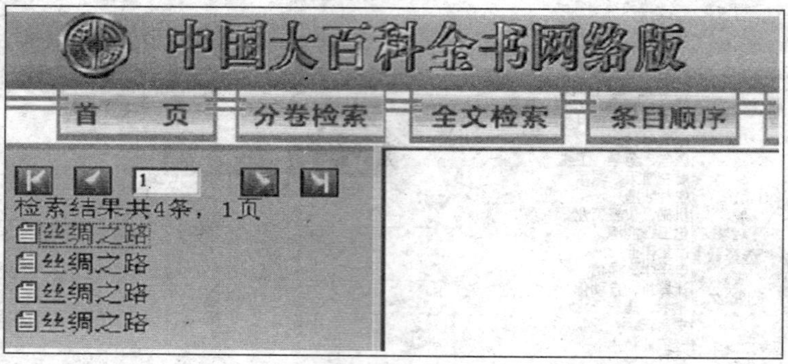

图 4-1-13　检索结果

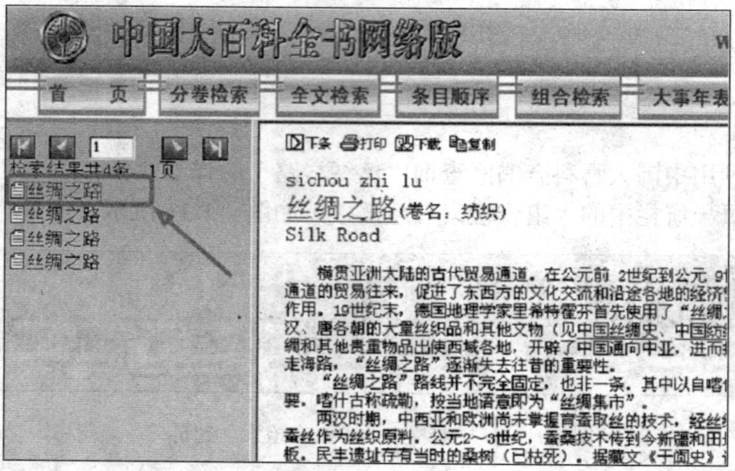

图 4-1-14　检索结果内容浏览

例 4-1-2　请用中国科技情报网查找一篇雾霾方面的研究报告。

（1）注册后进入如图 4-1-15 所示的界面，选中“研究报告”复选框，在检索框中输入“雾霾”，单击“搜索”按钮。

图 4-1-15　中国科技情报网检索界面

（2）得到 2 条检索结果，如图 4-1-16 所示。

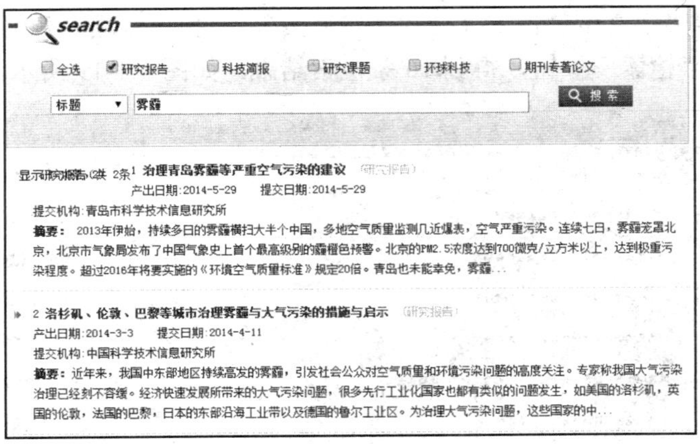

图 4-1-16　检索结果

（3）查看详细结果并下载，如图 4-1-17 所示。

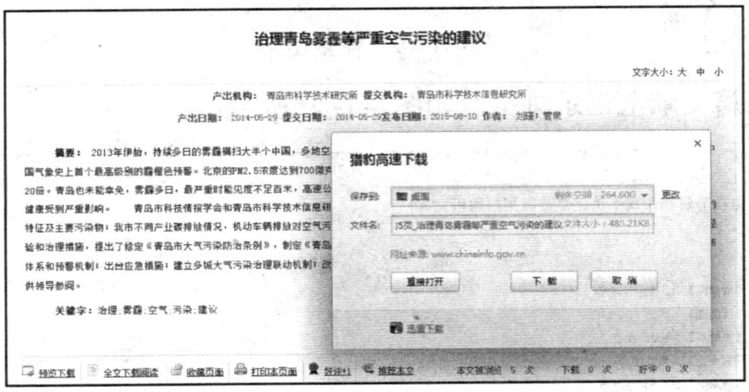

图 4-1-17　查看并下载详细结果

例 4-1-3　利用“国家科技文献资源网络服务系统”检索“数字化电视节目的制作技术”方面的学位论文。

（1）进入“国家科技图书文献中心”首页，进入文献检索界面，如图 4-1-18 所示。

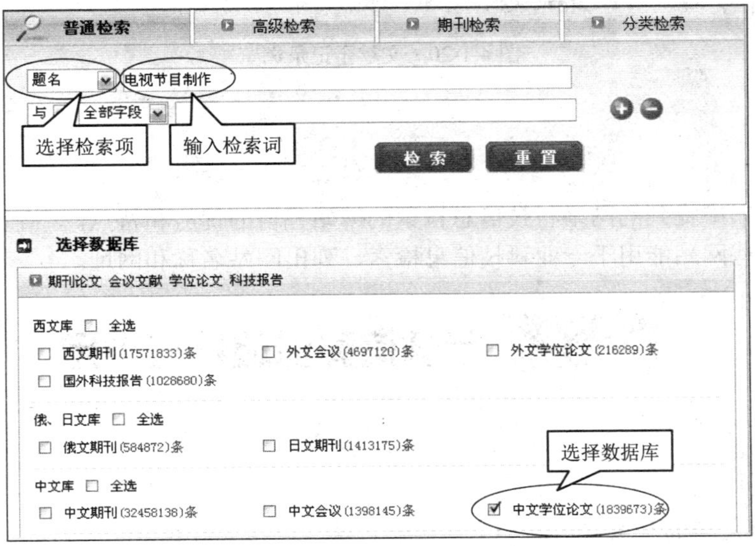

图 4-1-18　文献检索界面

（2）选择数据库“中文学位论文（1839 673）条”，选择检索项“题名”，输入检索词“电视节目制作”，单击“检索”按钮，得到 16 条检索结果，如图 4-1-19 所示。

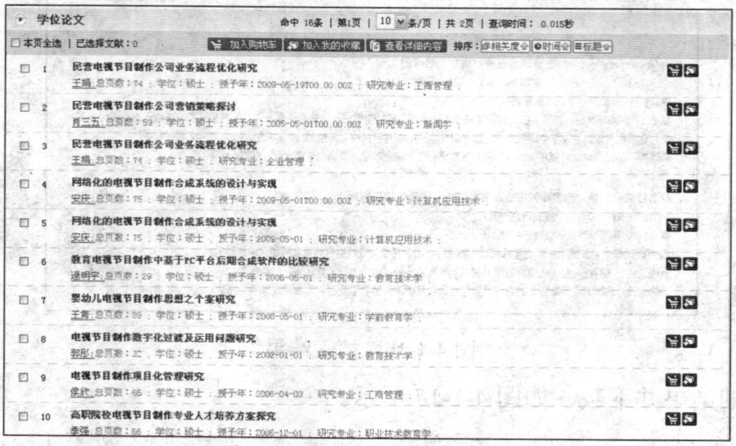

图 4-1-19　检索结果

（3）选择其中一篇文献全记录浏览，如图 4-1-20 所示。

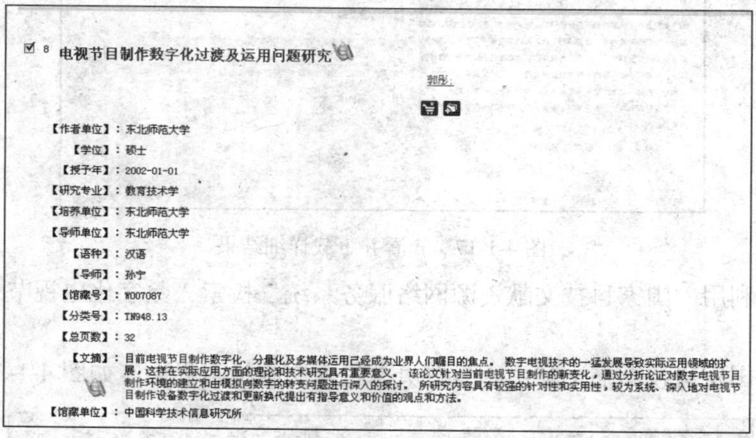

图 4-1-20　文献全记录浏览

四、课堂互动

（1）比较本书中提到的网络科技信息检索的网站各自的优势和特点。
（2）还有哪些网站能用于专业科技信息检索，列出网站名称和网址。

项目 2　专利信息的检索与利用

学习重点

1. 熟悉专利文献的种类、特点和中国专利文献编号组成形式。
2. 掌握专利检索的数据库及主要网站检索方法。

学习要求

学会使用专利网站查找文献的全文，下载专利说明书等文献资料；学会利用中国知识产权局网站的免费资料，通过完成实训项目掌握专利文献检索的方法。

一、相关知识

1. 专利的基本知识

专利文献是一种极为重要的科技信息源，长期以来一直受到应用科研工作者的重视。新产品的开发、新课题的立项、申请科研基金、科研课题鉴定等都需要检索专利资料。及时了解和掌握本学科的专利信息，可以有效避免科研重复，节约科研经费；借鉴专利信息可以解决技术难题，及时跟踪国际先进技术的动向等。同时，由于专利信息兼具技术性和法律性，专利信息的查询具有其他信息查询所不可替代的价值和作用。

1）专利的历史

世界上最早的专利法于 1474 年诞生于威尼斯共和国；英国于 1624 年颁布垄断法；美国于 1790 年制定专利法，1836 年成立美国专利局；1885 年（明治 18 年）4 月 18 日，日本第一部专利法生效；中国第一部专利法于 1985 年 4 月 1 日施行。

专利的功能是保护发明创造，鼓励发明创造，有利于发明创造的推广应用，促进科学技术的发展。

2）专利文献的特点

专利文献是确定科技发明者所有权范围的法律性文件。其特点如下：内容详尽、具体（技术背景、创新内容、发明特点、具体实施示例及插图等），技术上实用性很大；内容新颖，是最新的信息源。

3）专利的种类

专利一般分为三大类：发明专利、实用新型专利、外观设计专利。

申请专利的三大条件：新颖性、创造性、实用性。

4）专利文献的概念

专利文献一般指专利说明书，但从广义上讲，专利文献还包括专利申请公开说明书、审订公告、授权公告、专利说明书、专利分类法，以及各种专利检索文献，根据各国专利审批制度的不同而异。一般是“早期公开，延迟审查制”，如中国、日本等大多数国家都使用此制度。因此，有专利申请公开说明书和专利说明书，两者内容基本相同，但法律作用不同，专利申请公开说明书不是法律文件，申请的发明只受临时保护措施的保护，专利说明书既是法律文件又是技术文献。

5）专利分类法

国际专利分类表由八大部组成：A 部，人类生活必需（农、轻、医）；B 部，作业、运输；C 部，化学、冶金；D 部，纺织、造纸；E 部，固定建筑物（建筑、采矿）；F 部，机械工业；G 部，物理；H 部，电学。

国际专利分类号由部、分部、类、大组、小组 5 部分组成。

2. 专利文献的检索

1）专利文献的编排方式与常见检索字段

专利说明书一般由3部分组成：首页、正文、专利权项。

常见检索字段有：申请号、申请日、申请公开号、申请公开日、授权公告号、发明人、申请人、专利权人、优先权项、专利名称、摘要、专利权项等。

2）中国专利文献编号组成形式

例如，CN1030011A。

其中，CN：国家代码。

1：专利类型（1——发明专利；2——实用新型专利；3——外观设计专利）。

A：文献种类代码（A——发明专利申请公开；B——发明专利审定公告；C——发明专利授权公告；U——实用新型专利申请公告；Y——实用新型专利授权公告；S——外观设计专利申请公告）。

3）专利检索的方式

传统的手工检索：检索费时，很难满足需求。

商业专利数据库：收费数据库，一般用户难以承受。

网上专利数据库：许多网上专利数据库可免费获取专利信息，基本能满足要求，是一种较好的专利检索途径。

3. 提供专利检索的数据库及主要网站

（1）中华人民共和国国家知识产权局（http://www.sipo.gov.cn/）。

（2）中国专利信息网（http://www.patent.com.cn/）。

（3）中国专利网（http://www.cnpatent.com/）。

（4）中国知网的“中国专利全文数据库”（http://www.cnki.net/）。

（5）读秀学术搜索（http://edu.duxiu.com/）。

（6）欧洲专利局专利检索网站（http://ep.espacenet.com）。

二、专利检索的数据库及主要网站推介

1. 国家知识产权局专利系统

1）登录方式

中华人民共和国国家知识产权局网址为http://www.sipo.gov.cn/。

2）检索系统概述

该系统收录了1985年以来所有的发明专利、实用新型专利和外观设计专利的检索，可免费下载100页以内的专利说明书，是国内最具权威的中国专利检索系统。

3）使用方法

（1）登录中华人民共和国国家知识产权局网站首页，如图4-2-1所示。专利检索入口在上部，单击“专利检索与查询”按钮，可进入专利检索与查询选择界面，如图4-2-2所示。这里提供了4种检索与查询类别：专利检索与分析、中国及多国专利审查信息查询、中国专利公布

公告查询、中国专利事务信息查询。

图 4-2-1　中华人民共和国国家知识产权局网站首页

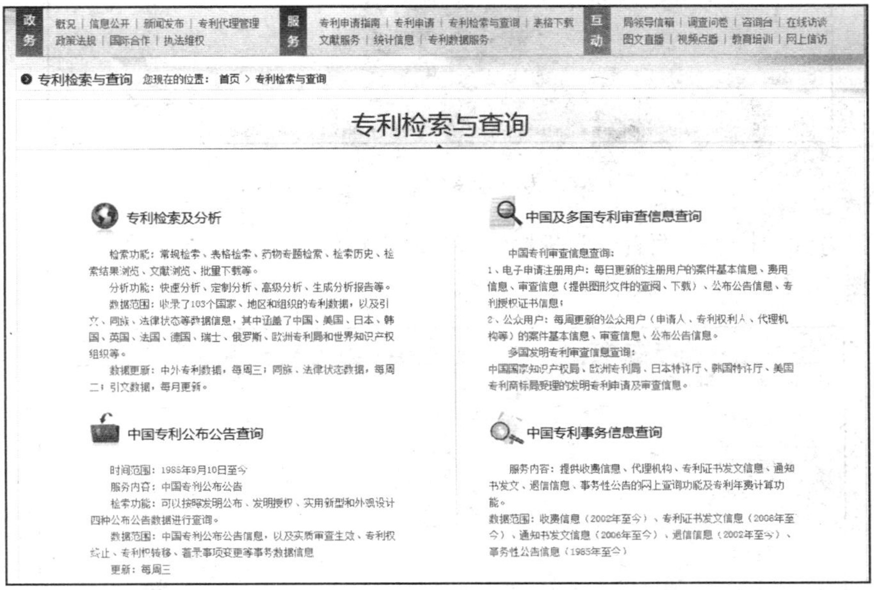

图 4-2-2　专利检索与查询选择界面

（2）单击“专利检索及分析”超链接，进入“使用前必读”界面，单击“同意”按钮，进入“专利检索及分析”界面，如图 4-2-3 所示。再单击页面上部的“专利检索”超链接，进入检索界面，如图 4-2-4 所示。

图 4-2-3 “专利检索及分析”界面

图 4-2-4 专利检索的“常规检索”界面

（3）检索方式：检索界面有“常规检索”、“表格检索”、“药物专题检索”等 8 个不同功能的选项卡，图 4-2-5 所示为“表格检索”界面。

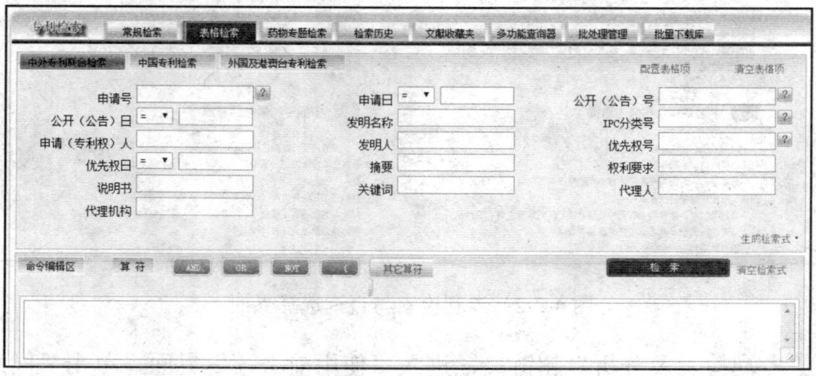

图 4-2-5 专利检索的“表格检索”界面

（4）检索方法：系统提供了 6 种不同字段的检索，分别是申请（专利）号、公开（公告）号、申请（专利权）人、发明人、发明名称和检索要素，默认为自动识别。系统的检索方法使用简单，有检索帮助，只要将鼠标指针放在输入检索词文本框的边上，系统就会自动显示该检索词的组词方法和检索示例，如图 4-2-6 所示，可以帮助检索者准确输入检索词。

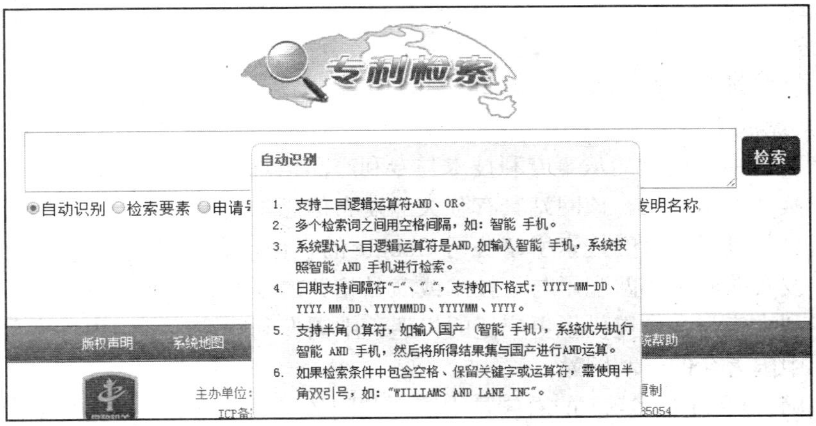
专利检索
检索
自动识别
1. 支持二目逻辑运算符AND、OR。
2. 多个检索词之间用空格间隔，如：智能 手机。
3. 系统默认二目逻辑运算符是AND,如输入智能 手机，系统按照智能 AND 手机进行检索。
4. 日期支持间隔符"-"、"."，支持如下格式：YYYY-MM-DD、YYYY.MM.DD、YYYYMMDD、YYYYMM、YYYY。
5. 支持半角()算符，如输入国产（智能 手机），系统优先执行智能 AND 手机，然后将所得结果集与国产进行AND运算。
6. 如果检索条件中包含空格、保留关键字或运算符，需使用半角双引号，如："WILLIAMS AND LANE INC"。
自动识别 检索要素
版权声明
系统地图

图 4-2-6　系统自动显示检索帮助提示

2. 中国专利信息网

1）登录方式

中国专利信息网网址为 http://www.patent.com.cn/，如图 4-2-7 所示。

中国专利信息网
国家知识产权局专利检索咨询中心
Patent Search and Consultation Center of SIPO
专致精业道
稳聚行高远
输入您要查询的内容
搜索
首页 中心概况 在线业务 政策法规 专利展示 典型案例 互动参与 文化交流 综合信息
大寒
通知公告
检索
翻译
咨询
注册用户登录
用户名：
密 码：
验证码：
登录
注册

图 4-2-7　中国专利信息网首页

2）中国专利信息网概述

中国专利信息网是目前国内科技及知识产权领域提供专利信息检索分析、专利事务咨询、专利及科技文献翻译、非专利文献数据加工等服务的权威机构。

3）检索使用及业务范围

改版后的中国专利信息网，使用时首先要进行注册，成为注册用户，得到一个委托编号，凭借委托编号，用户可以登录网站以电子方式填写并提交委托书，同时作为附件上传文件，方可完成委托过程。完成之后客户可随时查询该项业务的进展状态，并能够在该项业务完成后收到完成业务的提醒。检索的业务范围包括：查新检索、专题检索、授权专利检索、香港短期专利检索、法律状态检索、同族专利检索、跟踪检索、国际联机检索、侵权分析等。

3. 中国专利网

1）登录方式

中国专利网网址为 http://www.cnpatent.com/。

2）检索系统概述

中国专利网是中国最大的从事专利技术与专利产品信息的发布，并为专利供需双方提供全方位服务的权威性中文网站。该网站具有强大的发布信息与展示功能，以及完善的网络专利检索功能。它通过与世界最大的搜索引擎公司 Google 的合作，利用最先进的网络信息匹配技术，为每一项网上发布的专利都匹配了与之技术或产品相关的生产、科研、贸易、投资、媒体等机构信息，为专利推广与合作提供了更广泛的机遇。中国专利网注册了国内外大型网站的搜索引擎，现已成为中国著名的专利网站。

中国专利网首页（图 4-2-8）的右侧是中国专利网的两类数据库：一类是中国专利检索数据库，另一类是中国专利实施数据库。

图 4-2-8　中国专利网首页

3）使用方法

（1）检索入口。该系统无法检索专利全文，只能获取专利文摘。其使用方法比较简单，但是信息类型较多，因此对于需要了解各领域专利现状或专利技术及其生产机构的用户比较适合。

① 登录到中国专利网首页后，单击右侧的“中国专利检索数据库”超链接可以进入检索界面，如图 4-2-9 所示。

中国专利检索数据库检索入口有：专利号、发明名称、摘要、申请日、公开/公告日、公开/公告号、IPC 分类号、申请人、发明人、申请人地址、国省代码。

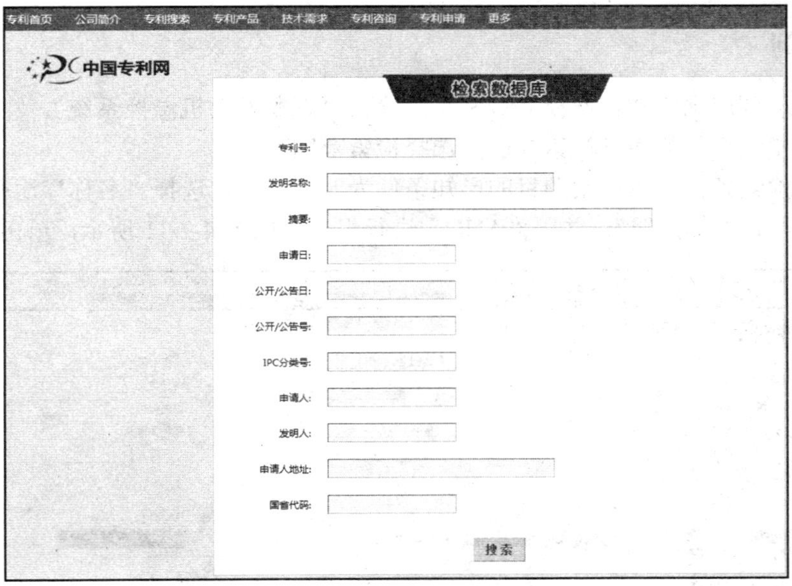

图 4-2-9　中国专利检索数据库界面

② 登录到中国专利网首页后，单击右侧的“中国专利实施数据库”超链接可以进入其检索界面，如图 4-2-10 所示。

中国专利实施数据库检索入口有：专利（申请）号、发明名称、单位名称、发明人、地址、关键字。

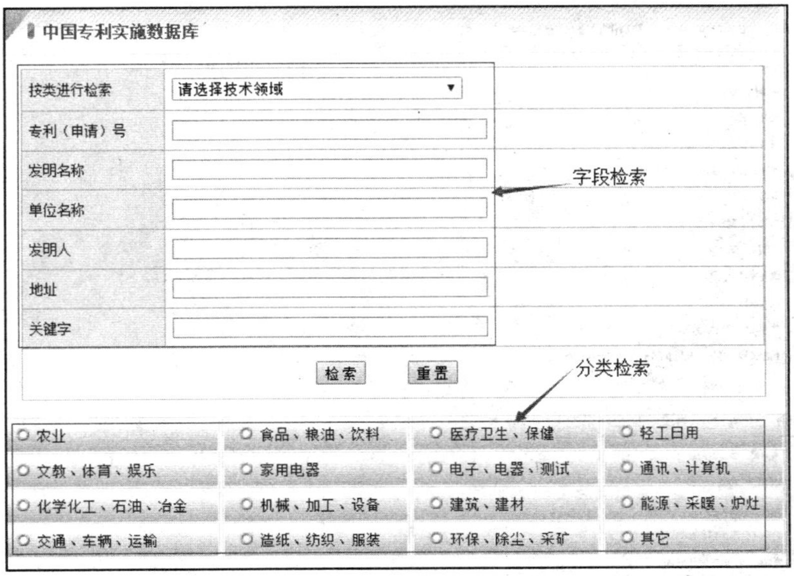

图 4-2-10 中国专利实施数据库界面

（2）检索方法。

① 中国专利检索数据库检索只需输入对应字段的检索词，单击“检索”按钮即可得到所需的信息。

② 中国专利实施数据库检索可以按照分类进行检索和按检索字段进行检索。

三、检索实例

例 4-2-1 利用国家知识产权局专利系统检索“汽车发动机温控系统”。

（1）进入检索系统的表格检索界面，选择检索范围。

（2）输入检索条件。本检索题目的已知条件为专利名称，选择“名称”途径，在检索框中输入“发动机”和“温控器”，并用“AND”进行组合，如图 4-2-11 所示，单击“检索”按钮。

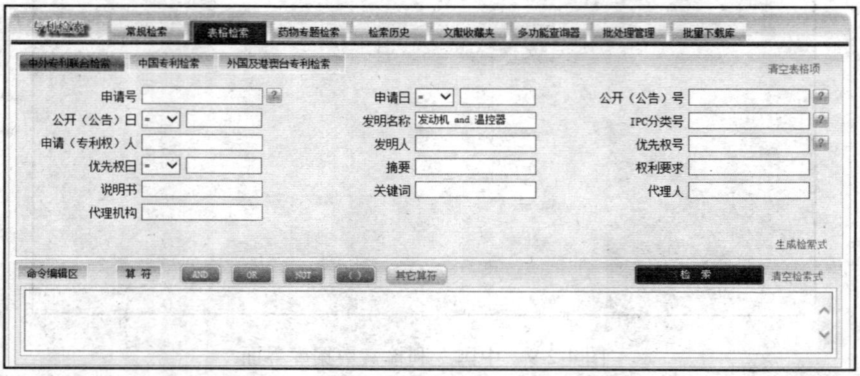

图 4-2-11 输入检索条件

（3）得到 2 条检索结果，如图 4-2-12 所示，单击其中一条结果的“查看文献详细信息”超链接，进入专利文献摘要界面，如图 4-2-13 所示。

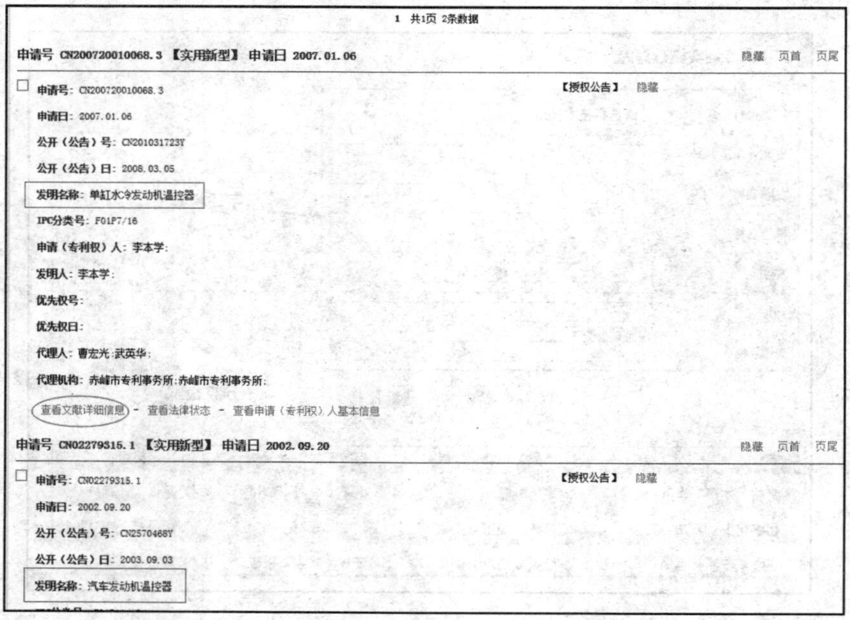

图 4-2-12 检索结果

（4）浏览专利全文。如果需要阅读全文，则可以单击图 4-2-13 中的“全文图像”超链接，进入专利说明书页码导航界面，可进行专利的在线阅读，如图 4-2-14 所示。

图 4-2-13　专利文献摘要界面

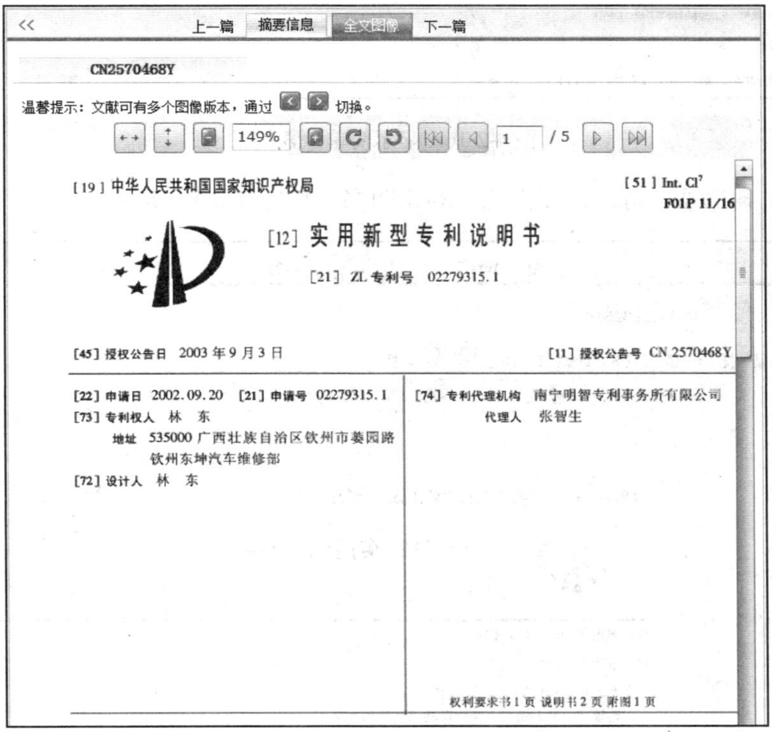

图 4-2-14　专利说明书页码导航界面

例 4-2-2　请用中国国家知识产权局专利系统检索“用于省力卫生的指甲剪专利”。

进入简单检索界面，在关键词框中输入“省力卫生 指甲剪”，如图 4-2-15 所示，单击“检索”按钮，得到如图 4-2-16 所示的检索结果。

图 4-2-15 简单检索界面

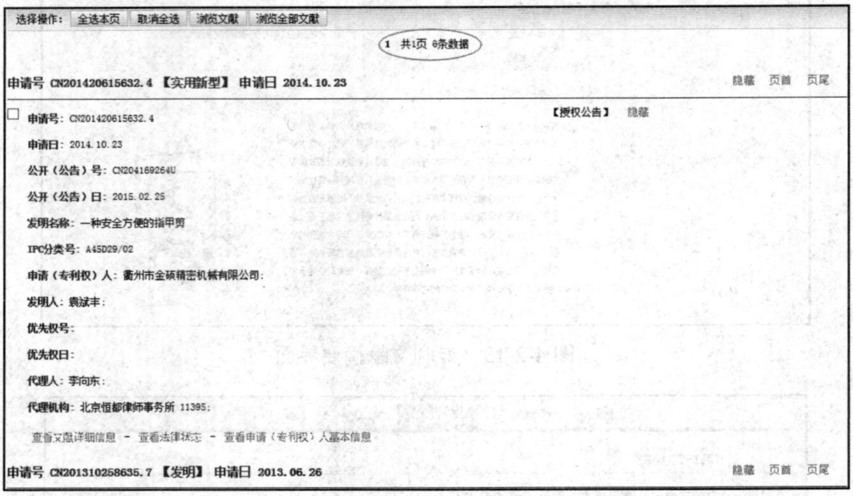

图 4-2-16 显示简单检索结果

单击其中一条记录，可以在线浏览专利说明书，如图 4-2-17 所示。

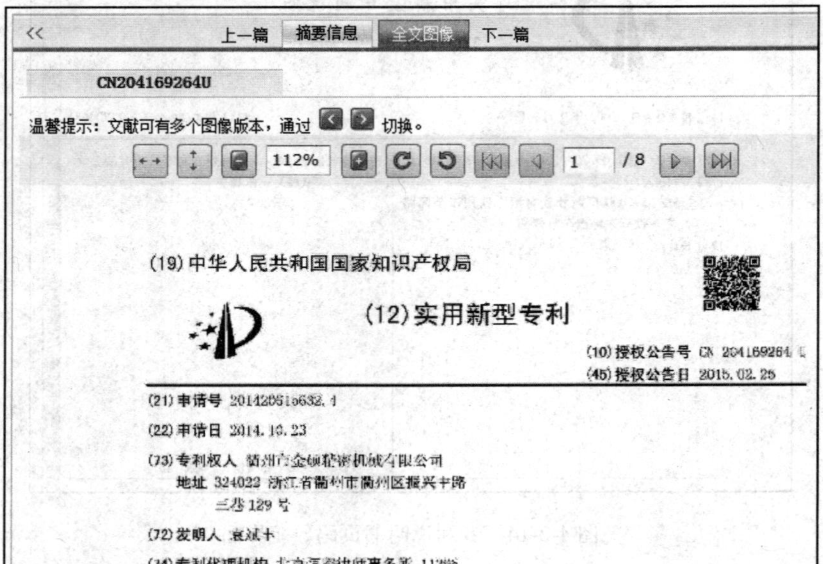

图 4-2-17 在线浏览专利说明书

例 4-2-3　利用中国专利网检索“变速自行车”方面的专利文献。

（1）登录中国专利网首页，进入中国专利检索数据库界面，选择“发明名称”字段为检索入口，输入“变速自行车”，如图 4-2-18 所示，单击“检索”按钮，执行检索操作。

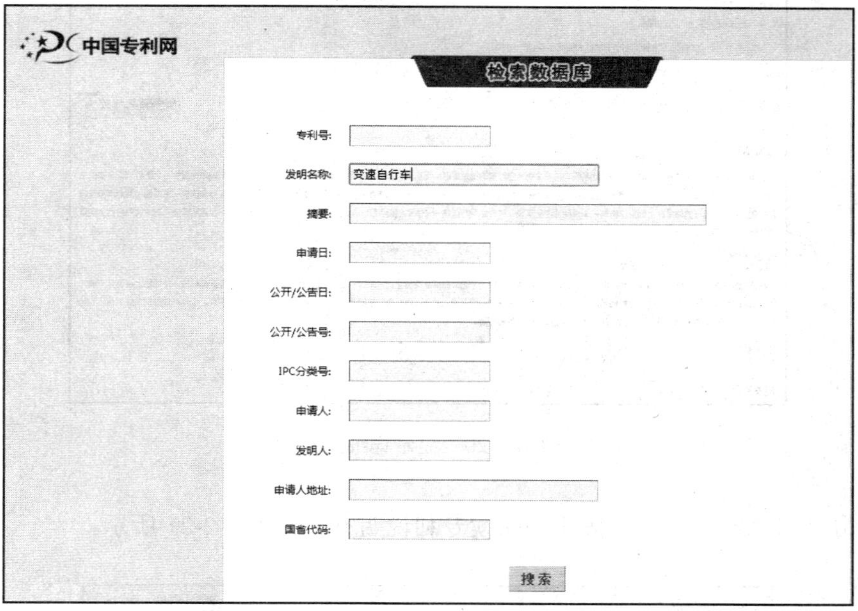
中国专利网
检索数据库
专利号:
发明名称:
变速自行车
摘要:
申请日:
公开/公告日:
公开/公告号:
IPC分类号:
申请人:
发明人:
申请人地址:
国省代码:
搜索

图 4-2-18　输入检索条件

（2）显示检索结果有 97 条，如图 4-2-19 所示，浏览其中任意一项符合要求的结果，详细结果如图 4-2-20 所示。

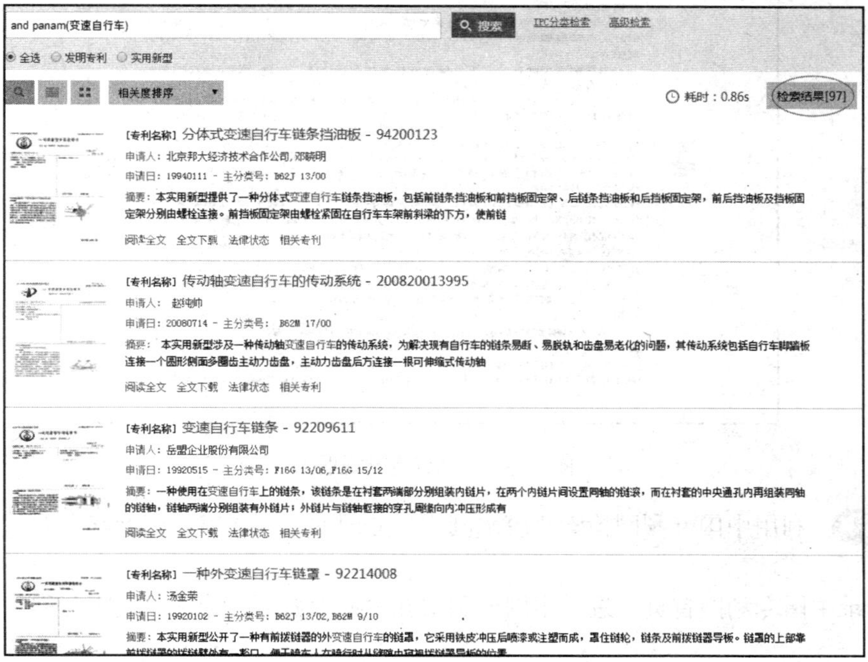
and panam(变速自行车)
搜索
IPC分类检索
高级检索
全选
发明专利
实用新型
相关度排序
耗时：0.86s
检索结果[97]
[专利名称] 分体式变速自行车链条挡油板 - 94200123
申请人：北京邦大经济技术合作公司,邓晓明
申请日：19940111 - 主分类号：B62J 13/00
摘要：本实用新型提供了一种分体式变速自行车链条挡油板，包括前链条挡油板和前挡板固定架、后链条挡油板和后挡板固定架，前后挡油板及挡板固定架分别由螺栓连接。前挡板固定架由螺栓紧固在自行车车架前斜梁的下方，使前链
阅读全文　全文下载　法律状态　相关专利
[专利名称] 传动轴变速自行车的传动系统 - 200820013995
申请人：赵纯帅
申请日：20080714 - 主分类号：B62M 17/00
摘要：本实用新型涉及一种传动轴变速自行车的传动系统，为解决现有自行车的链条易断、易脱轨和齿盘易老化的问题，其传动系统包括自行车脚踏板连接一个圆形侧面多圈齿主动力齿盘，主动力齿盘后方连接一根可伸缩式传动轴
阅读全文　全文下载　法律状态　相关专利
[专利名称] 变速自行车链条 - 92209611
申请人：岳盟企业股份有限公司
申请日：19920515 - 主分类号：F16G 13/06,F16G 15/12
摘要：一种使用在变速自行车上的链条，该链条是在衬套两端部分别组装内链片，在两个内链片间设置同轴的链滚，而在衬套的中央通孔内再组装同轴的链轴，链轴两端分别组装有外链片；外链片与链轴枢接的穿孔周缘向内冲压形成有
阅读全文　全文下载　法律状态　相关专利
[专利名称] 一种外变速自行车链罩 - 92214008
申请人：汤金荣
申请日：19920102 - 主分类号：B62J 13/02,B62M 9/10
摘要：本实用新型公开了一种有前拔链器的外变速自行车的链罩，它采用铁皮冲压后喷漆或注塑而成，罩住链轮，链条及前拔链器导板。链罩的上部靠

图 4-2-19　显示检索结果

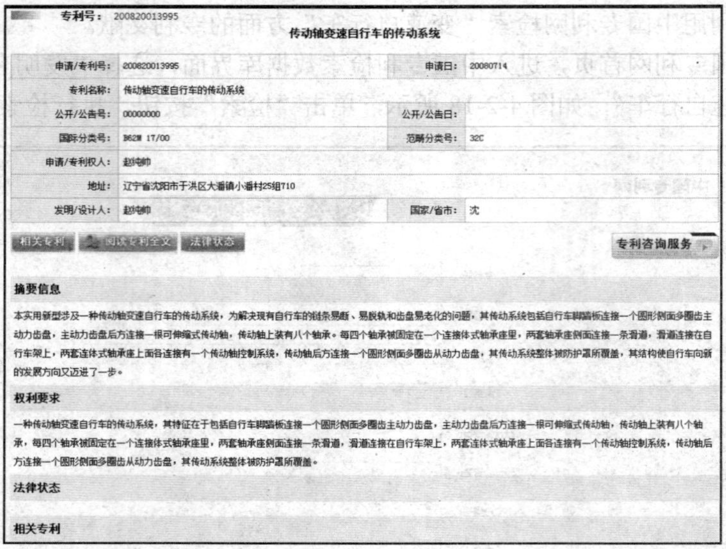
专利号： 200820013995
传动轴变速自行车的传动系统
申请/专利号： 200820013995
申请日： 20080714
专利名称： 传动轴变速自行车的传动系统
公开/公告号： 00000000
公开/公告日：
国际分类号： B62M 17/00
范畴分类号： 32C
申请/专利权人： 赵纯帅
地址： 辽宁省沈阳市于洪区大潘镇小潘村25组710
发明/设计人： 赵纯帅
国家/省市： 沈
相关专利
阅读专利全文
法律状态
专利咨询服务
摘要信息
本实用新型涉及一种传动轴变速自行车的传动系统，为解决现有自行车的链条易断、易脱轨和齿盘易老化的问题，其传动系统包括自行车脚踏板连接一个圆形侧面多圈齿主动力齿盘，主动力齿盘后方连接一根可伸缩式传动轴，传动轴上装有八个轴承。每四个轴承被固定在一个连接体式轴承座里，两套轴承座侧面连接一条滑道，滑道连接在自行车架上，两套连体式轴承座上面各连接有一个传动轴控制系统，传动轴后方连接一个圆形侧面多圈齿从动力齿盘，其传动系统整体被防护罩所覆盖，其结构使自行车向新的发展方向又迈进了一步。
权利要求
一种传动轴变速自行车的传动系统，其特征在于包括自行车脚踏板连接一个圆形侧面多圈齿主动力齿盘，主动力齿盘后方连接一根可伸缩式传动轴，传动轴上装有八个轴承，每四个轴承被固定在一个连接体式轴承座里，两套轴承座侧面连接一条滑道，滑道连接在自行车架上，两套连体式轴承座上面各连接有一个传动轴控制系统，传动轴后方连接一个圆形侧面多圈齿从动力齿盘，其传动系统整体被防护罩所覆盖。
法律状态
相关专利

图 4-2-20　显示详细结果

（3）单击“阅读专利全文”按钮可阅读专利说明书，如图 4-2-21 所示。

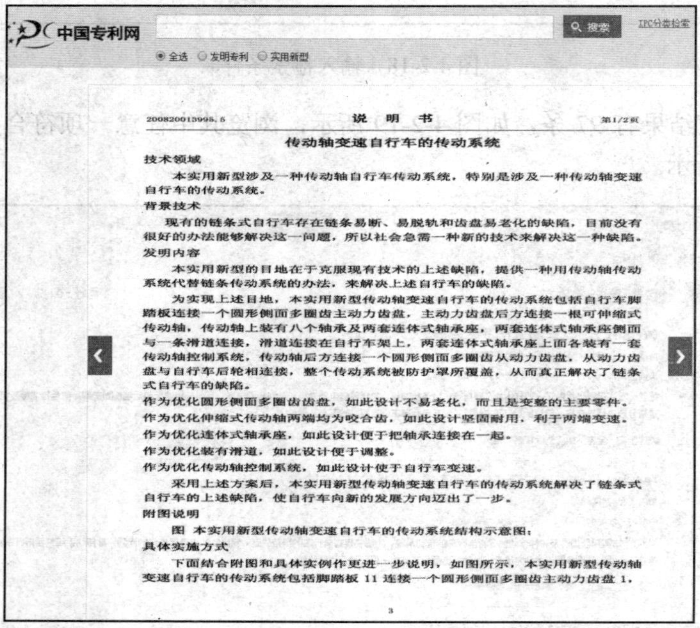
中国专利网
搜索
IPC分类检索
全选 发明专利 实用新型
200820013995.5
说 明 书
第1/2页
传动轴变速自行车的传动系统
技术领域
本实用新型涉及一种传动轴自行车传动系统，特别是涉及一种传动轴变速自行车的传动系统。
背景技术
现有的链条式自行车存在链条易断、易脱轨和齿盘易老化的缺陷，目前没有很好的办法能够解决这一问题，所以社会急需一种新的技术来解决这一种缺陷。
发明内容
本实用新型的目地在于克服现有技术的上述缺陷，提供一种用传动轴传动系统代替链条传动系统的办法，来解决上述自行车的缺陷。
为实现上述目地，本实用新型传动轴变速自行车的传动系统包括自行车脚踏板连接一个圆形侧面多圈齿主动力齿盘，主动力齿盘后方连接一根可伸缩式传动轴，传动轴上装有八个轴承及两套连体式轴承座，两套连体式轴承座侧面与一条滑道连接，滑道连接在自行车架上，两套连体式轴承座上面各装有一套传动轴控制系统，传动轴后方连接一个圆形侧面多圈齿从动力齿盘，从动力齿盘与自行车后轮相连接，整个传动系统被防护罩所覆盖，从而真正解决了链条式自行车的缺陷。
作为优化圆形侧面多圈齿齿盘，如此设计不易老化，而且是变整的主要零件。
作为优化伸缩式传动轴两端均为咬合齿，如此设计坚固耐用，利于两端变速。
作为优化连体式轴承座，如此设计便于把轴承连接在一起。
作为优化装有滑道，如此设计便于调整。
作为优化传动轴控制系统，如此设计使于自行车变速。
采用上述方案后，本实用新型传动轴变速自行车的传动系统解决了链条式自行车的上述缺陷，使自行车向新的发展方向迈出了一步。
附图说明
图 本实用新型传动轴变速自行车的传动系统结构示意图；
具体实施方式
下面结合附图和具体实例作更进一步说明，如图所示，本实用新型传动轴变速自行车的传动系统包括脚踏板 11 连接一个圆形侧面多圈齿主动力齿盘 1，
3

图 4-2-21　阅读专利说明书

例 4-2-4　利用中国专利网检索“废水利用”方面的专利文献，查询其专利生产厂家与联系方式。

（1）登录中国专利网首页，进入中国专利实施数据库界面，选择“发明名称”字段为检索入口。

（2）在“发明名称”文本框中输入“废水再利用”，单击“检索”按钮，执行检索操作，

如图 4-2-22 所示。

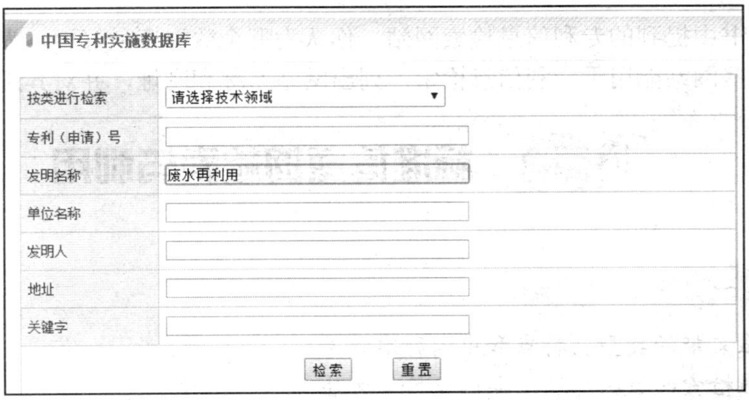

图 4-2-22　中国专利实施数据库检索界面

（3）显示检索结果，如图 4-2-23 所示，浏览其中任意一项符合要求的结果，详细结果如图 4-2-24 所示。

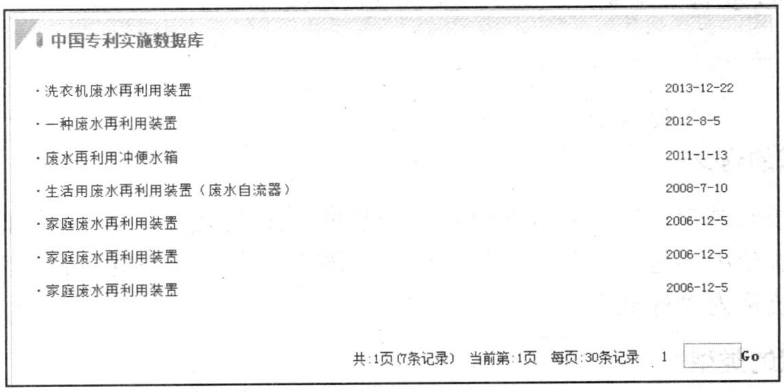

图 4-2-23　显示检索结果

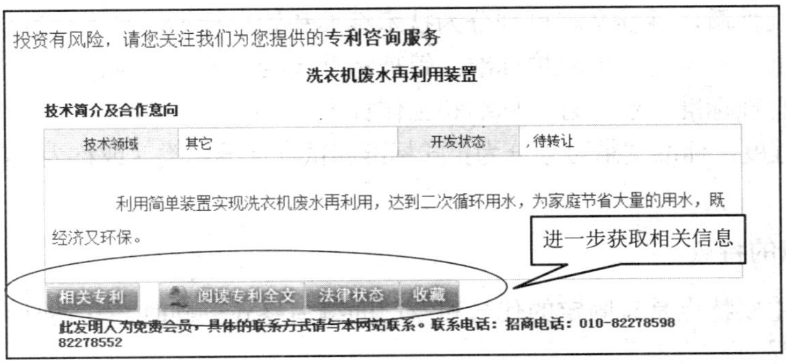

图 4-2-24　显示详细结果

需要说明的是，互联网是一个随时更新、动态变化的网络平台，网上的数据库也每时每刻处于更新变化中。现在呈现给大家的是最新的信息，但也许读者在使用数据库时，其检索界面和检索方式已经发生了变化。但无论怎样变化，检索的基本原理和方法是不变的，只要掌握了网络检索的基本技巧，那么使用网络数据库就很容易。

四、课堂互动

（1）比较本书中提到的专利信息检索网站，你认为哪个数据库最好用，为什么？

（2）还有哪些网站能用于专利信息检索，列出网站名称和网址，并对其进行分析。

项目3 标准信息的检索与利用

学习重点

1. 熟悉标准文献的类型、特点和中国标准编号。
2. 掌握标准检索的数据库及主要网站检索方法。

学习要求

学会使用标准网站查找相关标准，获取标准全文；学会利用广东省高职院校区域文献信息共享联盟试验网获得免费标准全文，通过完成实训项目掌握标准检索的方法。

一、相关知识

1. 标准文献的含义

标准文献是按照规定程序编制并经过一个公认的权威机构（主要机关）批准的，供在一定范围内广泛而多次使用，包括一整套在特定活动领域内必须执行的规格、定额、规划、要求的技术文件，通常统称为“标准”。

2. 标准文献的类型

（1）按使用范围，标准文献可划分为国际标准、区域标准、国家标准、专业标准、部门标准、基础标准。

（2）按内容及性质，标准文献可划分为技术标准和管理标准。技术标准包括基础标准、产品标准、方法标准、安全与环境保护标准；管理标准包括技术管理标准、生产组织标准、经济管理标准、行政管理标准、业务管理标准和工作标准。

（3）按成熟程度，标准文献可划分为正式标准和试行标准两类（或称为强制性标准和推荐性标准）。

3. 标准文献的特点

标准文献的主要特点是有固定的代号和专门的编写格式。同时，它还具有如下特点。

（1）时效性强。

（2）具有法律约束力，要求人们自觉遵守。

（3）数量多、篇幅小、文字简练，通常一个标准只解决一个问题。

（4）新陈代谢频繁，各种标准都将随着科学技术的发展而不断地修订和补充。

4. 中国标准的编号

我国国家标准及行业标准的代号用两个汉语拼音大写字母表示，编号由标准代号（顺序号）

与批准年代组合而成。

（1）国家标准：用 GB 表示，国家推荐的标准用 GB/T 表示，国家指导性标准用 GB/Z 表示。

（2）行业标准：用该行业主管部门名称的汉语拼音字母表示，机械行业标准用 JB 表示，轻工行业标准用 QB 表示等。例如，QB 1007—1990 是指轻工行业 1990 年颁布的第 1007 项标准。

（3）企业标准：代号以 Q 为代表，以企业名称的字母表示，在 Q 前冠以省市自治区的简称汉字。

例如，京 Q/JB1—1989 是北京机械工业局 1989 年颁布的企业标准。

5. 提供标准检索的数据库及主要网站

（1）国家标准文献共享服务平台（www.cssn.net.cn）。

（2）中国标准在线服务网（http://www.gb168.cn/std/indexpage/index.jsp）。

（3）中国标准咨询网（http://www.chinastandard.com.cn/index.asp）。

（4）万方数据——中国标准全文数据库（http://www.wanfangdata.com.cn/）。

（5）广东省高职院校区域文献信息共享联盟试验网（http://www.lmt.superlib.net/），简称联盟网。

（6）读秀搜索（http://www.duxiu.com/）。

二、标准检索的数据库及主要网站推介

1. 国家标准文献共享服务平台

1）登录方式

国家标准文献共享服务平台网址为 www.cssn.net.cn，登录国家标准文献共享服务平台首页，如图 4-3-1 所示。

图 4-3-1 国家标准文献共享服务平台首页

2）检索资源概述

“国家标准文献共享服务平台”门户网站向社会开放服务，提供标准动态跟踪、标准文献检索、标准文献全文传递和在线咨询等功能。

国家标准馆自 2005 年开始进行“标准文献共享网络建设”，在整合全国已有标准文献资源的基础上，形成了规模庞大的标准文献题录数据库、全文数据库和专业数据库。目前，标准文献题录数据库量已达 130 万余条，是我国迄今为止最全的标准文献信息库。资源种类分布如图 4-3-2 所示。

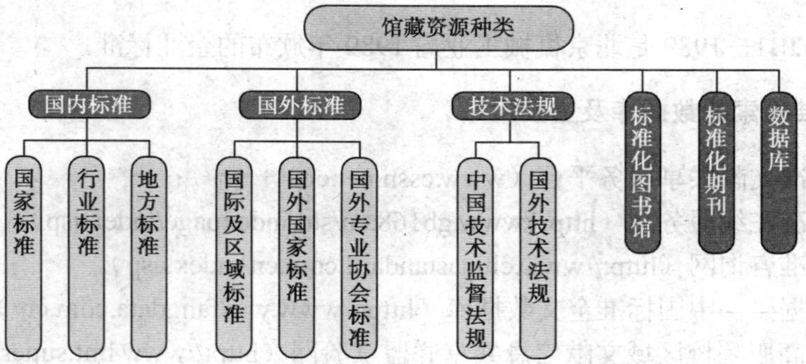

图 4-3-2　资源种类分布

3）使用方法

国家标准文献共享服务平台首页（图 4-3-1）有两种检索方式：一种是简单检索，简单检索提供标准检索、技术法规检索、期刊检索和专著检索等 7 个入口；另一种是进入高级搜索界面，如图 4-3-3 所示。该系统需要注册方能看到检索结果的详细信息。

图 4-3-3　标准（高级）检索界面

（1）选择国家标准文献共享服务平台首页的“资源检索”→“强制国标”选项，进入检索界面，或单击首页“GB 强制性国家标准阅读”超链接，进入检索界面，如图 4-3-4 所示。

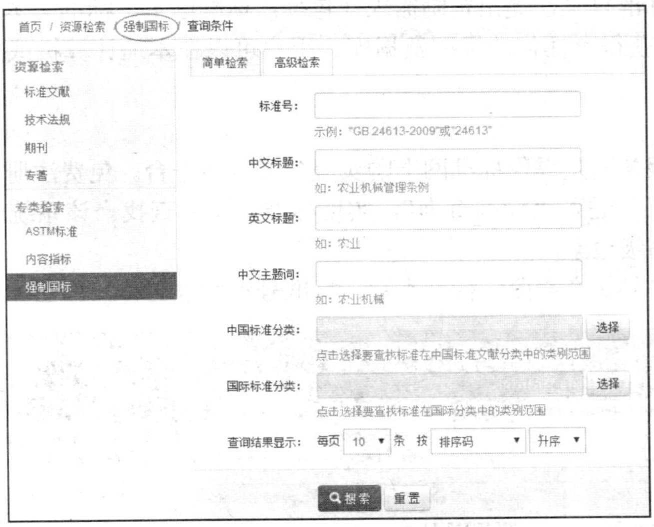

图 4-3-4　强制国标检索界面

（2）选择检索字段，输入对应的“检索词”，单击“搜索”按钮，执行检索。

（3）得到检索结果列表，查看标准全文。

2. 中国标准在线服务网

1）登录方式

中国标准在线服务网网址为 http://www.gb168.cn/std/indexpage/index.jsp，登录中国标准在线服务网首页，如图 4-3-5 所示。

图 4-3-5　中国标准在线服务网首页

2）检索系统概述

中国标准在线服务网针对性强，适用于图书馆、大专院校、大中型企事业单位、科研院所等内部局域网使用。首页导航栏包括：数据库购买、标准购买、在线阅读、强标阅读等。

用户通过检索标准目录，提出定制需求（包括：标准题录、标准文本、标准打印、数据库更新与维护服务），获得个性化的标准数据库。用户可以在本地计算机或局域网内自由查询、浏览所需标准。

3）使用方法

中国标准在线服务网是提供标准网上购买服务的网络平台。免费注册后可以查询标准，用户可以从“标准购买”进入“标准查询”，实现标准资源的查找。该系统的标准检索分为：标准普通检索和标准高级检索。

标准普通检索提供3个字段：标准类别、标准号和标准名称，如图4-3-6所示。

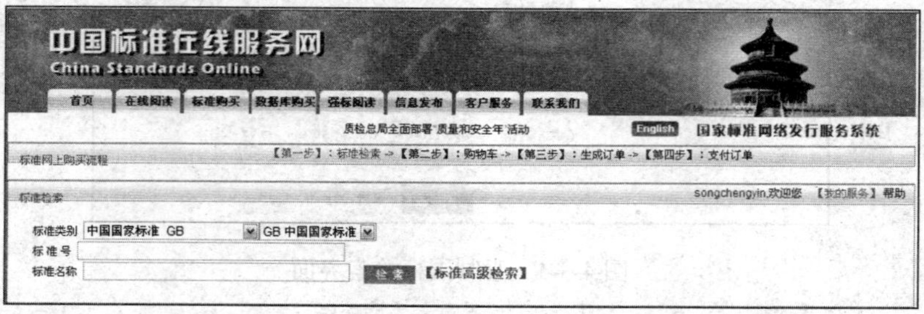

图4-3-6　标准普通检索界面

标准高级检索除提供普通检索的3个字段外，还提供了ICS分类号、采用标准号、标准技术委员会和标准类别中。标分类号、标准号、标准名称3个字段的逻辑组配关系有“与”、“或”、“不含有”，如图4-3-7所示。

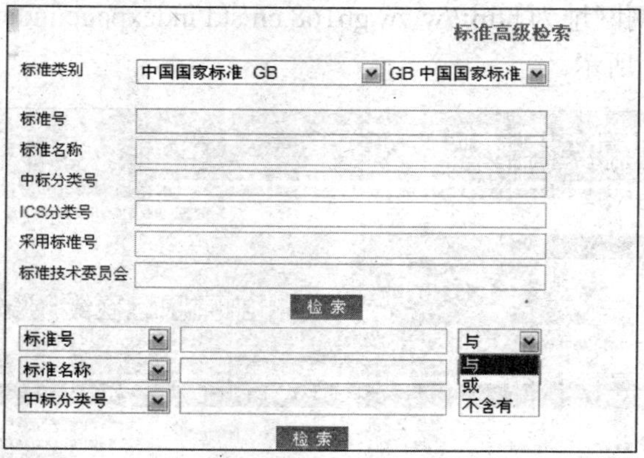

图4-3-7　标准高级检索界面

3. 联盟网

1）登录方式

由http://www.lmt.superlib.net/或广州城市职业学院校园网首页（http://lib.gcp.edu.cn/），找到左下角的“广东省高职院校区域文献信息共享联盟试验网”超链接，单击此超链接，登录联盟网，如图4-3-8所示。

图 4-3-8　联盟网首页

2）检索系统概述

联盟网是由广东省高等院校图书情报工作指导委员会高职高专分委会组织与策划，以资源整合为核心，建立的资源统一检索平台，充分利用广东省所有高职高专院校图书馆的现有资源，通过文献传递的方式，实现资源共享，更好地为广东高职高专院校教学、科研服务。

3）使用方法

进入联盟网检索界面，如图 4-3-9 所示，选择“标准”栏目；选中“全部字段”、“标准号”、“标准中文名”、“标准英文名”之一为检索字段，在搜索框中输入对应检索词，单击“中文搜索”按钮，联盟网系统将在海量的图书数据资源中，围绕该检索词深入到图书的每一页资料中进行信息深度查找。如果单击“外文搜索”按钮，则自动进入到外文期刊频道进行搜索，得到检索结果。

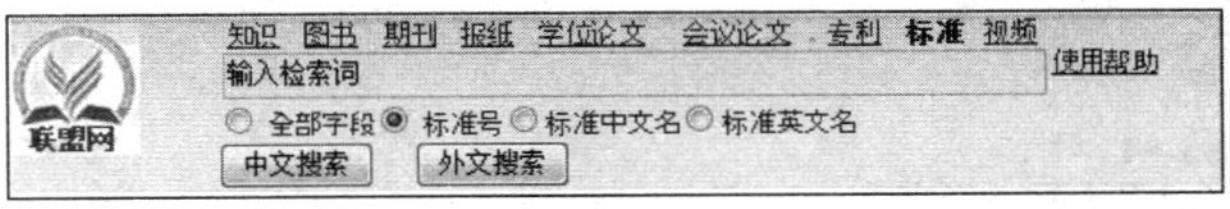

图 4-3-9　联盟网检索界面

三、检索实例

例 4-3-1　利用国家标准文献共享服务平台查出“我国最新的瓶（桶）装饮用水卫生标准”。

（1）从国家标准文献共享服务平台首页（图 4-3-1）中选择“资源检索”→“标准检索”选项，进入标准检索界面。

（2）选择“简单检索”选项卡，在搜索框中输入“饮用水卫生标准”　如图 4-3-10 所示，单击“搜索”按钮，在检索结果页面中选中“含作废”复选框，得到 1 项相关结果，如图 4-3-11 所示。

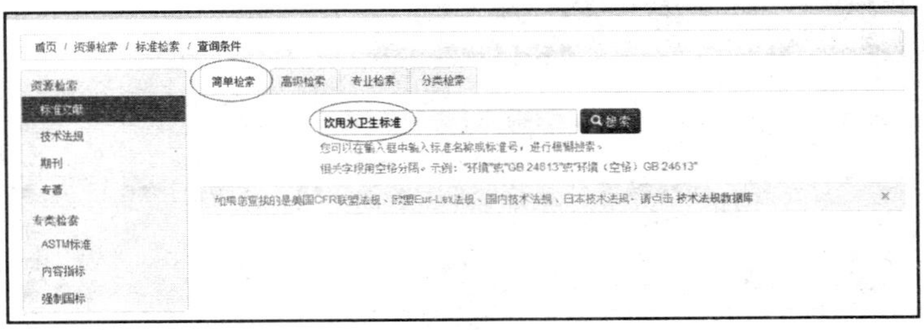

图 4-3-10　简单检索界面

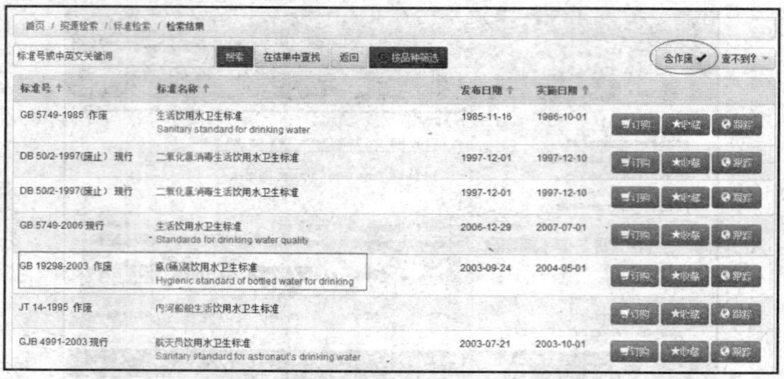

图 4-3-11　标准检索结果

（3）单击相关标准超链接，进入如图 4-3-12 所示的基本信息界面，如需要获得详细的标准信息，则需要订购，支付一定的费用方可获得标准全文。

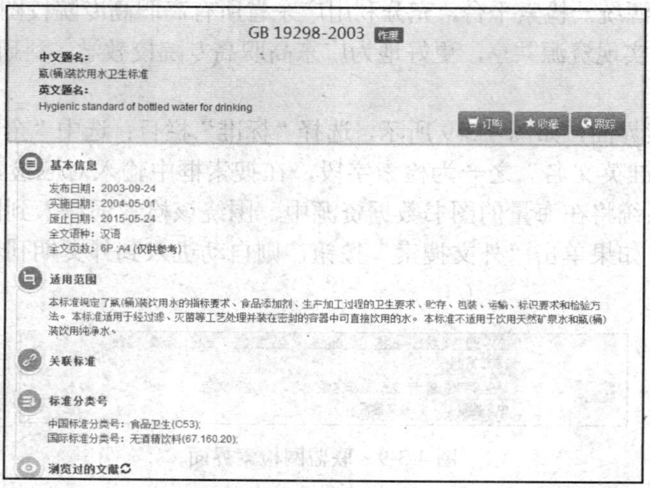

图 4-3-12　检索结果基本信息

例 4-3-2　利用中国标准在线服务网检索出“旅游购物场所服务质量标准”。

（1）由中国标准在线服务网首页（图 4-3-5）的“标准购买”导航栏进入标准普通检索界面（图 4-3-6）。

（2）在“标准名称”检索字段的输入框中输入“旅游购物场所服务质量”，单击“检索”按钮，得到检索结果，如图 4-3-13 所示。单击检索结果列表的标准号，可以查看详细标准检索结果，如图 4-3-14 所示。

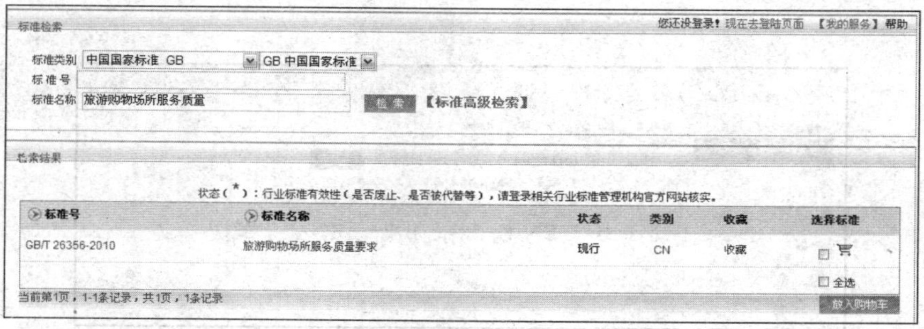

图 4-3-13　检索结果

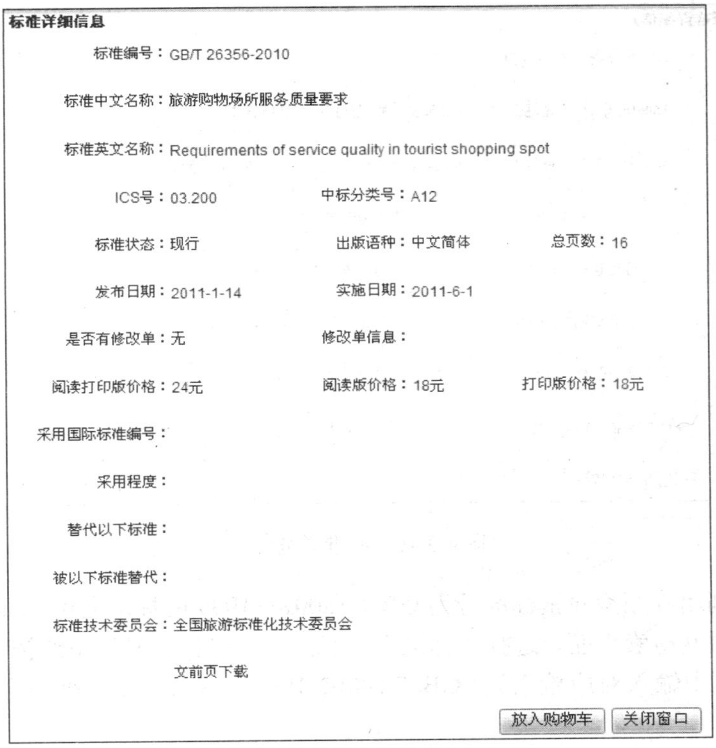

图 4-3-14　标准检索详细信息

（3）如需要标准全文，则需注册后→放入购物车→生成订单→支付订单，方可获得标准全文。

例 4-3-3　利用中国标准在线服务网检索我国道路交通标志标准。

（1）由中国标准在线服务网首页（图 4-3-5）的"标准购买"导航栏进入标准普通检索界面（图 4-3-6），再单击标准普通检索界面上的"标准高级检索"按钮，进入标准高级检索界面（图 4-3-7）。

（2）在"标准名称"字段框中输入"道路交通标志"检索词，得到 6 条检索结果，如图 4-3-15 所示。从标准号来看，前面 3 条为 2009 年颁布的，任选一条查看其详细信息，如图 4-3-16 所示。

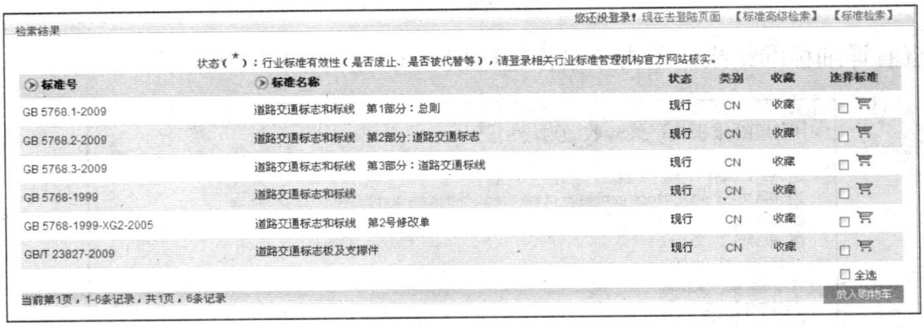

图 4-3-15　检索结果

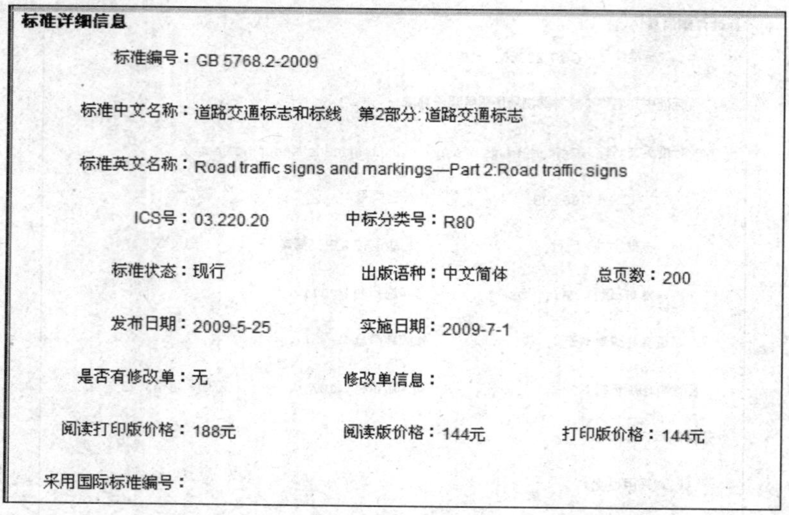

图 4-3-16　标准详细信息

例 4-3-4　利用联盟网检索标准号为 GB/T 18002—1999 的标准名称及标准全文。

（1）进入联盟网检索界面，选择“标准”栏目，选中“标准号”单选按钮。

（2）在搜索框中输入对应检索词“GB/T 18002-1999”，单击“中文搜索”按钮，如图 4-3-17 所示。

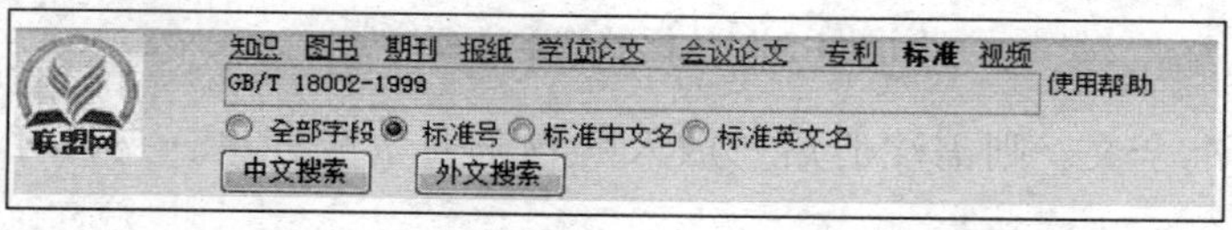

图 4-3-17　联盟网标准号检索界面

（3）得到检索结果，该标准名称为“中密度纤维板生产线验收通则”，如图 4-3-18 所示。

图 4-3-18　检索结果

（4）查看详细标准结果，单击该名称超链接即可，如图 4-3-19 所示。

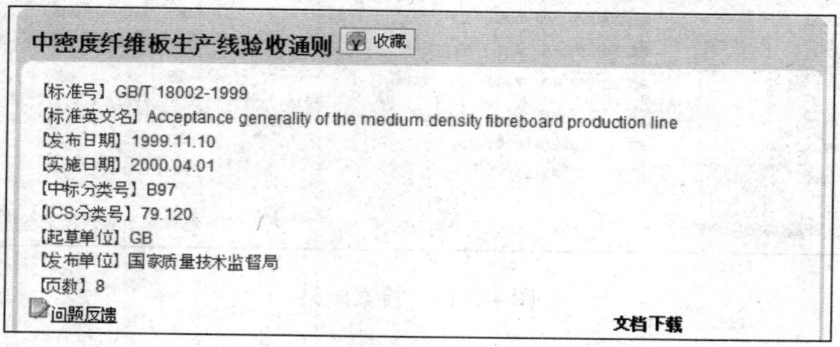

图 4-3-19　标准检索详细信息

（5）获得全文，单击右下角的“文档下载”按钮，可获得标准全文，如图 4-3-20 所示。

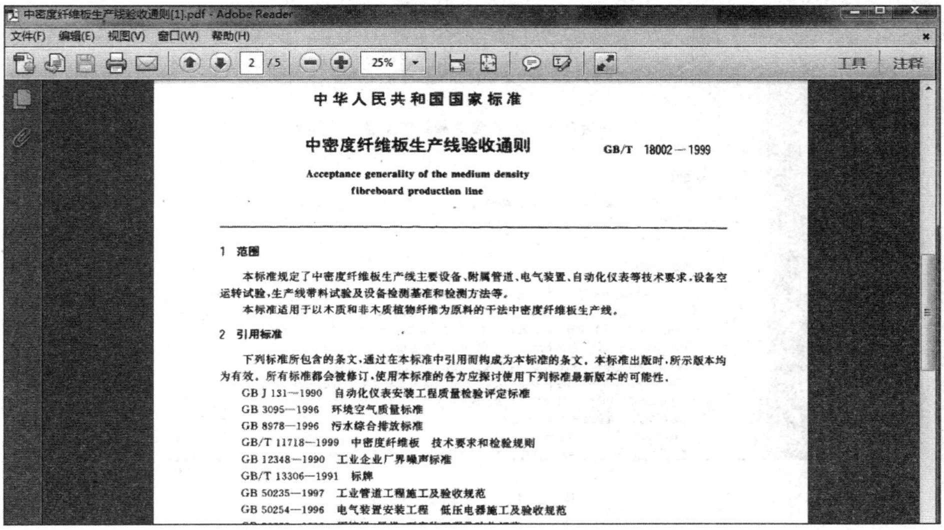

图 4-3-20　标准全文

例 4-3-5　利用联盟网检索“室外健身器材的安全”有关标准号及全文。

（1）登录联盟网检索界面，选择“标准”栏目，选中“标准中文名”单选按钮。

（2）在搜索框中输入对应检索词“室外健身器材的安全”，单击“中文搜索”按钮，如图 4-3-21 所示。

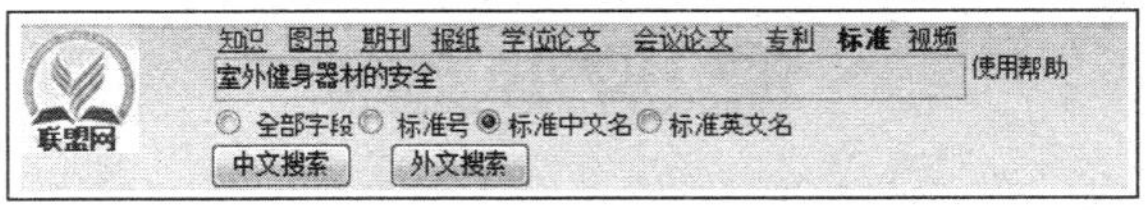

图 4-3-21　联盟网标准名称检索界面

（3）得到检索结果，该标准名称为“健身器材 室外健身器材的安全 通用要求”，如图 4-3-22 所示。

图 4-3-22　检索结果

（4）查看详细标准，单击该名称超链接即可，如图 4-3-23 所示。

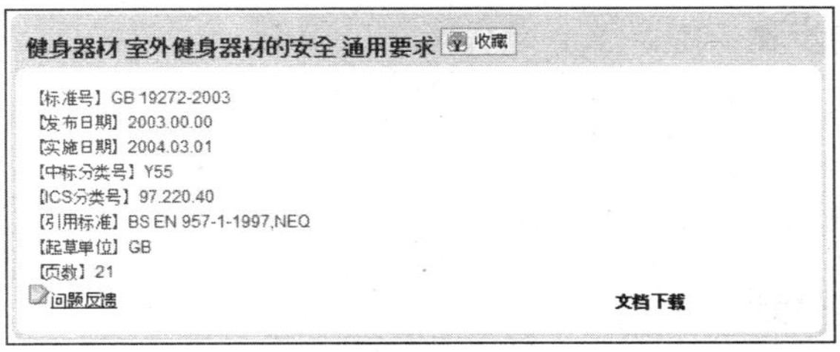

图 4-3-23　标准检索详细信息

（5）获得全文，单击右下角的“文档下载”按钮，可获得标准全文，如图 4-3-24 所示。

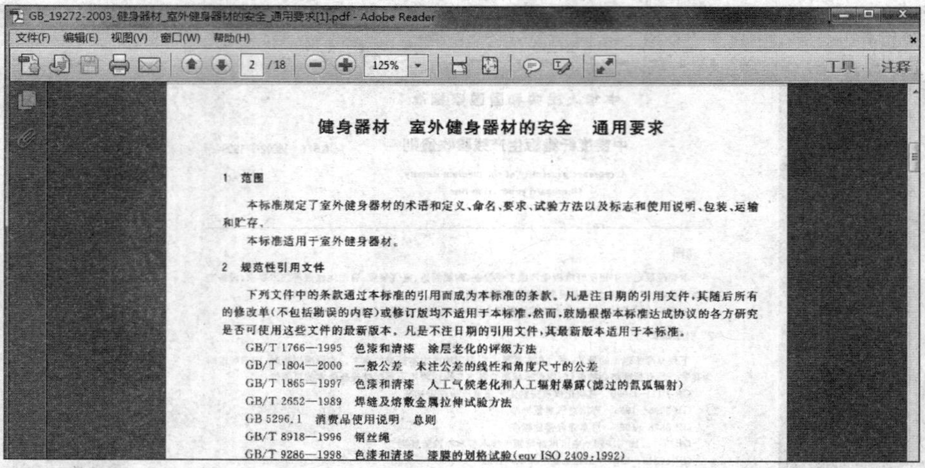

健身器材　室外健身器材的安全　通用要求

1　范围

本标准规定了室外健身器材的术语和定义、命名、要求、试验方法以及标志和使用说明、包装、运输和贮存。

本标准适用于室外健身器材。

2　规范性引用文件

下列文件中的条款通过本标准的引用而成为本标准的条款。凡是注日期的引用文件，其随后所有的修改单(不包括勘误的内容)或修订版均不适用于本标准，然而，鼓励根据本标准达成协议的各方研究是否可使用这些文件的最新版本。凡是不注日期的引用文件，其最新版本适用于本标准。

GB/T 1766—1995　色漆和清漆　涂层老化的评级方法
GB/T 1804—2000　一般公差　未注公差的线性和角度尺寸的公差
GB/T 1865—1997　色漆和清漆　人工气候老化和人工辐射暴露(滤过的氙弧辐射)
GB/T 2652—1989　焊缝及熔敷金属拉伸试验方法
GB 5296.1　消费品使用说明　总则
GB/T 8918—1996　钢丝绳
GB/T 9286—1998　色漆和清漆　漆膜的划格试验(eqv ISO 2409:1992)

图 4-3-24　标准全文

四、课堂互动

（1）比较本书中提到的查找标准信息的网站，你认为哪个最好用，为什么？
（2）还有哪些网站可以查找标准信息，列出网站名称和网址并进行比较。
（3）说说标准文献的特点，举例说明标准文献检索的途径。

模块小结

1. 科技文献检索的方法

（1）常用法：利用检索工具查找文献的方法，如顺查法、倒查法、抽查法。

（2）追溯法：从已知的现有文献所列参考文献入手，逐一追查找原文，从这些原文所列参考文献再逐一追查，不断扩检。

（3）循环法：指追溯法和常用法混合使用的方法。

2. 科技文献检索的途径

（1）根据外表特征划分：著者途径、书名、篇名、刊名途径、序号途径。

（2）根据内容特征划分：分类途径 (SA)、主题途径（SA、Ei）、分子式途径（CA）。

3. 科技文献检索的步骤

（1）分析研究课题。
（2）选择检索工具。
（3）确定检索途径。
（4）确定检索范围与标识。
（5）确定检索方法。

（6）查找并获取原始文献。

4. 科技文献检索效果评价

由于检索者对检索方法、检索工具及检索语言的熟练程度不同，或检索系统的质量不同，文献检索的效果差别很大。评价指标有：查全率 R、查准率 P、漏检率 O、误检率 N。

假设某文献集合中有关某一课题的科技文献总量为 a，检出文献量为 b，其中检出与课题有关的文献量为 c，那么：

查全率＝检出有关文献量/文献集合中有关文献总量×100%，即

$$R=c/a\times 100\%$$

查准率＝检出有关文献量/检出文献量×100%，即：

$$P=c/b\times 100\%$$

漏检率＝文献集合中未检出有关文献量/检出文献量×100%，即

$$O=(a-c)/b\times 100\%$$

误检率＝检出无关文献量/检出文献量×100%，即

$$N=(b-c)/b\times 100\%$$

通常情况下，人们希望获得最佳检索效果，即查全率和查准率都达到 100%，但这是不现实的，二者不可能成正比关系。

一般来说，查全率越高，查准率越低；查准率越高，查全率就越低。因此，要达到好的检索效果，必须二者兼顾，不可只求其一。

实际检索工作经验表明，检索以查全率在 60%～70%，查准率在 40%～50%为最好，如图 4-4-1 所示。

C. W. Cleverdon进行了Granfield试验，得出查全率R与查准率P曲线。

$R-P$之间存在着互逆关系。

A点：

检索词数量多，泛指性强；

查全率较高，但查准率非常低。

B点：

检索词专指性较强，查准率高，查全率降低。

C、D两点：

两种极端的折中。

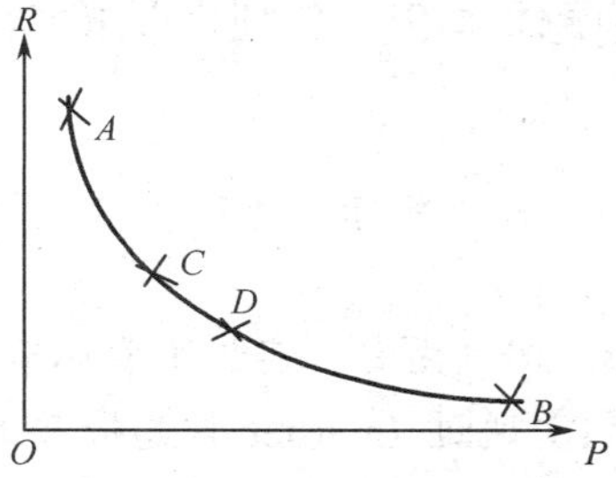

图 4-4-1　查全率 R 与查准率 P 的关系曲线

无论怎样调整检索策略和改进系统效率，都无法使 P 和 R 同时接近 100%。

操作训练

实训操作 4-1　科技信息检索与利用

1. 学时：2。

2. 实训目标：通过对网络科技信息的检索，要求学生了解我国科技文献信息主要门户网站的资源特点和检索方式，认识并掌握运用相关科技网站和数据库检索科技信息的方法和步

骤，能够正确地选择检索数据库和检索方法提高获取和利用专业科技信息的能力，为不断地吸收新知识、增强创新能力打下基础。

3. 实训内容：实训主要环节及操作内容如下。

（1）选择检索课题中的一题，检索出符合课题内容的文献。

（2）写明题目。

（3）写明使用的数据库名称。

（4）写出检索表达式（包括逻辑表达式、检索字段的限定等）。

（5）写出得到检索结果的数量，并将其中一篇抄录下来。

4. 实训类别：基础。

5. 实训类型：综合。

6. 实训要求：选做。

7. 主要设备：每位学生操作一台可以上网的计算机。

8. 检索课题。

（1）利用国家科技图书文献中心数据库（ http://www.nstl.gov.cn/ ）检索国内外有关辣椒色素标准的文献。

（2）选用免费数据库检索“东亚国家的道德观”一题，分别将检索字段限定到文题、摘要、全文，逐个写出以“道德观”、“道德观*东亚”、“道德观*中国”、“道德观*日本”、“道德观*韩国”、“道德观*蒙古”检索出的论文篇数。

（3）选用合适的数据库检索袁隆平在《农业科学》1990 年 23 卷第 3 期上发表的《两系法杂交水稻研究的进展》一文被他人引用的情况。

9. 写出检索报告。

实训操作 4-2　专利文献检索

1. 学时：2。

2. 实训目标：通过对专利文献信息的检索更加深刻地认识和了解专利文献的构成及其特点。

3. 实训内容：实训主要环节及操作内容如下。

（1）通过 Internet 信息检索工具间接地查找所需信息，即通过一些网页主动搜索信息，并自动索引的网页网站。运用 Internet 的综合搜索。

（2）使用专利网站查找专利说明书的全文；学会下载文献资料、学会利用中国知识产权局网站的免费资料。

（3）利用搜索引擎查找中国专利文献免费网站，并用找到的网站查找有关食品、医药、保健品等方面的专利文献。

4. 实训类别：基础。

5. 实训类型：单元。

6. 实训要求：选做。

7. 主要设备：每位学生操作一台可以上网的计算机。

8. 本实训评价方法：本次实训课学生亲自动手在 Internet 中检索文献，根据课题需求，制定检索策略，建立检索式，查出与课题相关的专利文献，从而加深对专利文献检索的基本理论、基本知识的理解，为其将来从事职业工作，以及实现知识更新的继续教育奠定一个良好的基础。

9. 检索课题。

（1）查找中国台湾省一家公司申请的“电动自行车驱动控制装置”的专利信息。要求写出检索工具、构造式、检索步骤及检索结果（专利名称、专利权人、专利号和申请日等）。

（2）利用相关专利工具，要求至少包含两个主题词、两项检索技术，检索一条关于“水或物质或材料或环境加工与处理”方面的中外文专利文献，并写下其外部特征（按检索格式写出，并写出检索式）。

（3）查找所在学校教师的科研成果，写出成果名称、成果研发人。要求写出检索工具、构造式、检索步骤及检索结果（专利名称、专利权人、专利号和申请日等）。

（4）检索以下相关主题的专利信息，且按照要求写出检索工具、构造式、检索步骤及检索结果（专利名称、专利权人、专利号和申请日等）。

① 全降解植物淀粉餐具。

② 乙醛的制备。

③ 护发用洗涤化妆品。

④ 汽车尾气化学净化器。

⑤ 磷酸二氢钙的制备。

（5）通过中华人民共和国知识产权局网站检索有关材料科学方面的专利信息，并写出主要外部特征（专利名称、公开号、分类号、申请人、发明人、代理机构等）和检索过程。

10. 写出检索报告。

实训操作 4-3　标准文献检索

1. 学时：2。

2. 实训目标：通过本次实训，能够帮助学生认识和了解标准文献的结构和体系，了解标准文献分类法，且能够运用 Internet 有效实施标准文献信息的检索，提高获取和利用文献信息的能力。

3. 实训内容：实训主要环节及操作内容如下。

（1）利用搜索引擎查找中国标准文献免费网站。

（2）使用标准网站查找标准文献的全文，学会下载文献资料。

（3）学会利用中国标准服务网、中国标准在线服务网、联盟网等网站的免费资源。

4. 实训类别：基础。

5. 实训类型：综合。

6. 实训要求：选做。

7. 主要设备：每位学生操作一台可以上网的计算机。

8. 本实训评价方法：本次实训课要求学生亲自动手在 Internet 上检索文献，根据课题要求，查找与课题相关的标准，写出标准名称、标准号、标准颁发机构，从而加深对标准文献检索的基本理论、基本知识的理解，掌握使用计算机进行网上信息查找的方法，为将来从事科研、教学工作，以及实现知识更新的继续教育奠定一个良好的基础。

9. 实训课题。

（1）查出药品高锰酸钾的产品标准。

（2）查出我国最新的婴幼儿奶粉中氮元素含量标准，该标准是否采用了国际标准？

（3）查出我国“饲料中残留农药测定”及“婴幼儿乳粉检测”的国家标准。这些标准有哪些采用了国际标准？

（4）试查出中国国家标准中与数控机床厂地建设有关的标准。

（5）查出药品“甲基对硫磷”的原药标准。

（6）汽油铅含量测定法。

（7）用中国标准咨询网或者中国标准服务网查询有关医院污水排放要求的国家标准，要求写出构造式、检索步骤及检索结果总数（选一条记录写出其标准号、标准名称和制定或修订年份）。

（8）利用“中国标准咨询网”检索一篇有关“无线电”方面的标准，写出检索步骤及文献外表特征。

10. 写出检索报告。

模块5

网络信息检索与利用综合实训

本模块结构关系如图 5-0-1 所示。

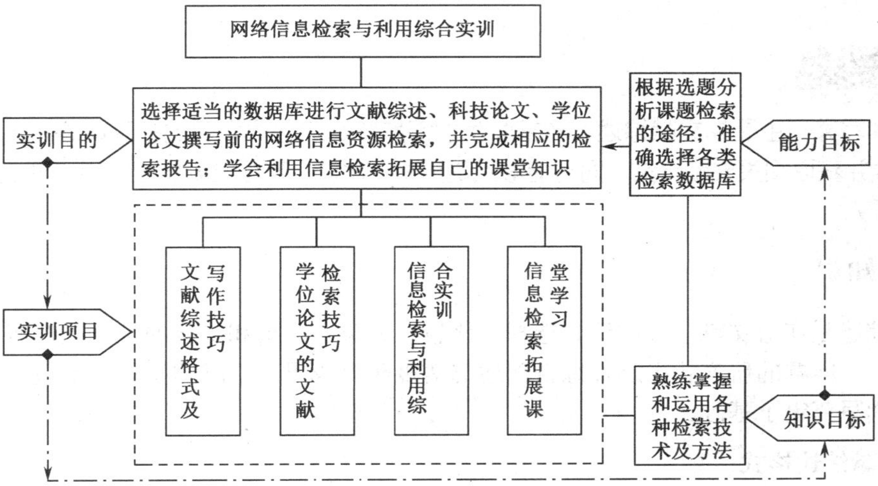
网络信息检索与利用综合实训
选择适当的数据库进行文献综述、科技论文、学位论文撰写前的网络信息资源检索，并完成相应的检索报告；学会利用信息检索拓展自己的课堂知识
根据选题分析课题检索的途径；准确选择各类检索数据库
能力目标
实训目的
实训项目
文献综述格式及写作技巧
学位论文的文献检索技巧
信息检索与利用综合实训
信息检索拓展课堂学习
熟练掌握和运用各种检索技术及方法
知识目标

图 5-0-1　模块 5 结构关系图

在信息时代，通过网络来收集信息，可以达到省时、高效、经济的目的。在网络上，企事业单位或个人收集信息的方式多种多样。不管采取哪种方式收集信息，关键是加强对信息的整理与分析。通过本模块的学习，了解网络信息收集平台的范围，理解网络信息检索的原则，能够运用多种方法在网络上收集信息，并能够对信息进行整理与分析；利用信息检索提高生活质量、拓展自己的课堂知识。

项目1　文献综述格式及写作技巧

学习重点

1. 了解撰写文献综述的意义及其与网络信息检索的关系。
2. 熟悉文献综述的一般写法和格式。

学习要求

通过撰写某一主题的文献综述，要求学生能够熟练运用前面学习的各种网络资源检索方法进行主题检索并获取相关文献全文；同时能够正确分析、比较、整理检索结果，用于解决相关问题及进行主题研究。

一、相关知识

文献综述是在对文献进行阅读、选择、比较、分类、分析和综合的基础上，研究者用自己的语言对某一问题的研究状况进行综合叙述的情报研究成果。文献的搜集、整理、分析都为文献综述的撰写奠定了基础。

1. 文献综述格式

（1）文献综述的引言：包括撰写文献综述的原因、意义、文献的范围、正文的标题及基本内容提要。

（2）文献综述的正文：文献综述的主要内容，包括某一课题研究的历史（寻求研究问题的发展历程）、现状、基本内容（寻求认识的进步），研究方法的分析（寻求研究方法的借鉴），已解决的问题和尚存的问题，重点、详尽地阐述对当前的影响及发展趋势，这样不但可以使研究者确定研究方向，而且便于他人了解该课题研究的起点和切入点，以在他人研究的基础上有所创新。

（3）文献综述的结论：文献研究的结论，概括指出自己对该课题的研究意见，存在的不同意见和有待解决的问题等。

（4）文献综述的附录：列出参考文献，说明文献综述所依据的资料，增加综述的可信度，便于读者进一步检索。

2. 文献综述撰写注意

（1）文献综述不应是对已有文献的重复、罗列和一般性介绍，而应是对以往研究的优点、不足和贡献的批判性分析与评论。因此，文献综述应包括综合提炼和分析评论双重含义。

（2）文献综述要文字简洁，尽量避免大量引用原文，要用自己的语言把作者的观点说清楚，从原始文献中得出一般性结论。

（3）文献综述不是资料库，要紧紧围绕课题研究的“问题”，确保所述的已有研究成果与本课题研究直接相关，其内容是围绕课题紧密组织在一起，既能系统全面地反映研究对象的历史、现状和趋势，又能反映研究内容的各个方面。

（4）文献综述的综述要全面、准确、客观，用于评论的观点、论据最好来自一篇文献，尽量避免使用他人对原始文献的解释或综述。

二、实例分析

例5-1-1　文献综述范文摘录1。

"问题—探索—交流"小学数学教学模式的研究

我们在网上浏览了数百种教学模式，下载了200余篇有关教学模式的文章，研读了50余篇。概括起来，我国的课堂教学模式可分以下3类。

（1）传统教学模式——"教师中心论"。这类教学模式的主要理论根据是行为主义学习理论，是我国长期以来学校教学的主流模式。它的优点是……它的缺陷是……（此处省略了原文中关于传统教学模式的优点和缺陷的描述）。

（2）现代教学模式——"学生中心论"。这类教学模式的主要理论依据是建构主义学习理论，主张从教学思想、教学设计、教学方法及教学管理等方面均以学生为中心，20世纪90年代以来，随着信息技术在教学中的应用，得到了迅速发展。它的优点是……它的缺陷是……（此处省略了原文中关于现代教学模式的优点和缺陷的描述）。

（3）优势互补教学模式——"主导—主体论"。这类教学模式以教师为主导，以学生为主体，兼取行为主义和建构主义学习理论之长并摒弃其之短，是对"教师中心论"和"学生中心论"的扬弃。"主导—主体论"教学模式体现了辩证唯物主义认识论，但在教学实践中还没有行之有效的可以操作的教学方法和模式。

以教师为中心的传统小学数学教学模式可表述为"复习导入—传授新知—总结归纳—巩固练习—布置作业"。这种教学模式无疑束缚了学生学习主体作用的发挥。当今较为先进的小学数学教学模式可表述为"创设情境，提出问题—讨论问题，提出方案—交流方案，解决问题—模拟练习，运用问题—归纳总结，完善认识"。这种教学模式力求重视教师的主导作用和学生的主体作用，为广大教师所接受，并在教学实践中加以运用。但这种教学模式将学生的学习局限于课堂，学习方式是为数学而数学，没有把数学和生活结合起来，没有把学生学习数学置于广阔的生活时空中去，学生多角度多途径运用数学知识解决问题的能力受到限制，尤其是学生运用数学知识创造性地解决生活中的数学问题的能力发展受到限制，不利于培养学生的创新精神和实践能力。为此，我们提出"'问题—探索—交流'小学数学教学模式研究"课题。

综述分析：

从文献综述范文摘录1中可以看出，研究者对有关研究领域的情况有一个全面、系统的认识和了解，对相关文献做了批判性的分析与评论。对于正在从事某一项课题的研究者来说，查阅文献资料有助于他们从整体上把握自己研究领域的发展历史与现状、已取得的主要研究成果、存在争议的地方、研究的最新方向和趋势、被研究者忽视的领域、对进一步研究工作的建议等。

例5-1-2　文献综述范文摘录2。

农村中学学生自学方法研究

1. 国外的研究现状

国外的自学方法很多。美国心理学家斯金纳提出程序学习法……程序学习使学习变得相对容易，有利于学生自学。美国心理学家桑代克所创设的试误学习法……它主要解决学习中的问题。还有超级学习法，查、问、读、记、复习法、暗示法等。

2. 国内的研究状况

我国古代就非常重视自学方法的研究，有“温故而知新”，“学而时习之”……我国现代教育家叶圣陶先生主张培养学生的自学能力……中国科学院心理研究所卢仲衡同志首先提出“自学辅导教学法”……这种方法的主要优点在于……魏书生的语文教学主张通过提高学生学习的自觉性来提高学习效率……

以上国内外的研究经验为我们的课题研究提供了宝贵的经验。

综述分析：

从文献综述范文摘录2中可以看出，该课题综述列举了国内外有代表性的专家、学者关于自学方法方面的论述和做法，并对部分内容的优点进行了概述。在选好了大的研究方向后，在确定具体的研究课题之前，通过查阅大量文献资料，了解有关研究情况，有助于研究者通过比较、分析，根据研究的可行性、研究者的兴趣和能力等方面限定研究内容，确定课题的研究范围，更好地驾驭和把握课题。但是，文献综述对每位专家、学者所持理论和做法的优点与不足所进行的批判性分析与评论不够，尤其缺少对国内外研究现状的综合提炼与分析。

例5-1-3 文献综述范文摘录3。

农村中小学心理健康教育途径与方法的实验研究

本课题国内外研究现状述评：……1998年国际心理卫生协会强调“健康的定义……”

心理健康运动的发起人是美国的C. 比尔斯。……马斯洛的人本主义强调“自我实现”；费勒姆提出了“新人型理论”；奥尔特提出了“成熟者的理论”……

美国是最早开设心理辅导的国家，……将“心理辅导”定为学校教育的一部分……前苏联教育部1984年颁布“苏联普通学校心理辅导条例”；日本也积极从美国引进心理辅导……

我国心理健康教育起步较晚，20世纪80年代在个别地区、个别学校起步了……中小学心理健康教育真正起步是在20世纪90年代初到90年代中期。中国青少年研究中心、中国青少年发展基金会在全国进行大规模的调查，并于1997年6月7日公布了结果，引起了国人特别是教育界的震动……

1988年中共中央发布了《关于改革和加强中小学德育工作的通知》。1989年12月20日联合国大会通过了《儿童权益公约》，……1993年全国教育工作会议明确提出“通过多种方式对不同年龄层次的学生进行心理健康教育指导……”1997年10月国家教委关于《积极推进中小学实施素质教育的若干意见》的通知中再一次强调了对中小学生进行“心理健康教育”。应该说自20世纪90年代初期到中期，上海中小学的心理健康教育走在了全国前列，1994年上海教委出台了关于在中小学开展心理健康教育的有关文件，并出版了有关教材。但他们把绝大部分精力放在了城市学生身上。与此同时，北京市西城区“心育中心”的丁榕教师做了许多工作，但仍是把精力放在了城市学生身上。农村学生与城市学生在生活、学习等条件上都存在着较大差异，在心理健康水平上也存在着较大不同，但至今没有人提出农村中小学心理教育的途径与方法的成型经验。因此农村中小学心理教育的途径与方法是值得研究的问题。

综述分析：

从文献综述范文摘录 3 中可以看出，课题组成员翻阅了大量资料。但是，就“心理健康教育途径和方法”的综述不多；农村学生与城市学生心理健康差异的分析也不多；“农村心理教育”的特点不清，“方法途径”不知道是否最新，这样会给后面的研究方向和设计带来麻烦。

项目 2　学位论文的文献检索技巧

学习重点

1. 了解学位论文的特点。
2. 明确网络信息检索在学位论文撰写中的重要地位。

学习要求

通过对学位论文开题前的文献检索，使学生进一步理解网络信息检索，综合运用各种信息检索方法，从而能够明确学位论文选题的意义、研究的背景。同时，学生在阅读大量的检索信息后，也可在前人的研究基础上提出创新观点，这才是本课程最终要达到的能力目标。

一、相关知识

1. 学位论文特性

学位论文是高等院校毕业生或研究生在获取学位时必须撰写的论文，具有科研论文的科学性、学术性、新颖性、绝大多数不公开发表或出版等特性。

（1）学位论文是非卖品。

（2）学位论文不是公开出版物。

（3）学位论文是一种特殊类型的学术信息资源。

（4）只收藏于少数特定的机构。

（5）综合性检索工具中很少涉及学位论文。

（6）学位论文检索工具一般是专门性的。

2. 学位论文的文献价值

（1）高价值的一次文献——不受篇幅限制，论述详尽：从研究背景、技术线路、实验方法到数据获取、分析结论。

（2）珍贵的情报价值——集中反映所在单位的科研领域、学术活动、研究进展和最新成果。

（3）综述性二次文献——对相应研究领域有系统深入的讨论和综述，拥有详尽的参考文献。

3. 学位论文的特点与用途

（1）数据图表充分详尽。
（2）参考文献丰富全面。
（3）可得到课题研究现状综述。
（4）可跟踪名校导师的科研进程。
（5）可学习学位论文的写作方法。

4. 查找学位论文的主要数据库

（1）中国知识基础设施工程——中国优秀博硕学位论文全文数据（CDMD）。
（2）万方数据资源系统——中国学位论文数据库。
（3）CNKI 资源总库——中国博硕学位论文全文数据库。
（4）国家图书馆——博士论文资源库。
（5）中国高等教育文献保障系统——CALIS 学位论文库。

5. 学位论文开题前的文献检索

1）文献调研和检索

（1）调研：全面的文献调研是科学研究的基础；研究生通常需用 3～5 个月的时间专门进行有关论题的文献调研，然后撰写文献综述；文献调研的数量越多越好，泛读的数量应在 50～200 篇，精读应在 20～30 篇；在大量的文献调研的基础上，才能通过去伪存真、去粗取精，推陈出新地开展具有自己特色的科学研究。一般来说，查找资料、消化资料占整个学位论文完成时间的 50%以上。文献调研的过程如图 5-2-1 所示。

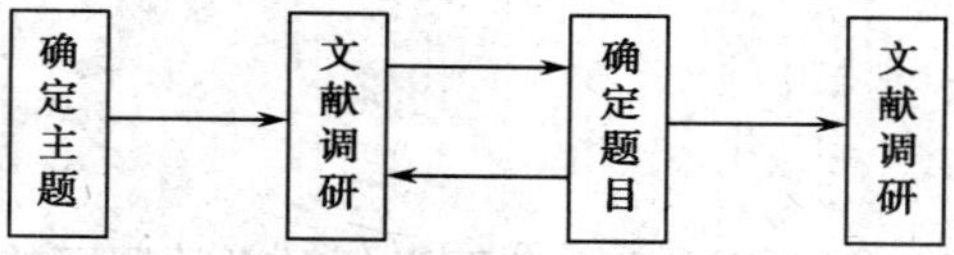

图 5-2-1　文献调研的过程

① 文献调研：在论文选题和开题阶段，通过对信息系统的检索，全面系统地进行有关文献的普查，阅读、分析资料的过程，具体需明确如下内容。

a．初选课题的研究背景、研究意义。

b．初选课题的现有水平和国内外的研究状况，以及是否达到或接近国内外先进水平。

c．课题现有研究存在的不足和有待改进之处。

d．在前人的基础上提出创新。

文献调研包括两个阶段：确定主题后的文献调研；确定题目后的文献调研。

② 确定主题后的文献调研。

a．泛调研——掌握当前研究概貌。

b．尽可能完整地搜集该主题的所有文献——图书、期刊论文、会议论文、学位论文、研究报告……

c．泛读——重点阅读文章的摘要、引言和结论，了解热点、前沿、新颖点，并收集规范词和同义词。

泛调研期间主要利用各种文摘索引、书目数据库，如全国报刊索引、Web of Science。

文摘索引、书目数据库有助于对确定主题的相关文献进行全面的把握。

③ 确定题目后的文献调研三通过：书目、索引、文摘。

通过书目，可以了解该主题已经出版了哪些图书，再结合馆藏目录、电子图书等，可以知道能够获取的图书有哪些。通过阅读这些获得的图书，了解该主题已经取得的研究成果。

通过索引，可以了解该主题已经发表的论文情况，从中了解学术研究的最新进展。尤其是在查阅各种专科索引的过程中，有时仅阅读有关主题下的题名就可以得到许多启发，了解哪些选题别人已经做过，哪些还值得进一步研究，从而确定自己研究的起点。

通过文摘，不仅可以了解前人研究的线索，还可以了解这些研究的内容梗概和主要观点，从而帮助自己选择重要原文阅读。

④ 确定题目后的文献调研。

精调研——关注与题目相关的理论及研究方法。

有针对性地查找——掌握“经典＋前沿”文献。

精读全文——提取有帮助的研究。

⑤ 文献调研的视野。

选题无论大小，查阅文献的范围都要大。

通过其他领域文献的检索和阅读，有助于发现新的研究视角，开阔研究思路。

有助于考虑到更全面的因素，提高研究的有效性。

（2）检索：检索的方法有以下几种。

① 追溯法：利用文献所附的参考文献进行追溯查找。

利用某一学科或某一专业的核心期刊追踪查找有关文献资料。

核心著者追溯法：通过某一学科或专业的若干核心著者来追踪查找该学科、专业有关文献资料。

② 时间法。

顺查法：以研究课题的起始年代为起点，由远及近，逐年查找，直至最近期为止。特点：能收集到某一课题的系统文献，适用于较大课题的文献检索。

倒查法：针对研究课题，从最近期向早期回溯，直至查获适量切题文献信息为止。特点：重点放在近期文献上，可以最快地获得最新资料。

抽查法：指针对学科、专业发展特点，抓住该学科、专业发展较迅速、文献发表较集中的年代，抽查几年或十几年来所需的文献资料。

③ 循环法：时间法与追溯法相结合的一种检索方法。

使用这种方法，在查找文献资料时，先利用一定的检索工具，查出一批文献，再利用这些文献所附的参考文献，或确定的核心作者、核心期刊，进行追溯检索；接着重复前一交替过程，如此循环下去，直到满意为止。

2）数据库的选择

选择数据库时要考虑广和全的专业覆盖面、高质量的检索系统、内容的及时更新、与全文信息的链接。

（1）专业数据库是文献调研的首选，因为它具有以下特点。

① 具有严谨性、规范性和连续性，具有较高的学术价值。

② 数据库检索功能强大，检索结果准确、可靠性强。

③ 了解图书馆资源中与本学科相关的数据库。通过电子资源/数据库导航系统或学术资源信息门户浏览，也可向图书馆管理员咨询。

④ 先国内再国外，即先中文后外文。

⑤ 充分利用文摘数据库进行文献检索。

（2）中文常用数据库有以下几种。

① 图书：馆藏目录、超星电子图书。

② 期刊论文：中文科技期刊数据库、中国期刊全文数据库、人大复印报刊资料全文库。

③ 学位论文：中国优秀硕博士论文全文数据库、中国学位论文文摘数据库、万方中国优秀学位论文全文库。

④ 会议论文：中国重要会议论文全文数据库、中国学术会议论文文摘数据库。

⑤ 科技成果：中国科技成果数据库。

⑥ 专利文献：国家知识产权局专利检索数据库、中国专利信息中心、中国专利数据库检索系统。

⑦ 报纸：中国重要报纸全文数据库。

不能过度依赖Google和百度两大搜索引擎，专业数据库还是应该成为首选的信息源。

利用Google和百度也能获取一些非常好的资源，有些通过专业数据库不能获取的全文文献通过Google反而可以下载全文。

3）检索词的确定

检索词通常从课题的主要概念（课题名称、采用的具体技术/方法、新颖点）中提取。

选择最有代表性、最能说明问题、通用的、规范的、具体的检索词，检索词确定过程如图5-2-2所示。

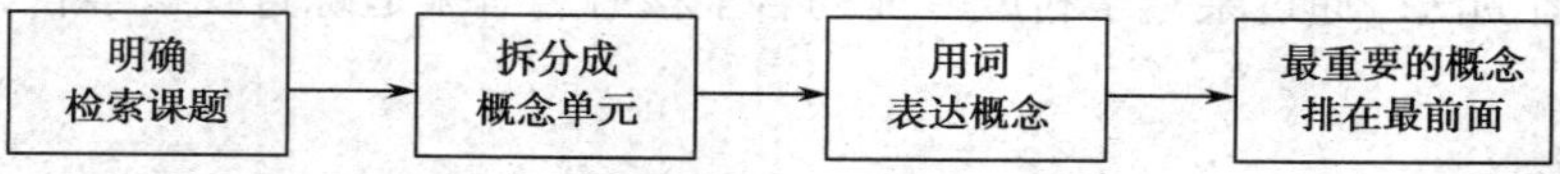

图5-2-2 检索词确定过程

检索词可分为以下两大类。

① 描述文献主题内容的词：主题词、关键词、分类号等。

② 描述文献外部特征的词：著者、著者单位、出处等。

检索词的获得有两种方法：通过已有的知识获得（利用工具书、平时搜集专业词汇），通过已有文献获得（滚雪球法）。

4）检索结果的阅读分析与文献管理

检索结果的阅读分析与文献管理如图5-2-3所示。

图5-2-3 检索结果的阅读与分析

（1）数量。

① 检索结果过多时，应选择更专指的检索词。

严格限定检索范围：检索字段、时间、文献类型、语言等；使用词组检索或用位置运算符替代"与"运算符；在检索结果的基础上进行二次检索。

② 检索结果过少时，应选择更宽泛的检索词、增加同义词。

减少检索范围的限定：检索字段、时间、文献类型、语言等；使用“与”运算符替代位置运算符；使用通配符。

（2）相关性：检索词是作为短语还是独立单词进行检索，若作为单词被分别检索出来，则检索词的位置越接近越好，检索词出现的频率越高越好。

检索词应尽量出现在关键字段（题名、文摘、关键词）中。

（3）时效性、全面性：是否获得了最新的研究成果，可将检索结果按年代排序，比较最近 3 年与前 3 年相关论文数量的比例；具体年限需以学科和研究主题调整；是否包括了综述性文献，经典文献可通过阅读文后参考文献获得。

（4）带着问题阅读。

① 带着问题看论文。在阅读论文之前，需要知道自己为什么要阅读这个论文，自己究竟有什么问题想从这篇文章中得到？

② 论文主要解决什么问题？论文是如何解决这个问题的？是怎么对这个问题进行描述的，用什么方法解决的？这个方法有什么优点？

③ 记笔记。详细的记录笔记，最好在一个文件中，以便以后翻阅。笔记内容起码包括：作者、出处、题目、主题思想。

④ 对于比较新的文章，观察文章引用的其他文章，看是否有联系；对于经典的文章，则应看它被引用的地方。

（5）文献管理：对于获取的检索结果，应分门别类地加以整理；在分类的过程中，有助于更好地思考问题和整理文献综述大纲；有助于反复查询；边调研文献边整理，并做记录，记录下重要的结论、经典的句子、行之有效的研究方法等；最好对文献调研过程也进行记录，建立大事记。

二、实例分析

例 5-2-1 “高职院校学习资源支持中心建设研究”课题检索。

1）分析课题

该课题研究促进教学手段和方法的改革；实现学生主动性、自主性、互动性、协助性、研究性学习，提高学习积极性，提升职业素养和职业技能，为工学结合人才培养模式改革奠定基础；规范资源库建设标准，提供资源建设支持，推动优质资源建设，提升人才培养质量和社会服务能力；实现高职教育优质教学资源共建与共享。

2）选择合适的数据库

可选择中国学术期刊全文数据库（1994 年～2011 年）；万方数据数字化期刊数据库（1996 年～2011 年）；维普中文科技期刊题录数据库（1989 年～2011 年）。

3）制定检索策略

例如，利用中国学术期刊全文数据库检索。

检索方法：高级检索（本课题可用标准检索、高级检索、期刊检索等多种检索方法）确定检索字段和检索词。

构造检索提问式：主题=高职教育*关键词=学习资源+关键词=教学资源。

4）记录检索结果

摘录其中 1 条记录的题录信息如下。

题名：高职院校创建共享型专业教学资源库的构想——以种植类专业为个案。

作者：高为将，李振陆，戴金平

作者单位：江苏农林职业技术学院。

文献出处：江苏广播电视大学学报，Journal of Jiangsu Radio & Television University。

中文关键词：高职；共享型；教学资源库；种植类专业。

摘要：创建共享型专业教学资源库是加强高职教育内涵建设，提高人才培养质量的重要举措。以种植类作物生产技术和园艺技术两个专业为个案，共享型专业教学资源库建设要以政策文件库、人才培养方案库、课程标准库、精品课程库和学习资源库为核心内容，做到具有前瞻性、科学性、系统性、针对性等。

三、课堂互动

请大家分享在论文写作中常用的数据库与检索工具。

项目3 信息检索与利用综合实训

学习重点

1. 熟悉综合行业信息资源平台特点。
2. 学会运用“大数据”进行市场分析。
3. 学会利用信息检索解决实际问题。

学习要求

了解主要的综合网站，学会利用行业网站收集信息的方法与过程；学会运用“大数据”进行市场分析，从而提高获取和利用综合信息的能力；学会利用信息检索解决实际问题的流程。

一、相关知识

1. 网络信息平台选择

1）了解网络信息平台基本情况

互联网凭借其跨时空、低成本、效率高等优势，已经成为企业采集信息不可或缺的平台。世界各地数以亿计的网民、企业可以利用互联网进行信息交流和资源共享，有效地降低了信息收集成本，提高了信息检索的质量与效率。

一般而言，企业可以通过以下3个途径收集商务信息：综合网站、行业网站、搜索引擎。

(1) 综合网站基本情况。

所谓综合网站，是指通向某类综合性互联网信息资源并提供有关信息服务的应用系统。目前，门户网站的业务包罗万象，成为网络世界的“百货商场”或“网络超市”。

在中国，著名的电子商务类综合网站包括阿里巴巴网站、淘宝网等。

大多数电子商务综合网站的主要内容包括：供应信息、需求信息、创业加盟、竞价排名、行业资讯、论坛等。

（2）行业网站基本情况。

行业网站即行业门户，可以理解为“门+户+路”三者的集合体，即包含为更多行业企业设计服务的大门、丰富的资讯信息，以及强大的搜索引擎。“门”，即为更多的行业及企业提供服务的大门。根据行业的类型，行业网站可以细分为以下类型：汽车汽配、商务贸易、建筑建材、工业制品、机械电子、服装服饰、农林牧渔、交通物流、食品饮料、环保绿化、冶金矿产、纺织皮革、印刷出版、化工能源等。

中国著名的行业网站有中国化工网、中国服装网、中国纺织网等。这些行业网站的主要内容是专门提供本行业产品与服务的供应信息与需求信息、企业信息、人才信息、论坛等。

（3）搜索引擎基本情况。

搜索引擎是指根据一定的策略、运用特定的计算机程序搜集互联网上的信息，在对信息进行组织和处理后，为用户提供检索服务的系统。

搜索引擎主要分为以下类型：全文索引、目录索引和元搜索引擎。

大多数搜索引擎网站的主要内容包括：新闻搜索、网页搜索、音乐搜索、图片搜索、高级搜索等。

2）网络信息平台选择的基本要求

网络信息收集是指在网络上对商务信息的寻找和调取工作。这是一种有目的、有步骤地从各个网络站点查找和获取信息的行为。一个完整的企业网络商务信息收集系统包括先进的网络检索设备、科学的信息收集方法和业务精通的网络信息检索员。

网络营销对网络信息收集的要求：及时、准确、适度、经济。

3）网络信息平台选择的方法

企业应根据自身业务特点来选择恰当的网络信息平台。在信息收集初期，企业需要获取大量的商务信息，此时可以通过搜索引擎网站来搜集面广量多的信息。在此基础上，为了获取和比较与本企业相关的大量精确信息，可以登录电子商务类综合网站，获取较为丰富的产品与服务的供求信息。如果企业需求专而精的行业信息，则可以通过本行业的行业网站收集更为详细、精确的商务信息。

因此，企业在选择网络信息平台时，要考虑本企业的自身业务特点，也要考虑所需收集信息的质与量。

2. 综合网站信息收集

1）了解著名的综合网站

阿里巴巴目前是全球最大的B2B综合类网站，也是目前世界上最大的、基于Internet的国际贸易供求交流市场，提供来自全球178个国家（地区）的最新商业机会信息和一个高速发展的商人社区。用户可以获得来自全球范围内各行各业的即时商业机会、公司产品展示、信用管理等贸易服务。

“中国供应商”（www.china.cn）是中国政府为推动中国制造及对外贸易产业重拳打造的电子商务平台。它是在国务院新闻办公室、中华人民共和国商务部和国家发展和改革委员会的指导下，由中国互联网新闻中心推出的中国唯一对外的官方电子商务平台。大多数电子商务综合网站的主要内容包括：供应信息、需求信息、创业加盟、竞价排名、行业资讯、论坛等。

2）综合网站平台的选择方法

（1）查询买家数量：用户在B2B平台基本上都可以查询买家刊登的询盘，用自己所在行业的关键词查找，可查看网站上买家询盘数量和发布的时间，对比一下其他网站，就会对平台有一个基本的评估，可以知道自己的产品是不是适合在这个平台上做。

（2）看论坛讨论：国内有几个外贸人聚集的论坛，上面经常讨论和B2B平台相关的东西，评价各个平台的优缺点，如“贸易人”、“福步”、“合众出口”等。

（3）B2B平台有饱和效应：要选哪个平台，应先查找自己产品所在行业的关键词，查看是不是有很多会员、有很多产品。如果平台上的供应商过多，又不能保证自己排在前面，那么这样的平台对自己来说就没有效果。

（4）2/8法则：网上98%的网站对用户来说都是无效的，用户应抓住几个主流的B2B平台，集中精力去经营。

3. 行业网站浏览

1）了解本行业著名的行业网站

企业首先要浏览本行业的著名行业网站，了解这些网站的基本内容与特色内容。例如，化工类企业在收集信息时，可以先登录本行业的著名行业网站，如中国化工网、中国化工信息网、中国化工仪器网、中国化工设备网等。

2）行业网站选择标准

（1）信息范围：行业网站的信息范围覆盖面越大越好，例如，同为国际贸易平台，一个贸易平台覆盖全球几个国家，而另一个贸易平台从语言到实际覆盖面积达到了几十或上百个国家，那么可以说后者具有更强的优势。

（2）活跃度：我们经常会看到和听到某行业网站会员数量和信息发布数量到了什么数量级别，或百万或千万，而通过一些数据进行分析后，会发现一些行业网站存在大量的死数据，而这些死数据只能造成表面上的繁荣和热闹，并不能给加盟这个平台的会员带来什么好处，这也是从质的层次来考察一个行业网站。

（3）针对性：对于行业网站针对性指标，在一定程度上是从企业的角度来考察该行业网站的，企业需要分析出该平台上哪些产品或企业活跃度比较高、交易量比较高，哪些产品或企业活跃度比较低、交易量比较少。这样，企业就可以做出一些选择，选择最适合企业自身的行业网站。

4. 信息检索有助于在商战之中立于不败之地

（1）利用大数据进行市场分析。

① 我们所处的时代是信息时代、知识经济时代、网络时代、数字时代、大数据时代。

② 大数据时代特征：体积巨大（Volume）、类型繁多（Variety）、商业价值高（Value）、处理速度快（Velocity）。

③ 大数据对企业的作用：了解市场、了解用户需求。

（2）获取竞争对手信息，知己知彼方能百战不殆。

① 利用竞争对手的网站。

② 利用行业网（国研网）。

③ 利用网络数据库（中宏网、中经网）。

④ 从公共渠道获得（如有一家公司因和环境保护局的一场官司而将自己的财务数据公之于世，该公司原本保密的信息也就成为公开的法律记录）。

⑤ 利用人员沟通渠道。

⑥ 造访对手总部所在地。

（3）利用指数预测进行营销策划。

（4）企业预警与舆情监测。舆情监测预警：分别对主流搜索引擎中与公司相关的关键词，一些知名度高、与企业相关性高的社区、门户网站、专门网站和近期网络中的热点问题进行监测。

（5）企业信息安全。作为企业的宝贵资源，保证企业信息的安全性对企业的生存和发展具有重要作用。

二、实例分析

例 5-3-1　通过在中国五金商城网站收集信息，掌握在行业网站上收集信息的方法与过程，能够在行业网站上更快更好地收集信息。

（1）登录中国五金商城网站首页（http://www.51wj.com/），如图 5-3-1 所示。

图 5-3-1　中国五金商城网站首页

（2）在搜索框中输入关键字，选择行业或地区，如图 5-3-2 所示。

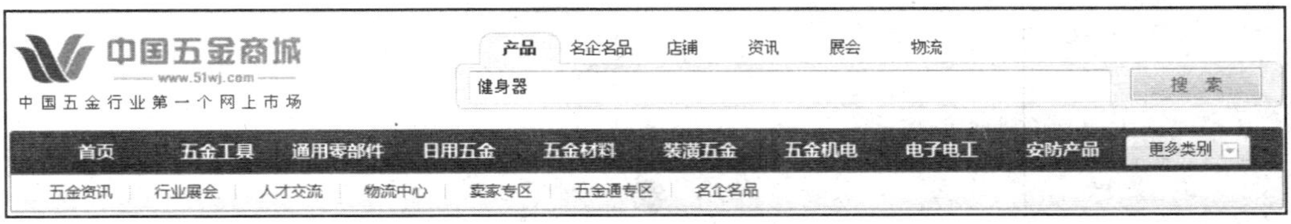

图 5-3-2　输入检索词

（3）进入搜索结果显示界面，共找到 82 条记录，如图 5-3-3 所示。

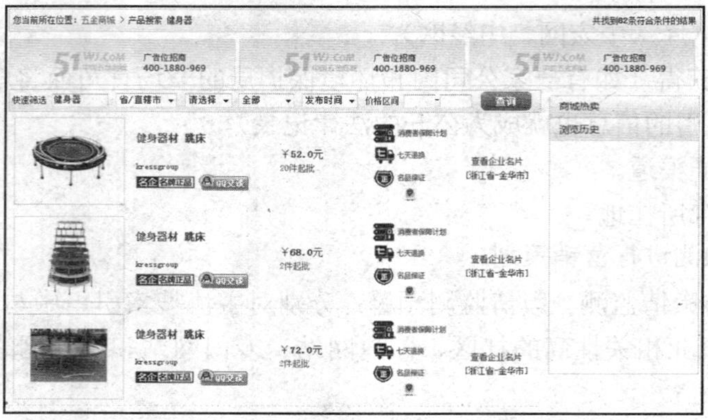

图 5-3-3　显示搜索结果界面

（4）也可以在首页选择分类搜索，如图 5-3-4 所示。

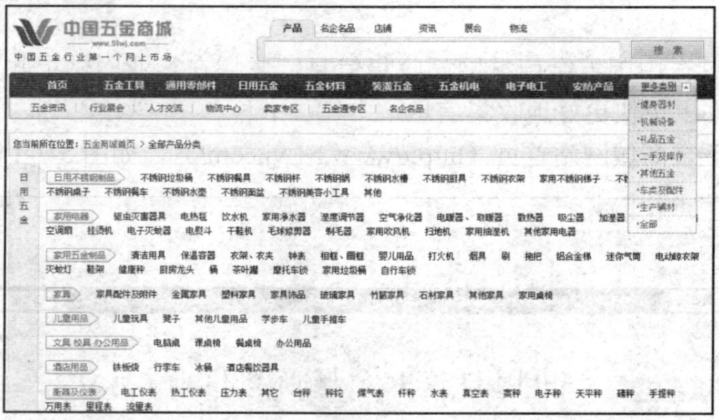

图 5-3-4　分类搜索

例 5-3-2　利用淘宝指数做市场分析。

分析：淘宝指数对买家和卖家都有一定的参考价值，主要是对卖家有帮助。通过指数平台，输入产品关键字，能够看到产品的长周期走势、人群特性、成交排行、市场细分等。

（1）进入界面：进入界面有两种方式，一种是通过百度首页搜索“淘宝指数”，进入淘宝指数的页面；另一种是直接输入地址 http://shu.taobao.com/，如图 5-3-5 所示。

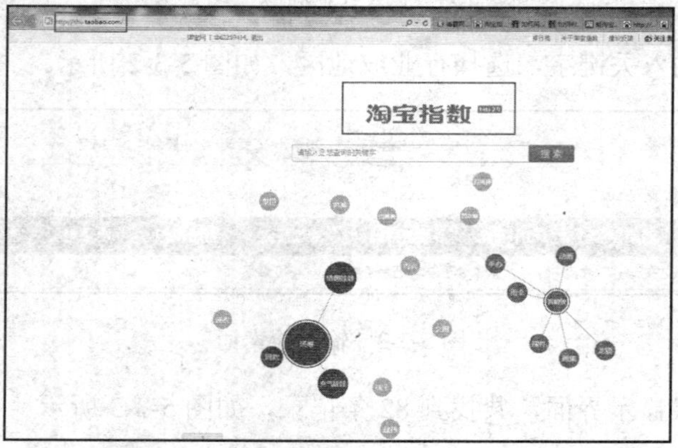

图 5-3-5　淘宝指数页面

（2）快捷查询：在淘宝指数首页中查询关键字，即可得出相应的结果。例如，输入“面包机”并按回车键，就可以看到面包机的相关数据。在此期间，系统还会提示一些相关的词供用户参考，如图 5-3-6 所示。

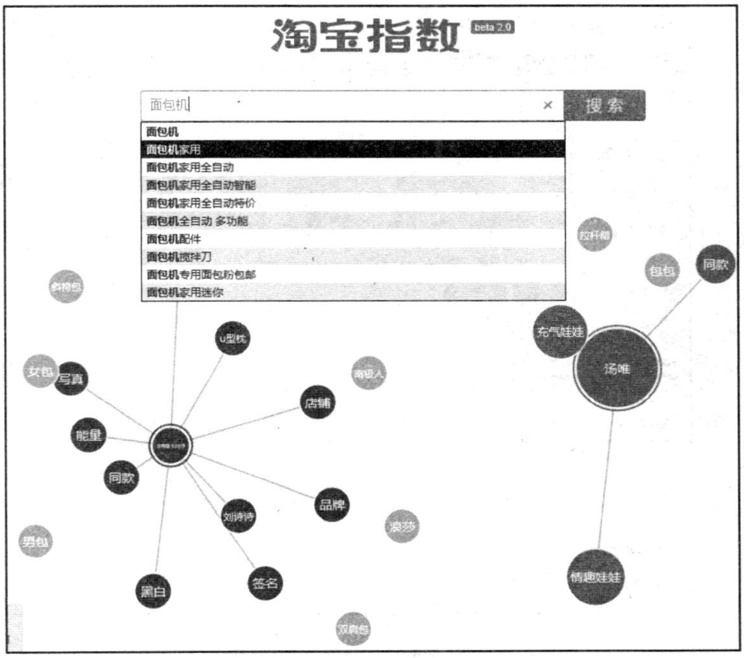

图 5-3-6　输入检索词

（3）查询结果分析：查询之后，会根据用户输入的关键词得出相应的结果，这些数据中，主要是地域消费的分布、相关词的搜索量/每天的情况、卖家可以通过这些数据，找到一些行业的销售高峰，也可以知道在一年当中的什么时候，产品会更受到买家的喜爱和关注，如图 5-3-7 所示。

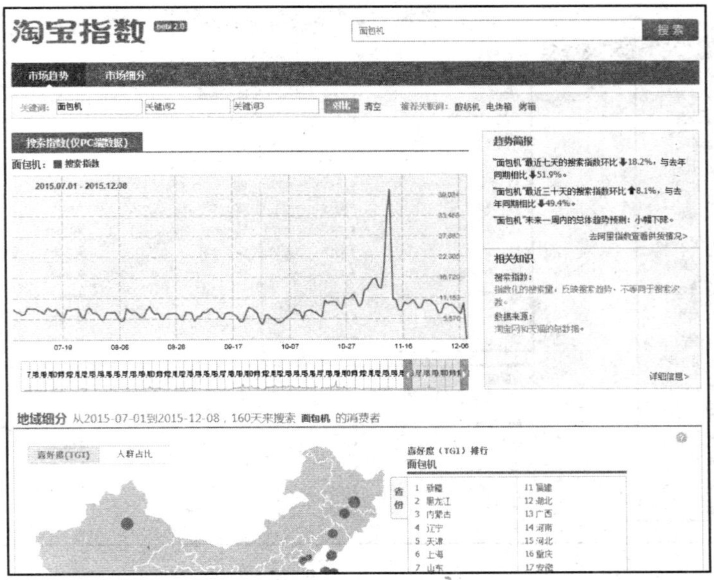

图 5-3-7　查询结果分析

（4）细分市场分析：指数中也有细分市场的提示，其中的信息量很大，会分析出面包机类似产品情况，人群分布情况，性别、年龄情况等，对准备进入面包机市场的卖家来说参考价值是很大的，如图5-3-8所示。

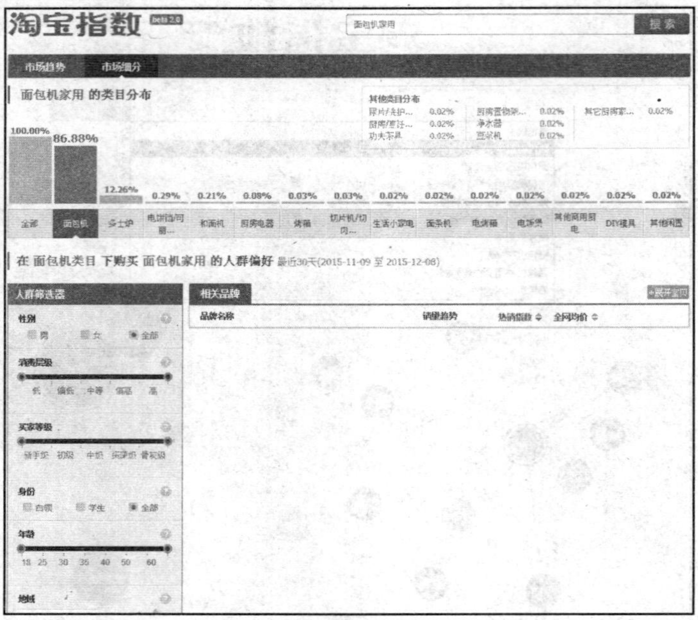

图5-3-8　细分市场分析

（5）淘宝指数排行榜：在淘宝指数的首页，也能够进入排行榜页面，这里是宏观的情况，左边将列出不同大类的行业情况，右边是近期的排名变化情况，从而使用户掌握不同行业的变化，以供用户决策参考，如图5-3-9所示。

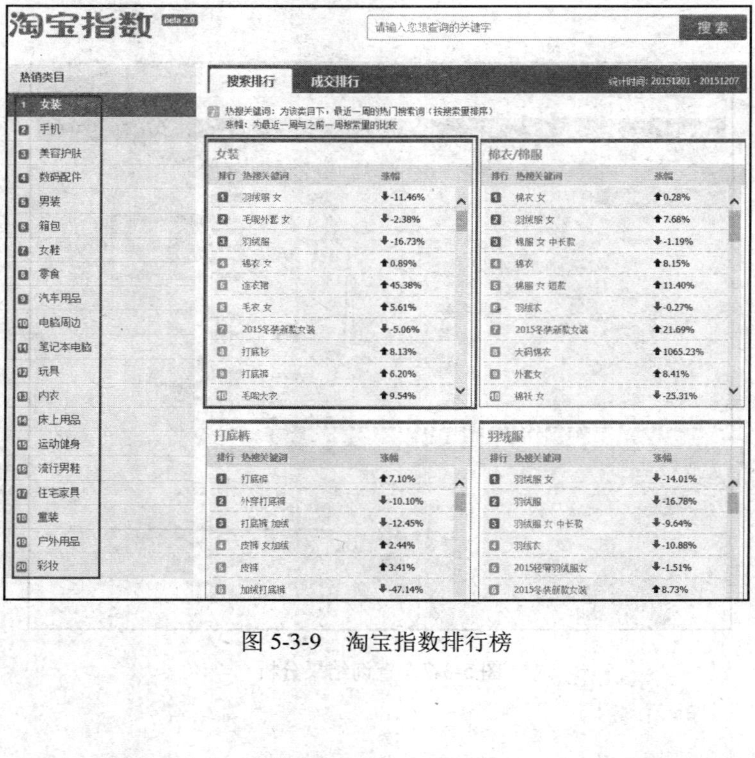

图5-3-9　淘宝指数排行榜

三、课堂互动

（1）请分别以阿里巴巴和中国五金商城为例，比较综合网站和行业网站信息检索的广度、精度。

（2）业内有句话“行业网站看金华”，中国五金商城依托中国永康科技五金城的产业资源取得了成功，而浙江中服网络科技公司的中国服装网没有本地的产业支撑也成功了，谈谈自己的看法。

（3）在大数据时代如何利用信息检索技术做精准营销？

项目 4 利用信息检索技术拓展课堂

学习重点

1. 利用信息检索来丰富课堂教学的内容。
2. 掌握利用信息检索技术免费学习世界一流大学的课程。

学习要求

学会通过搜索引擎构造检索式查找与教学相关的学习内容，如教程、课件、大纲、PPT 等；要求学生学会获取免费的学习资源，掌握精品资源共享课（爱课程网、网易公开课和超星公开课）的使用方法；充分运用国内两大慕课平台（清华大学 MOOC 和中国大学 MOOC）开展网络学习，无论身在何处，只需要一台计算机和网络连接即可花最少的钱甚至不花钱学习国内外一流大学的课程。

一、相关知识

1. 多途径地获取信息

（1）主题指南（导航）。

① subject、guide、navigation。

② 综合性导航。

③ 分类导航。

④ 资源类型导航。

⑤ 机构导航。

（2）学科信息门户。

（3）数字图书馆项目成果。

（4）国际开放课件联盟（Open Course Ware Consortium，OCWC）。

OCWC 是拥有全球包括哈佛、耶鲁、麻省理工学院等 200 多所高等教育机构和相关教育组织的联合体，其使命是促进全球共享正式和非正式学习的教育资源，以及利用自由、开放、高品质的教育材料组织课程。联合体机构汇总起来共为 OCWC 提供了超过 20 种语言环境下的 14 000 门课。

国际开放课件联盟网址为 http://www.oeconsortium.org/，如图 5-4-1 所示。

图 5-4-1　国际开放课件联盟首页

（5）微博、个人首页。

① 百度、谷歌、新浪、搜狗。

② 有道博客搜索。

③ IceRoket。

（6）博客。

（7）网上广播。

（8）自由百科全书。

（9）推送类工具。

① 简易信息聚合（Really Simple Syndication，RSS）。

② 网摘。

③ 邮件列表、论坛。

（10）专门的数据库。

① ISO、FDA。

② 美国政府文献数据库（GPO Access）。

③ 世界最大免费全文网站——The NASA Astrophysics Data System。

④ National Academy Press。

⑤ 美国国家科学院、国家工程院、医学协会等机构的报告。

（11）问题解答服务，如表 5-4-1 所示。

表 5-4-1　问题解答服务

The Educator's Reference Desk	教育
Go Ask Alice	健康科学
Ask Jack	体育、运动
Ask Joan of Art	艺术

（12）社交网站。

2. 获取免费的信息资源

（1）网上的免费资源有以下几种。

① 工具：软件、游戏、音乐、图库等。

② 空间：首页空间、博客、微博、个人数字图书馆、云盘、网盘。

③ 信息资源查询。

④ 信息增值服务。

（2）网上免费信息资源获取时的困难有以下几种。

① 绝大多数搜索引擎无检索限制功能。

② 有些免费站点只提供到其他网站的链接。

③ 免费资源浏览与下载需要专门软件与技术。

④ 一般用户不熟悉网络资源的来源与分布情况。

（3）提供免费信息资源的机构有以下几个。

① 国际组织。

② 地区性组织。

③ 各级政府机关。

④ 图书馆。

⑤ 档案馆。

⑥ 博物馆。

⑦ 出版社。

⑧ 科研院所、学会、协会等。

（4）免费的学习信息资源，这里给出以下几个。

① 各学校开放课程（MIT OpenCourseWare），网址为 http://ocw.mit.edu/index.htm，如图 5-4-2 所示。

图 5-4-2　MIT OpenCourseWare 首页

② 教育部项目：精品课、精品资源共享课、视频公开课。

“爱课程”网是教育部、财政部“十二五”期间启动实施的“高等学校本科教学质量与教学改革工程”支持建设的高等教育课程资源共享平台。它面向高校师生和社会大众，提供了优质教育资源共享和个性化教学资源服务，具有资源浏览、搜索、重组、评价、课程包的导入导出、发布、互动参与和“教”、“学”兼备等功能。

爱课程网（网络课程 1.0）网址为 http://www.icourses.cn，如图 5-4-3 所示。

图 5-4-3　爱课程网首页

③ 慕课（MOOC）：所谓“慕课”，顾名思义，第一个字母“M”代表 Massive（大规模），与传统课程只有几十个或几百个学生不同，一门慕课课程动辄上万人，最多达 16 万人；第二个字母“O”代表 Open（开放），以兴趣为导向，凡是想学习的，都可以进来学，不分国籍，只需一个邮箱即可注册参与；第三个字母“O”代表 Online（在线），学习在网上完成，无需旅行，不受时空限制；第四个字母“C”代表 Course，就是课程的意思。MOOC 是新近涌现出来的一种在线课程开发模式。通俗地说，慕课是大规模的网络开放课程，它最早是为了增强知识传播而由具有分享和协作精神的个人组织发布的、散布于互联网上的开放课程。现今，无论是国际还是国内都有专门的组织机构集一流高校优质资源合力打造慕课。

国内有两大 MOOC 平台（网络课程 2.0），即中国大学 MOOC 和清华大学 MOOC。

中国大学 MOOC 平台网址为 http://www.icourse163.org/，如图 5-4-4 所示。

图 5-4-4　中国大学 MOOC 平台

清华大学 MOOC 平台网址为 http://tsinghua.xuetangx.com/，如图 5-4-5 所示。

图 5-4-5　清华大学 MOOC 平台

④ 门户网站：网易公开课频道推出国内外名校公开课，涉及广泛的学科，名校老师认真讲解、深度剖析，网易视频公开课频道搭建起了强有力的网络视频教学平台，网址为 http://open.163.com/，如图 5-4-6 所示。

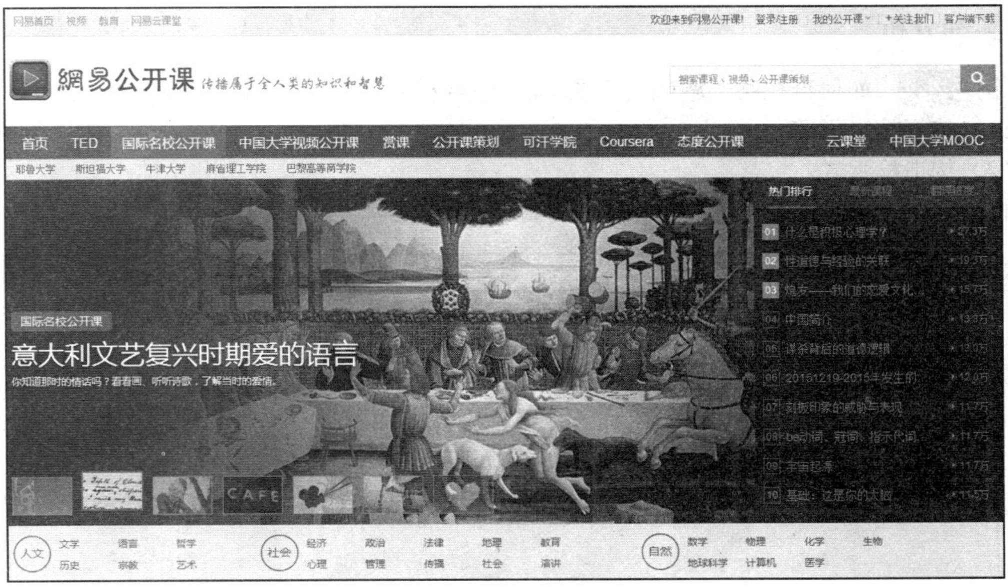

图 5-4-6　网易公开课

超星公开课是由超星公司拍摄制作的学术视频网站，目前囊括了哲学、宗教、社会学、政治、文化科学、文学、艺术、历史等系列，共 8 万余部学术专辑。它们分别由 5410 位国内外名师主讲，讲授形式包括：课堂教学系列、专题讲座系列及大师系列。每个系列的选题和授课名师均由专业的学术委员会精心策划并挑选，有力地保障了所有讲座的权威性、学术性和前沿性。超星公开课网址为 http://openv.chaoxing.com/，如图 5-4-7 所示。

图 5-4-7　超星公开课

二、实例分析

例 5-4-1　如何查找某主题或某门课程的教学资料，以“信息检索”为例。

（1）选择搜索引擎。

（2）构造检索式。

检索式 1：主题（课程名）教材（textbook），如图 5-4-8 所示。

图 5-4-8　构造检索式（一）

检索式 2：主题（课程名）filetype:ppt，如图 5-4-9 所示。

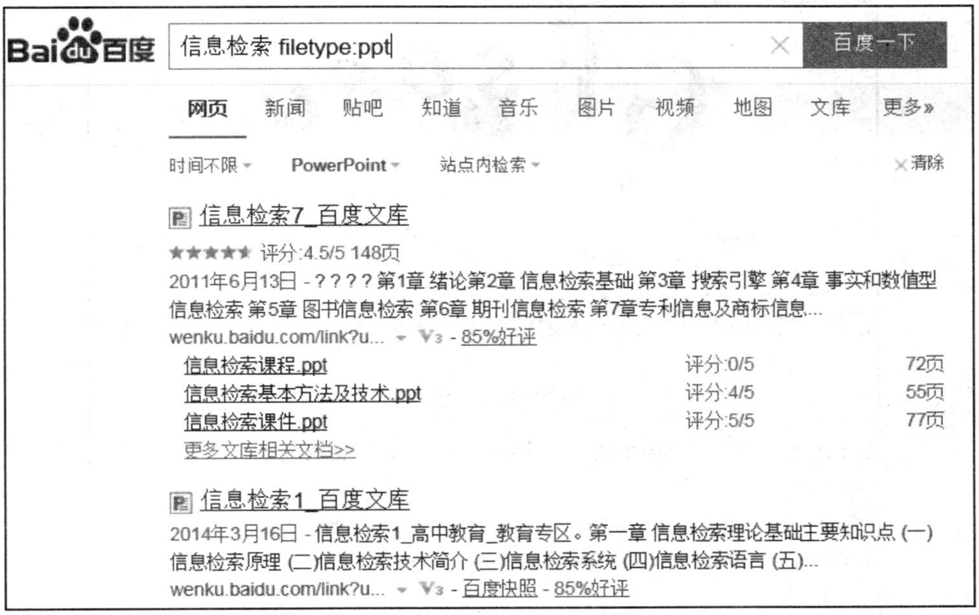
Baidu百度
信息检索 filetype:ppt
百度一下
网页 新闻 贴吧 知道 音乐 图片 视频 地图 文库 更多»
时间不限 PowerPoint 站点内检索
×清除
信息检索7_百度文库
评分:4.5/5 148页
2011年6月13日 - ? ? ? ? 第1章 绪论第2章 信息检索基础 第3章 搜索引擎 第4章 事实和数值型信息检索 第5章 图书信息检索 第6章 期刊信息检索 第7章专利信息及商标信息...
wenku.baidu.com/link?u... - 85%好评
信息检索课程.ppt 评分:0/5 72页
信息检索基本方法及技术.ppt 评分:4/5 55页
信息检索课件.ppt 评分:5/5 77页
更多文库相关文档>>
信息检索1_百度文库
2014年3月16日 - 信息检索1_高中教育_教育专区。第一章 信息检索理论基础主要知识点 (一)信息检索原理 (二)信息检索技术简介 (三)信息检索系统 (四)信息检索语言 (五)...
wenku.baidu.com/link?u... - 百度快照 - 85%好评

图 5-4-9　构造检索式（二）

检索式 3：主题（课程名）+ 课件（教学资料），如图 5-4-10 所示。

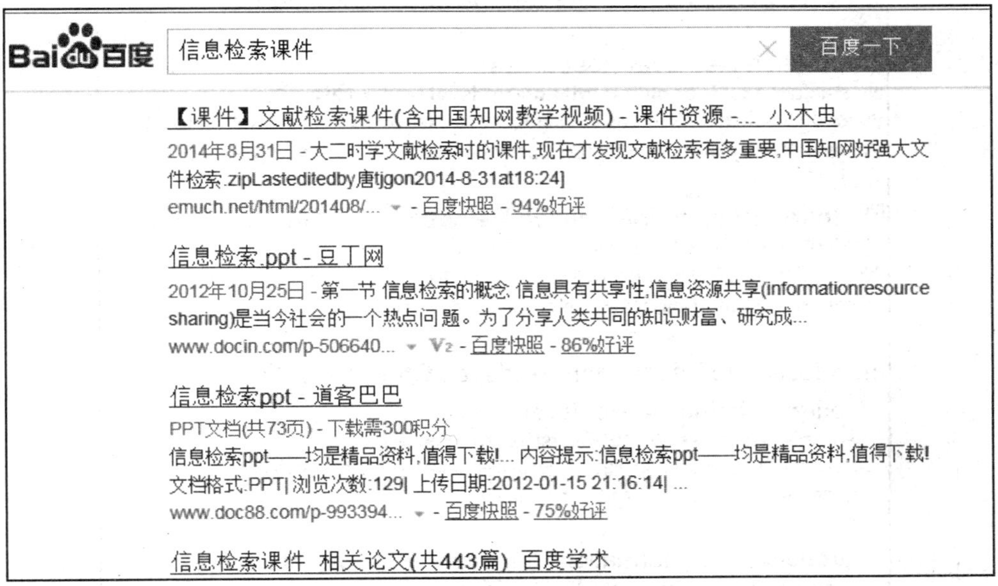
Baidu百度
信息检索课件
百度一下
【课件】文献检索课件(含中国知网教学视频) - 课件资源 -... 小木虫
2014年8月31日 - 大二时学文献检索时的课件,现在才发现文献检索有多重要,中国知网好强大文件检索.zipLastedited by 唐tjgon2014-8-31at18:24]
emuch.net/html/201408/... - 百度快照 - 94%好评
信息检索.ppt - 豆丁网
2012年10月25日 - 第一节 信息检索的概念 信息具有共享性,信息资源共享(informationresource sharing)是当今社会的一个热点问题。为了分享人类共同的知识财富、研究成...
www.docin.com/p-506640... - 百度快照 - 86%好评
信息检索ppt - 道客巴巴
PPT文档(共73页) - 下载需300积分
信息检索ppt——均是精品资料,值得下载!... 内容提示:信息检索ppt——均是精品资料,值得下载!
文档格式:PPT| 浏览次数:129| 上传日期:2012-01-15 21:16:14| ...
www.doc88.com/p-993394... - 百度快照 - 75%好评
信息检索课件 相关论文(共443篇) 百度学术

图 5-4-10　构造检索式（三）

检索式 4（英文）：主题（课程名）+courseware（webcast，podcast，lecture，syllabus 等），如图 5-4-11 所示。

GFsoso
网页
图片
学术
新闻
Gmail
"Information Retrieval" AND textbook
英文检索式
谷粉搜搜
手气不错
Google 学术："Information Retrieval" AND textbook
Introduction to information retrieval - Manning - 被引用次数：9456
Introduction to modern information retrieval - Chowdhury - 被引用次数：414
Modern information retrieval - Baeza-Yates - 被引用次数：14188
Introduction to Information Retrieval - Stanford University
nlp.stanford.edu/IR-book/ 翻译此页
The book aims to provide a modern approach to information retrieval from a computer science perspective. It is based on a course we have been teaching in ...
Information Retrieval Resources
nlp.stanford.edu/IR-book/information-retrieval.html 翻译此页
Books on Information Retrieval (General) Introduction to Information Retrieval. C.D. Manning, P. Raghavan, H. Schütze. Cambridge UP, 2008. Classical and web ...
[PDF] Introduction to Information Retrieval - The Stanford Natur...
nlp.stanford.edu/IR-book/pdf/irbookonlinereading.pdf
2006年8月1日 - 12 Language models for information retrieval. 237 ... Statistical properties of terms in information retrieval. 86 ..... the computations in this book.
Introduction to Information Retrieval: Christopher D ...
Modern Information Retrieval
people.ischool.berkeley.edu/~hearst/irbook/ 翻译此页
A recent IR book, covering algorithms, implementation, query languages, user interfaces, and multimedia and web retrieval.
Introduction to Information Retrieval - ACM Digital Library
dl.acm.org/citation.cfm?id=1394399 翻译此页
作者：CD Manning - 2008 - 被引用次数：9438 - 相关文章
Class-tested and coherent, this groundbreaking new textbook teaches web-era information retrieval, including web search and the related areas of text ...

图 5-4-11 构造检索式（四）

（3）得到检索结果（略）。

例 5-4-2 一位非法律专业的在校大学生想足不出户学习国内名牌大学的法律课程，请利用信息检索技术为他提供帮助。

分析："足不出户学习国内名牌大学"的课程说明他需要借助网络学习，有两种方法实现其需求。方法 1：可以利用国内的爱课程网和网易公开课查找相关视频公开课。方法 2：如果学习结束还想获得名牌大学的相关证书，则可选择 MOOCs。

方法 1：（1）登录爱课程网（http://www.icourses.cn），并免费注册，如图 5-4-12 所示。

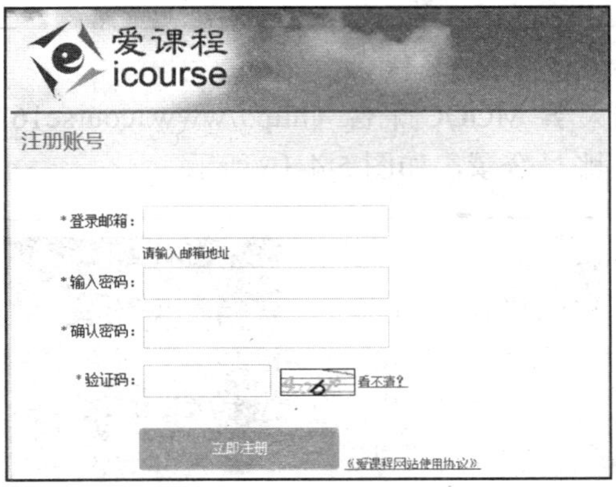

图 5-4-12　免费注册

（2）在"课程搜索"中输入要查找的课程名称"法律英语"，单击"搜索"按钮，如图 5-4-13 所示。

图 5-4-13　搜索课程

（3）得到检索结果，如图 5-4-14 所示。

图 5-4-14　检索结果

（4）单击课程超链接，开始观看课程学习视频，如图 5-4-15 所示。

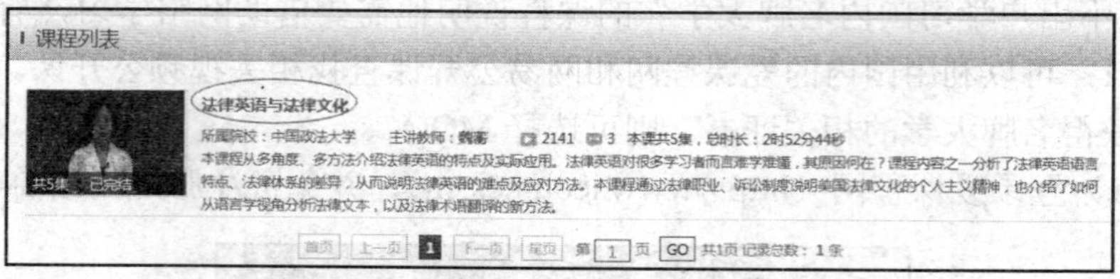

图 5-4-15 观看课程学习视频

方法 2：（1）登录中国大学 MOOC 平台（http://www.icourse163.org/），进行用户注册，也可用前面已注册的爱课程网账号登录，如图 5-4-16 所示。

图 5-4-16 注册登录

（2）在首页左侧的分类中单击“经管法学”，如图 5-4-17 所示。

图 5-4-17 在分类中查找课程

（3）在分类检索结果中，选择一门想学习的法律课程，如武汉大学的“行政法学”并进行学习，如图 5-4-18 所示。

（4）学习结束获得证书的要求如下。

① 完成全部视频学习。

② 完成布置的平时作业，占总成绩的 40%。

③ 期末考试占总成绩的 60%。

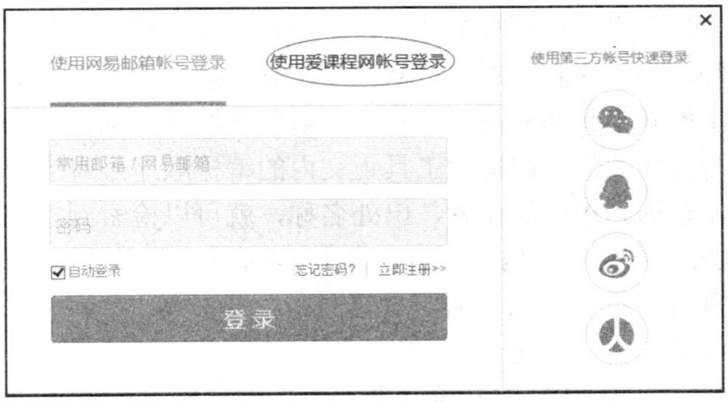

图 5-4-18　课程学习界面

三、课堂互动

（1）在平时学习中，你是如何利用数据库或者搜索引擎来获取课堂以外的学习资源的？

（2）学习完本章内容后，请谈谈如何利用信息检索拓展自己的课堂内容。

模块小结

1. 网络文献检索步骤

1）选择和分析课题

选择合适的课题（可以自定，但需结合所学专业）。确定课题后，对所检索的课题进行研究分析。其中，对课题需解决的问题、目的进行分析，对课题涉及的范围、方面、方法、过程及相关学科等进行剖析，进一步确定所需检索课题涉及的主题、学科性质，明确课题所需的信息内容。提出能正确和准确反映课题核心内容特征的学科概念、主题概念；在可能的情况下提出所需检索的信息的外部特征，如作者名、文献出处名等。必要时还需明确所需检索的文献信息的类型，如期刊论文、书籍文献、专利文献、会议文献、标准文献等，以此确定检索工具的类型。

2）确定检索途径

根据课堂对检索工具学习的内容，对检索工具进一步进行熟悉和试用。根据第一步确定的学科类别、主题词、作者名、出处名称，确定适合本次检索实习所用的检索工具的检索途径（分类途径、主题途径或作者途径、来源出处途径）。在计算机网络检索时还需确定网络途径，包括数据库名称、搜索工具的名称、网站地址、工具内可以使用的途径，高级检索的主题词的逻辑组配等。

如果根据课题已经确定学科概念，且所用检索工具有从学科角度检索的途径，则可以确定学科途径及分类号（如《全国报刊索引》、英国《科学文摘》、英国《海事技术文摘》，维普资讯数据库等），从而确定分类检索途径。分类途径在手工检索工具里通常表现为分类号和学科名称与信息所在页码的对应表，确定了详细分类途径后就可以在对应的页码内检索到与课题相关的信息。计算机检索中的分类方式检索，只要单击相应类目，就可以检索到信息。

如果已经了解作者、信息出处等外表特征，且检索工具有相应的外表途径方式检索，从而可以确定此类检索途径。根据这些外表特征从检索工具相应的索引系统进行检索时，必须正确地列出这些特征。手工检索工具通常在信息正文后编排有这些外部特征的索引系统，系统内将作者、信息出处名称与对应的信息在检索工具正文内的编排顺序号对应列出，即只要根据已经确定的这些外部特征，查询到相应的作者、出处名称，就可以检索到相应的信息编号，进而在检索工具正文中查到此编号与信息内容。计算机检索时要选择数据库外表检索途径的检索字段，在检索框中输入外部特征名称（作者、作者单位、出处等），单击“检索”按钮，系统就可以自动检索相应的信息。

如果根据分析确定了主题范围，且检索工具具有主题检索途径，则可用主题方法进行检索。检索时用主题词表达检索策略，包括主题词的逻辑组配。手工检索工具在正文后列有主题词、关键词等索引系统，这些词旁对应列出与之有关的信息编号，根据得到的编号再查阅检索工具正文中的有关编号，可以检索到与检索要求相关的信息。

2. 网络信息收集能力标准

网络信息收集能力标准如表5-5-1所示。

表5-5-1　网络信息收集能力标准

能力模块	能力要求	相关知识
网络信息平台选择	（1）了解网络信息平台基本情况 （2）能够列举优秀网络信息平台 （3）会根据企业业务特点选择合适平台	（1）网络信息收集的要求 （2）综合网站 （3）行业网站 （4）搜索引擎
综合网站信息收集	掌握综合网站信息收集的主要方法	（1）搜索引擎 （2）电子邮件 （3）BBS （4）新闻组
信息整理与分析	（1）能够理解信息整理与分析的必要性 （2）能够掌握信息整理与分析的过程	（1）信息整理的定义 （2）信息存储的步骤 （3）信息分析与评价的步骤 （4）信息分析与评价的方法

3. 利用信息检索解决实际问题的流程

（1）分析检索问题：分析问题的已知条件与未知条件，以及该问题对信息的层次、范围等方面的要求。

（2）选择合适的检索工具：搜索引擎、商业数据库、免费数据库。

（3）抽取关键词：关键词的数量、关键词之间的关系、禁用词。

（4）构造检索式：利用不同的运算符连接检索词。

（5）筛选检索结果：分析与评价检索结果。

（6）调整检索策略：扩大检索范围、缩小检索范围 。

（7）求助专家：分享他人智慧和贡献自己的智慧。

操作训练

实训操作 5-1 信息检索与利用综合实训（一）

请为以下题目撰写一篇综述。

1. 请查找一些关于中国实行物权法的有关论点和报道。

要求：

（1）正确提取不少于 3 个关键词，用 2 个以上的关键词进行组合检索。

（2）使用 3 种或 3 种以上的检索工具。

（3）写出每种检索工具检索到的结果数量，并写出其中最相关的 5 条文献的目录或题录。

（4）通过对相关文献的分析，用自己的语言写一篇不少于 1000 字的综述文章。

2. 了解 2010 年以来“电子商务环境下国际贸易的运营趋势”的相关文献。

要求：

（1）正确使用不少于 3 个关键词（关键词必须是中英文关键词），用 2 个以上的关键词进行组合检索。

（2）使用 2 种或 2 种以上的检索工具。

（3）写出每种检索工具检索到的结果数量，并写出其中最相关的 5 条文献的题录。

（4）通过对相关文献的分析，用自己的语言写出一篇不少于 1000 字的综述文章。

3. 查询 2008 年中国举办奥运会的相关文献和报道。

要求：

（1）关键词不少于 3 个，用 2 个以上的关键词（关键词必须是中英文关键词）组合检索。

（2）检索工具要有 4 种或 4 种以上。

（3）写出每种检索工具检索到的结果数量，并写出其中最相关的 5 条文献的题录。

（4）通过对相关文献的分析，用自己的语言写出一篇不少于 1000 字的综述文章。

4. 四川省是一个水利资源丰富的省份，在大力地开发水电资源的同时，四川也是旅游大省，开发水电资源会对环境带来变化，影响旅游的发展。

要求：

（1）使用 2 种或 2 种以上的检索工具。

（2）列举出四川省的主要水电站及其地点，装机容量等指标。

（3）对开发水电资源会对环境、旅游的影响进行分析。根据找到的信息，自定标题完成一篇 1000 字的综述。

5. 中国梦，是中国共产党第十八次全国代表大会召开以来，习近平总书记所提出的重要指导思想和重要执政理念，正式提出于 2012 年 11 月 29 日。习总书记把“中国梦”定义为“实现中华民族伟大复兴，就是中华民族近代以来最伟大梦想”，并且表示这个梦“一定能实现”。“中国梦”的核心目标也可以概括为“两个一百年”的目标，即到 2021 年中国共产党成立 100 周年和 2049 年中华人民共和国成立 100 周年时，逐步并最终顺利实现中华民族的伟大复兴，具体表现是国家富强、民族振兴、人民幸福，实现途径是走中国特色的社会主义道路、坚持中国特色社会主义理论体系、弘扬民族精神、凝聚中国力量，实施手段是政治、经济、文化、社会、生态文明五位一体建设。

（1）正确地选取关键词 3～5 个。

（2）使用 4 种以上的数据库。

（3）每种数据库的使用，都要能体现出比较完整的信息检索操作的基本流程。

（4）写出这些检索流程。

（5）用自己的语言写出不少于 1000 字的综述。

6. 阅读下面的短文，按照文摘后的要求，根据文中提供的资料或线索，谈谈自己对大学生研究性学习中需要信息素质与信息资源保障方面的理解。

摘要：进入 21 世纪，世界各国都有一个共同的认识，那就是要使本国青少年具备 21 世纪所需要的能力，这种能力可概括为“用新技术获取和处理信息的能力；分析探索问题的能力；分析和解决问题的能力；与人合作及责任感，终身学习的能力”。研究性学习正是培养这种综合能力的重要途径之一。

要求：

（1）正确地分析并提取关键词 3～5 个（关键词必须是中英文关键词）。

（2）使用 4 种以上的检索工具。

（3）写出每种工具的检索过程和检索结果，并写出其中最相关的 5 条文献的题录。

（4）通过对相关文献的分析，用自己的语言写出一篇不少于 1000 字的综述。

7. 通过分析比较与“我国 20 世纪、21 世纪机器人制造”主题相关的文献，综述机器人制造的研究重点与发展趋势。

要求：

（1）能够根据题意选择检索关键词 3 个以上（关键词必须是中英文关键词）。

（2）用 4 种或以上数据库（系统）检索出不少于 5 篇文献并写出其外部特征。

（3）对检索出的资料进行分析、比较、总结。

（4）根据文献分析概述出综述材料（不少于 1000 字）。

8. 以“国家助学贷款的风险防范与补偿机制”为主题，选定 3～5 个关键词（关键词必须是中英文关键词），用至少 4 种检索工具检索相关文献，要求写出每种检索工具检索到的结果数量，写出其中最相关的 5 条或 5 条以上的文献的摘要。根据对这些相关文献的阅读分析和理解，用自己的语言写出该主题方面的综述（不少于 1000 字）。

9. 利用所学的检索知识和技能，查找“PLD 在数字电路实验中的应用”方面的资料，课题要求：国内外近 5 年来的研究文献，引入 EDA 技术、HDL 语言进行数字系统设计，并对这些资料进行综述，提出自己的观点。

要求：

（1）正确地选取关键词 3～5 个（关键词必须是中英文关键词）。

（2）使用 4 种以上的数据库。

（3）每种数据库的使用，都要能体现出比较完整的信息检索操作的基本流程。

（4）写出这些检索流程。

（5）用自己的语言写出不少于 1000 字的综述。

10. 请从下面这段短文中提取 5～7 个关键词（关键词必须是中英文关键词），用至少 3 个以上的关键词和不少于 4 种数据库组合检索出近 5 年来在该领域方面的研究文献，并写出每种检索工具检索到的结果数量，写出其中最相关的 5 条或 5 条以上的题录。根据所检索的文献，用自己的语言写一篇不少于 1000 字的综述。

文献：股票投资者最关心的问题之一就是股市涨跌行情的变化趋势，因此，股市指数和股票价格的预测，成为证券界和学术界的一个重要问题。国内外的研究者们提出过许多定价理论和投资组合模型。也有研究者提出用计量统计的方法对股市进行预测，如多元回归、ARMA、GARCH 等时间序列模型。随着神经网络研究的深入和发展，人们开始将其应用于经济领域。为预测股市走势，J. H. Wang 和 J. Y. Leu 于 1996 年讨论了基于 ARMA 的网络结构，Kim 于 1998 年将时延神经网络应用于股市相关性分析和预测。目前在股市的预测应用中大多数采用的是静态前馈 BP 神经网络和 RBF 神经网络。利用静态前馈网络对动态系统进行辨识，实际上是将动态时间建模问题变为静态空间建模问题，这样必然会引出许多问题。能够更直接更生动地反映系统动态特性的网络应该是动态神经网络，即回归神经网络。

11. 请从下面这段短文中提取 5～7 个关键词（关键词必须是中英文关键词），至少用 3 个以上的关键词和不少于 4 种数据库组合检索出近 5 年来在该领域方面的研究文献，并写出每种检索工具检索到的结果数量，写出其中最相关的 5 条或 5 条以上文献的题录。根据所检索的文献，用自己的语言写一篇不少于 1000 字的综述。

文献：现代科学技术活动是以科学技术领域内的基础研究、应用研究和试验研究发展为中心的，包括成果转化应用和科技服务在内的十分广泛的社会活动，“研究与开发”一般被用来表征这类活动。但由于环境的复杂性，信息的不对称性以及项目目前评估方法的内在缺陷，研发项目的风险并不会因为项目实施前进行了多么正确的选择而消失，相反，可能由于情况的变化使项目风险增大，并会伴随项目研究与开发的全过程，致使研发项目可能失败于早期、中期或者后期。因此，加强研发项目的跟踪管理与预警，及时中止那些将失败和注定没有前景的研发项目，对新旧技术的更替、资源优化的配置、良性调控机制的形成，都具有极其重要的理论价值和现实意义。

实训操作 5-2　信息检索与利用综合实训（二）

1. 检索类型

1）学术研究型

通过检索了解该课题的研究现状，包括主要研究人物、代表性观点、研究侧重点对比，并从中得出团队的研究思路，列出研究大纲（相当于论文提要），再根据大纲列出相对应参考文献（这就是典型的硕士、博士论文写作过程中的信息检索方法），如“项目后评估研究”。

2）市场或产品研究型

通过检索了解该产品的市场现状，包括主要生产厂家、研究机构、产品专利、市场份额对比、研发实力对比并从中找出新产品或旧产品的市场定位或开发策略（这就是市场调研报告写作过程中的信息检索方法），如 PDA 的市场前景分析。

2. 课题研究考查重点

（1）检索流程，包括课题分析、不同检索数据库的检索策略。

（2）检索结果分析，首先要选出检索到的关键文章，并通过关键文章的内容得出分析结果（这里只强调分析步骤、方法，分析结果正确与否、全面与否不在评分之列）。

3. 课题推荐（可自己任意选择）

以下所列检索课题供学生在完成检索后练习时参考，学生应尽量依据所学专业选择检索课题，但课题名称可以根据学生意愿进行适当改动。

（1）信息可信度研究；
（2）如何利用互联网研究信息传播与利用；
（3）信息污染的识别与治理；
（4）世界集装箱运输的发展趋势；
（5）探讨港口物流中心的运作模式对现代物流的影响；
（6）船舶航行中的定位精度分析；
（7）海洋污染及其防治；
（8）废物处理与综合利用；
（9）大学生心理问题；
（10）计算机网络安全；
（11）有关天气研究的各种预测及统计方法；
（12）计算机技术在信息家电中的应用；
（13）仿真技术在柴油机故障诊断中的应用；
（14）神经网络在船舶主机建模中的应用；
（15）英美文学翻译理论与实践；
（16）现代企业制度中的财务审计；
（17）可持续发展的交通运输战略；
（18）知识挖掘技术与应用进展；
（19）流媒体技术在校园网的应用现状和问题；
（20）新型机器人研究现状综述；
（21）机械制造工艺过程生态学问题；
（22）现代机构学的研究内容和设计理论；
（23）生态建筑学在城市建筑中的应用；
（24）建筑与风水的关系；
（25）结构用复合材料应用技术现状；
（26）建筑结构隔震技术综述；
（27）人类生长素的生物合成；
（28）生物制药的关键技术；
（29）基因工程制品的应用状况；
（30）国内外生物工程产业发展状况及前景；
（31）生物工程制品在预防乙肝和乙肝诊断方面的应用；
（32）环保型电池正极材料；
（33）新能源材料在高容量循环长寿命电池中的应用；
（34）动力电池产品中的应用和产业化技术；
（35）RFID技术及其应用前景；
（36）知识挖掘技术与应用进展。

4. 课题报告撰写（最好做成 PPT）

（1）写明课题的名称，并简要说明其内容、背景和选题意义。

（2）写出反映课题内容的关键词及相似词、同义词（中英文）。

（3）写出选择的中英文数据库名称。要求至少选择 5 个数据库。

（4）写出各数据库具体执行的检索式（检索式中至少包括逻辑运算符、字段限制符；每个检索式的命中条数不得超过 200 条）。

（5）列出检出的中、外文关键文献（注明从哪个数据库中获得）。中文要求有期刊、学位论文和图书等文献；外文文献要求注明文献题名、作者、出处；指明其文献类型：期刊、图书、会议文献、学位论文等；说明期刊原文的获取方法。

（6）检索结果分析（考查重点）。

实训操作 5-3　信息检索与利用综合实训（三）

选定与专业相关的课题，利用相关数据库查找与课题有关的文献，要求写出检索途径、检索步骤、检索结果数量，并选择 3～5 篇相关文献，抄录其文摘信息（文摘正文可只摘录其头尾，中间用省略号代替）的著录项目；确定该课题需要解决的问题并通过检索找出解决问题的检索结果，写一份课题检索报告。

以下所列检索课题供学生在完成检索练习时参考，学生尽量依据所学专业选择检索课题，但课题名称可以根据学生意愿进行适当改动。

（1）风险投资项目管理研究；

（2）试论现代物流管理的特点；

（3）中国传统绘画与现代动画设计研究；

（4）浅析电子商务物流解决方案；

（5）虚拟传感器功能与结构的研究；

（6）试论“三个代表”重要思想在马克思主义中国化进程中的历史地位；

（7）心理学在人力资源管理中的应用；

（8）电子贸易——中小企业出口贸易新方式；

（9）浅析国际贸易实务“电子化”趋势；

（10）浅谈电子商务对国际贸易的影响；

（11）电子商务条件下国际贸易新特点及企业的对策；

（12）国际贸易与现代物流；

（13）国际贸易发展新趋势；

（14）国际物流成本对国际贸易的影响；

（15）绿色贸易与绿色贸易壁垒及对策刍议；

（16）国际绿色贸易壁垒及其突破对策探析；

（17）从绿色国际贸易壁垒看我国的对外贸易发展；

（18）以绿色营销应对绿色壁垒；

（19）我国出口产品屡遭国外技术壁垒的原因及对策；

（20）中国企业如何应对 SA8000 蓝色贸易壁垒；

（21）技术性贸易壁垒对我国出口的影响及其对策；

（22）技术性贸易壁垒成因分析及法律对策研究；
（23）农产品国际贸易绿色壁垒及对策研究；
（24）关于国际贸易中技术壁垒问题的思考；
（25）国际贸易中非关税壁垒的新发展及我国的对策；
（26）我国水产品面对“贸易壁垒”如何提升国际竞争力；
（27）中国国际贸易摩擦的新特点；
（28）中美贸易摩擦背后的根源探析；
（29）反倾销国际市场竞争的新角斗场；
（30）非市场经济国家地位与对华反倾销；
（31）浅析美国对华反倾销；
（32）当前中国国际贸易中的知识产权危机及对策；
（33）中国纺织服装产品应对新型国际贸易壁垒策略；
（34）跨国公司对华投资新趋势及其影响；
（35）竞争情报对企业竞争力的影响；
（36）市场竞争时代企业如何做好竞争情报工作；
（37）情报人才：企业克敌制胜的“千里眼”；
（38）论竞争情报与企业发展；
（39）中小企业与竞争情报；
（40）构建我国企业竞争情报系统的策略初探；
（41）论企业竞争情报工作当前存在的问题及解决办法；
（42）对我国中小企业如何防范国际市场贸易风险的思考；
（43）产品差异化与国际贸易；
（44）浅谈国际贸易惯例与国际贸易法律的区别；
（45）透析国际贸易术语的选用；
（46）商业售价核算新途径；
（47）国际贸易中象征性交货的公平与效率分析；
（48）国际货物贸易中倒签提单的法律责任；
（49）国际贸易中的电子提单应用研究；
（50）我国中小企业国际贸易融资的问题与对策；
（51）试析国际结算业务中的风险；
（52）国际贸易中信用证欺诈例外及相关法律问题；
（53）外贸企业如何识别并防范信用证软条款；
（54）关于信用证软条款问题的分析研究；
（55）典型的信用证软条款形式及危害分析；
（56）电子信用证在国际贸易结算中的应用；
（57）谈国内汇票和国际贸易汇票的不同；
（58）国际保理业务的运作及其在国际贸易中的作用；
（59）国际商务人才跨文化能力及其培养；
（60）大数据时代如何精准营销。

附录 A

检索报告书写格式

1. 首页

标有“网络信息检索与利用检索报告”字样；并注明检索课题、班级、姓名、学号、完成日期、指导教师等信息资料。

2. 正文

检索课题可以自拟课题，或结合其他课程的要求选择相应的题目，或参考本课程提供的课题。

3. 检索过程

1）分析课题

报告要求：

① 根据课题要求写明检索课题的时间范围、地域范围、学科范畴、主题概念等。（年限至少取近 3 年的。如果文献量太少，则可以放宽检索年限。）

② 写出具体的检索式。检索式包括检索词、字段限定、检索途径（简单或高级检索等）。例如，用 EBSCO 检索 1995～2003 年间，发表在专家评估过的期刊上的有关社会保障研究的论文。

高级检索：

Subject(主题词字段): social security。

Refine Search:

Limit: peer reviewed。

Publication date ：from 1995 to 2003。

Publication type: periodical。

Document type：article。

2）选择检索工具

报告要求：

① 写明使用所选用检索工具的名称和年代。

② 可使用的检索工具有：全国报刊索引（哲社版）、人大复印资料或报刊资料索引、中国期刊网（全文库或题录库）、中文科技期刊数据库、中国学位论文数据库等。

③ 可使用网络免费资源，如中国期刊网题录数据库等。

④ 使用的检索工具不得少于两个。

3）检索途径

报告要求：描述检索过程。

4）检索结果列表

报告要求：将检索结果按照参考文献著录方式列表，并注明收藏地点。数量要求在 10 条以上。报告中题录格式书写要求：第一作者、文献标题、文献出处（刊名、年、卷期、起止页码）。可参照以下格式：南国农信息化教育理论体系的形成与发展 理论探讨 2009（8）：10—12、检出篇数（指按检索词或检索式实际检出的篇数，而非经人工筛选的切题篇数）。

数据库：____________________

检索年限：____________________检出篇数：____________________

检索词（式）：____________________

题录（2篇）：____________________

____

____

____

____

____

数据库：____________________

检索年限____________________检出篇数：____________________

检索词（式）：____________________

题录（2篇）：____________________

____

____

____

____

____

数据库：____________________

检索年限：____________________检出篇数：____________________

检索词（式）：____________________

题录（2篇）：____________________

____

____

____

____

____

5）获取原文

报告要求：选取1条检索结果，简述如何在图书馆书目查询系统中查找馆藏信息。

4. 检索学习体会

报告要求：结合实际检索过程，谈谈对所使用检索工具的认识，以及对本课程的学习体会。要求在400字左右。

附录B 优秀学生检索案例与教师点评

学生检索课题 1：查找 2005 年以来“电子商务环境下国际贸易的运营趋势”的相关文献，要求：

（1）正确使用不少于 3 个关键词，用 2 个以上的关键词进行组合检索。

（2）使用两种或两种以上的检索工具。

（3）写出每种检索工具检索到的结果数量，并写出其中最相关的 2 条文献的题录（文献外部特征）。

检索报告

1. 分析主题

通过题目要求，查找 2005 年以来“电子商务环境下国际贸易的运营趋势”的相关文献，可知：检索年限为 2005～2010 年；关键词有“电子商务”、“国际贸易”、“运营趋势”3 个；可以通过中文数据库检索。

2. 检索工具

维普资讯、CNKI 资源库。

3. 检索步骤

（1）第一种检索工具：维普资讯。

① 打开学校网址 www.gcp.edu.cn，进入图书馆界面，进入电子期刊的维普咨询。

② 利用“高级检索”方式，关键词为“电子商务”、“国际贸易”、“支付”，检索式为 M=电子商务*国际贸易*支付。

③ 检索文献得出结果数量：7 条。

（2）第二种检索工具：CNKI 资源库。

① 打开学校网址，进入图书馆首页，然后进入“CNKI 资源总库”，进入学士文献总库。

② 利用“高级检索”方式，日期年限为 2005～2010 年。

③ 利用全文途径检索：电子商务、国际贸易、运营趋势，检索式为全文=电子商务 并且国际贸易 并且运营趋势。

④ 检索文献得出结果数量：17 条。

4. 检索结果

（1）题录一（维普资讯检索结果）。

题名：电子商务环境下国际贸易运营趋势问题的研究。

作者：柯飞帆。

作者单位：南京市科学技术局，江苏南京。

期刊：科技与经济。

发表时间：2006-04-20。

文摘：随着电子商务的迅速发展，必将企业、用户、供应商以及商业和贸易所需的一切环节连接到国际电子商务系统中，彻底改变了传统的国际贸易业务作业方式和手段，拓展了国际贸易的空间和场所，缩短了国际贸易的距离和时间，简化了国际贸易的程序和过程，使得中小型生产商及采购商能够直接参与到国际交易中。本文从电子商务环境下国际贸易的发展趋势及其运营模式出发，研究我国对外贸易中在应用电子商务方面的现状及存在的问题，提出解决的办法和对策，目的是在国际贸易的磋商、签约、货物交付、货款收付等商务活动中充分应用网络，从而减少贸易环节，降低贸易成本，增加交易机会，减少产品周期，提高海关管理、进出口商品检验管理、外贸业务全过程管理的效率。

（2）题录二（中国知网数据库检索结果）。

题名：电子商务引起的国际贸易创新研究。

作者：盛玉扉。

作者单位：沈阳工业大学。

期刊：沈阳工业大学。

发表时间：200-01-04。

文摘：如何应对电子商务对我国对外贸易带来的挑战，已成为国内急待研究解决的课题。本文在总结前人对电子商务引起的国际贸易宏观影响研究的基础上，试图从电子商务引起的国际贸易创新定义界定出发，从宏观角度总结了电子商务如何对贸易主体、贸易成本、交易方式等产生影响，从微观角度按照国际贸易流程剖析了电子商务如何引起国际贸易的交易前的准备工作、贸易磋商、合同订立、合同履行上的创新。进而，作者将电子商务作为一种技术进步，将其置于国际经济学理论体系中加以分析，尝试从技术角度进步。

5. 检索小结

在检索中，如果输入的关键词少于两个，会发现检索的结果会比较多且乱，此时就要缩小检索的范围，可以增加一个关键词，或者缩短年限范围，对检索式进行调整，这样检索出来的结果比较适中；检索中，由于多种原因，也会出现检索结果相对比较少，这样也是不好的，这时也需要对输入的检索式进行调整，使得检索结果在更加合适的范围之内。

通过这次实训，学习到如何更好地检索信息，如何较好地运用维普、中国知网数据库等检索工具，如何针对不同情况用不同的检索方式，如传统检索、高级检索、分类检索、专业检索等；也能了解到更多科研、相关专业的知识，丰富了课外知识等。

教师点评：

上述课题是广州城市职业学院 09 国贸 1 班蔡晓君同学的作业。整个检索报告简洁规范，教师只对个别表述进行了调整。选用的检索工具都是本校已购买的数据库，能够获取文献原文。题录的两篇检索结果符合课题相关专业要求，从检索报告来看学生已掌握中文数据库的检索方法和技巧。

学生检索课题 2：利用相关数据库查找与“电子商务与计算机技术”课题有关的文献，要求写出检索途径、检索步骤、检索结果数量，并选择 3～5 篇相关文献，抄录其文摘信息，确定该课题需要解决的问题并通过检索找出答案，写一份课题检索报告。

检索报告

1. 课题分析

电子商务是指利用简单、快捷、低成本的电子通信方式，买卖双方不谋面地进行各种商贸活动。一般在网站上获得供求信息（如化工、服装等行业产品信息）从而达成交易的行为活动称为电子商务。电子商务是因特网爆炸式发展的直接产物，是网络技术应用的全新发展方向。因特网本身所具有的开放性、全球性、低成本、高效率的特点，也成为电子商务的内在特征，并使得电子商务大大超越了作为一种新的贸易形式所具有的价值，它不仅会改变企业本身的生产、经营、管理活动，还将影响到整个社会的经济运行与结构。作为计算机专业的学生，希望能学以致用，了解电子商务，从而了解整个社会的经济运行与结构。

2. 背景知识

早在 1839 年，当电报刚出现时，人们就开始了对运用电子手段进行商务活动的讨论。当贸易开始以莫尔斯码点和线的形式在电线中传输时，就标志着运用电子手段进行商务活动的新纪元。

电子商务最初起源于计算机的电子数据处理技术，从科学计算向文字处理和商务统计报表处理应用的转变。字处理软件和电子表格软件的出现，为标准格式（或格式化）商务单证的电子数据交换开发应用提供了强有力的工具。

电子商务是在与计算机技术、网络通信技术的互动发展中产生和不断完善的，近年来依托于计算机互联网络，随着其爆炸性发展而急剧发展。

3. 希望通过检索解决的问题

① 了解电子商务的发展历程。
② 了解电子商务对全球经济的影响。
③ 了解欧美电子商务发展现状。
④ 了解中国电子商务发展现状。
⑤ 了解计算机技术、网络技术与电子商务发展的关系。

4. 检索过程和方法

使用 Google、百度、Yahoo 等搜索引擎，在使用搜索引擎的基础上，查找一些热门网站。使用万方数据、维普资讯数据库进行搜索，并通读了一些与本专业有关的书籍。

5. 检索途径

这里主要使用了关键词进行检索。

6. 检索词

检索词：电子商务的历史 and 电子商务 and 电子商务的应用。

7. 检索过程

（1）初定检索词（电子商务的历史）后进行第一轮检索，主要通过 Google 搜索、百度搜索、Yahoo 搜索，检索出大批文献。

（2）进行筛选，选择最新的文献，通过阅读文献受到启发，增加一些检索词，检索词是电子商务的应用及电子商务与网络安全问题。

（3）经过第二轮检索又查出一些相关主题的文献。

8. 检索遇到的困难和解决方法

由于在第一次检索过程中只初定了几个关键词，使得在检索结果中出现了大批量与主题内容不相符的文献，所以在第二次检索时又增加了一些与主题同义的概念、隐含概念的词，缩小了检索范围，得到了满意的检索结果。

9. 相关文章信息

1）文章一题录

标题：中国电子商务发展中的问题与对策。

作者：邢莉。

刊名：商场现代化。

摘要：电子商务是中国新兴的商业运营模式，近年来发展迅速，有着广阔的发展前景。本文首先分析了中国电子商务的发展现状，并就我国电子商务发展中存在的问题进行了分析，从多个角度对阻碍电子商务发展的因素展开了研究。根据对存在问题的分析和研究，提出了中国电子商务未来发展的对策。

来源：www.wanfangdata.com.cn。

数据库名：数字化期刊数据库。

2）文章二题录

标题：电子商务安全性策略分析。

作者：范慧霞，郑喜珍，张健。

刊名：商场现代化。

摘要：在电子商务中，安全性是一个至关重要的问题，它要求网络能提供一种端到端的安全解决方案，电子商务的一个重要技术特征是利用 IT 技术来传输和处理商业信息。因此，电子商务安全从整体上可分为两大部分：网络结点安全和商务交易安全。

来源：www.wanfangdata.com.cn。

数据库名：数字化期刊数据库。

3）文章三题录

标题：电子商务的税收问题与对策。

作者：杜志宏。

刊名：CJFD 收录刊。

摘要：随着网络技术的发展，一种新的贸易形式——电子商务蓬勃发展起来，它正以其空前的生命力推动着部门经济、区域经济、国民经济和世界经济跃上一个新的台阶。但同时电子商务也对传统的商业经济模式和方法形成了巨大的冲击，特别是对现行税收制度、税收管理模式提出了全面的挑战。本文认真分析了电子商务发展带来的税收问题，并积极研究和提出应对电子商务的税收对策。

来源：www.cnki.net。

数据库名：中国期刊全文数据库。

10. 检索小结与收获

作为计算机专业的学生，希望能通过计算机和网络知识了解电子商务，从而了解电子商务在整个社会的经济运行中的地位和作用。

在这次的课题检索中，可以学到许多。一是将所学的专业知识运用于其他专业中，学会了知识的运用与扩充。二是在进行数据库检索时，要求专业性强，在查找信息之前需要给信息定位，判断其属于哪个方面；搜索引擎的随意性大、方便，但查准率很低，各有优、缺点，要根据实际情况选择检索方法。

教师点评：

上述课题是广州城市职业学院 07 级计算机 1 班王裕生同学的作业。该检索报告完整细致，特别是报告中“检索遇到的困难和解决方法”、“检索小结与收获”两部分，最能体现自己在检索过程中的个人心得，值得向课题文献检索初学者推广和借鉴。

学生检索课题 3：一辆载重 10t 的货车即日将从深圳出发，运送一批货物到清远，并计划从清远运一批货物回深圳。为了减少这辆货车的空驶，请通过互联网检索货运代理网站，为其安排清远到深圳的货物运输。

检索报告

（1）选择搜索引擎：百度搜索引擎。

（2）确定检索关键词：国内物流网站。

（3）分析检索得到的条目，找出相关行业网站：经过分析找到“中国物通网（www.chinawutong.com）”，在网站内可以搜索到相关的货源信息。

（4）在行业网站中设置检索条件得出最佳检索结果。

首先在网站首页选择“货源信息”选项，然后在“出发地”搜索处选择“广东省—清远市—直辖区”，之后在“到达地”搜索处选择“广东省—深圳市—直辖区”。在搜索结果中找到如下最佳的检索结果。

出发地：　广东省——清远市——市辖区。
到达地：　广东省——深圳市——市辖区。
货物名称：饮料。
质量：　　7t。

（5）我的建议：在搜索引擎中输入的检索词要经过分析和过滤，不能直接输入“货运代理网站”，这样会出现许多不符合要求的搜索结果，要找出比较准确的相关行业网站比较费时，所以要根据题目当中的一些信息缩小搜索的范围和提高准确性。

尽量避免进入货运代理公司的网站内，因为货运代理公司会涉及商业信息的泄露等问题，不会将货车的时间表放在网站内，也通常没有搜索栏。

进入到相关行业网站时，要找准所要检索的方向，要避免货车返程时出现空车情况，为货车安排货物，需要检索的内容应该是“货源信息”，方向要找准。

教师点评：

上述课题是广州城市职业学院 09 国贸 1 班黄艳敏同学的作业。检索步骤简洁明了，选择的行业网站是“中国物通网”，是目前国内物流信息最全面、社会需求面广、实用性强的物流行业门户网站，因此找到的货源可靠。选择的货物质量及出发地也符合课题要求，最后给出了自己的检索建议，基本掌握了“搜索引擎+行业网站”的经济信息检索技巧。

参 考 文 献

[1] 谭力红．网络信息检索技术实训教程[M]．北京：科学普及出版社，2007．

[2] 阚元汉．专利信息检索与利用[M]．北京：海洋出版社，2008．

[3] 陈靖，张晓琨，卢铭．文献检索网络数据库简介[J]．科技情报开发与经济，2008，18（23）．

[4] 洪社娟．论数字信息时代科技文献信息检索的方法及其重要意义[J]．中央民族大学学报，2005，14（2）：178．

[5] 王俊芳．撰写文献综述的基本要求[J]．教育科学研究，2004（6）：58—59．

[6] 文献信息检索精品课程．http://www.cavtc.net/jpkc/site-wxjs/index.asp．

[7] 文献综述格式及写作技巧（附文献综述范文）[DB/OL]．◆http://www.cnki.com.cn/delivery/lunwen-wenxianzongshu-14.html.

[8] 黄如花．网络信息检索．中国大学 MOOC（慕课） http://www.icourse163.org/